解析学入門

市原直幸・増田 哲・松本裕行
共著

培風館

はじめに

本書は，理工系学部の学生が初年次から2年次の前期にかけて学習する微分積分学の教科書・演習書として書かれたものである．高等学校における微分・積分を学んでいることを想定してはいるが，必要な事項はすべて重複をおそれることなく解説した．定積分など異なる考えから解説される事項もある．視点を変えることで深い理解につながることもあると思われる．さらに，学習の基本である，定義，定理，命題は枠で囲って目立たせ，図をできるだけ多く入れて直感的な理解ができるように工夫した．また，自習の役に立つように，例や例題も多く取り入れ，問や章末の問題にも詳しい解答をつけている．

1, 2章は基本的な事項に関する復習を目的としている．ただし，ネイピアの数に対する説明や逆三角関数など学習していない事項もある．必要に応じて，参照してもらえるとよい．3, 4章は1変数関数の微分積分である．これらにおいても，テイラーの定理や広義積分など通常の高等学校の課程では学習しない事項が含まれている．5, 6章は多変数関数の微分積分についての解説である．

本書の大半である6章までは，直感的な理解と問題演習により要点の大筋を理解することが必要であるという方針で書かれている．また，本文中では述べにくい重要なことや初学者の陥りやすい誤りについては，注意として述べた．一方で，数学の豊かな内容を知るためには，直感的な理解のみでは不十分ではないかとも考えた．そこで，最近ではふれられることの多くない ε-δ 論法について付録に述べ，数列や関数の収束に関する事項や連続関数の積分可能性の証明を与えた．本格的に解析学へ学習を進める際の入門になれば幸いである．

出版に関しては，培風館の岩田誠司さんに大変お世話になりました．ここに感謝の意を表します．

本書が一人でも多くの人の微分積分学の理解に役立つことを願っています．

2016年6月　淵野辺にて

市原直幸・増田 哲・松本裕行

目　　次

本書で用いる記号

記号	用 例	意 味
$\mathbf{R}$		実数全体
$\mathbf{N}$		自然数全体 $\{1, 2, ...\}$
$\mathbf{Z}$		整数全体
$\sum$	$\sum_{k=1}^{n} a_k$	実数 a_k の和 $a_1 + a_2 + \cdots + a_n$
$\in$	$a \in I$	元 (要素) a は集合 I に属する
$\subset$	$A \subset B$	集合 A は集合 B の部分集合，B は A を含む
$\cup$	$A \cup B$	集合 A と集合 B の和集合
$\cap$	$A \cap B$	集合 A と集合 B の共通集合 (共通部分)

ギリシア文字

大文字	小文字	読 み	大文字	小文字	読 み
A	α	アルファ	N	ν	ニュー
B	β	ベータ	Ξ	ξ	グザイ
Γ	γ	ガンマ	O	o	オミクロン
Δ	δ	デルタ	Π	π, ϖ	パイ
E	ϵ, ε	イ (エ) プシロン	P	ρ, ϱ	ロー
Z	ζ	ゼータ	Σ	σ, ς	シグマ
H	η	イータ	T	τ	タウ
Θ	θ, ϑ	シータ	Υ	υ	ウプシロン
I	ι	イオタ	Φ	ϕ, φ	ファイ
K	κ	カッパ	X	χ	カイ
Λ	λ	ラムダ	Ψ	ψ	プサイ
M	μ	ミュー	Ω	ω	オメガ

指数関数と対数関数

(1) 指数法則

$$a^x a^{x'} = a^{x+x'}, \qquad (a^x)^m = a^{mx}$$

(2) 対数関数の公式

$$\log(yy') = \log y + \log y', \qquad \log(y^a) = a \log y$$

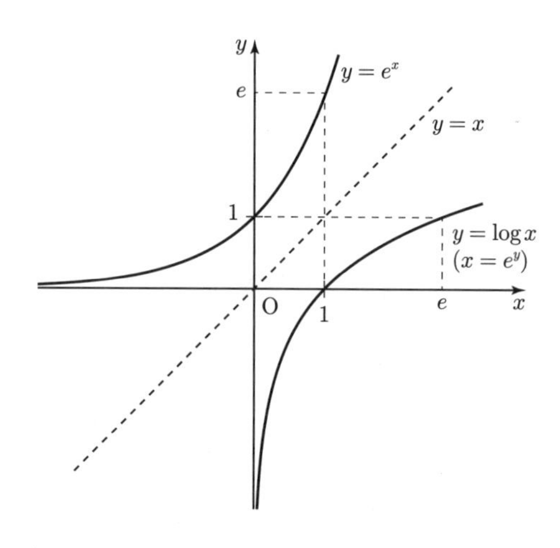

三角関数に関する公式

(1) 加法定理 (複号同順)

$$\sin(\alpha \pm \beta) = \sin\alpha\cos\beta \pm \cos\alpha\sin\beta$$

$$\cos(\alpha \pm \beta) = \cos\alpha\cos\beta \mp \sin\alpha\sin\beta$$

$$\tan(\alpha \pm \beta) = \frac{\tan\alpha \pm \tan\beta}{1 \mp \tan\alpha\tan\beta}$$

(2) 倍角の公式

$$\sin 2\alpha = 2\sin\alpha\cos\alpha$$

$$\cos 2\alpha = \cos^2\alpha - \sin^2\alpha = 2\cos^2\alpha - 1 = 1 - 2\sin^2\alpha$$

$$\tan 2\alpha = \frac{2\tan\alpha}{1-\tan^2\alpha}$$

(3) 半角の公式

$$\sin^2\frac{\alpha}{2} = \frac{1-\cos\alpha}{2}, \qquad \cos^2\frac{\alpha}{2} = \frac{1+\cos\alpha}{2}, \qquad \tan^2\frac{\alpha}{2} = \frac{1-\cos\alpha}{1+\cos\alpha}$$

(4) 3 倍角の公式

$$\sin 3\alpha = 3\sin\alpha - 4\sin^3\alpha, \qquad \cos 3\alpha = 4\cos^3\alpha - 3\cos\alpha$$

(5) 積を和，差に変える公式

$$\sin\alpha\cos\beta = \frac{1}{2}\{\sin(\alpha+\beta) + \sin(\alpha-\beta)\}$$

$$\cos\alpha\sin\beta = \frac{1}{2}\{\sin(\alpha+\beta) - \sin(\alpha-\beta)\}$$

$$\cos\alpha\cos\beta = \frac{1}{2}\{\cos(\alpha+\beta) + \cos(\alpha-\beta)\}$$

$$\sin\alpha\sin\beta = -\frac{1}{2}\{\cos(\alpha+\beta) - \cos(\alpha-\beta)\}$$

(6) 和，差を積に変える公式

$$\sin\alpha + \sin\beta = 2\sin\frac{\alpha+\beta}{2}\cos\frac{\alpha-\beta}{2}$$

$$\sin\alpha - \sin\beta = 2\sin\frac{\alpha-\beta}{2}\cos\frac{\alpha+\beta}{2}$$

$$\cos\alpha + \cos\beta = 2\cos\frac{\alpha+\beta}{2}\cos\frac{\alpha-\beta}{2}$$

$$\cos\alpha - \cos\beta = -2\sin\frac{\alpha+\beta}{2}\sin\frac{\alpha-\beta}{2}$$

原始関数の表

$f(x) = F'(x)$	$F(x) = \int f(x)\,dx$　(積分定数は省略)
$x^a\ (a \neq -1)$	$\dfrac{x^{a+1}}{a+1}$
$\dfrac{1}{x}$	$\log\lvert x\rvert$
$\sin x$	$-\cos x$
$\cos x$	$\sin x$
$\tan x$	$-\log\lvert\cos x\rvert$
$\operatorname{cosec} x \left(= \dfrac{1}{\sin x}\right)$	$\log\left\lvert\tan\dfrac{x}{2}\right\rvert$
$\sec x \left(= \dfrac{1}{\cos x}\right)$	$\log\left\lvert\tan\left(\dfrac{x}{2} + \dfrac{\pi}{4}\right)\right\rvert$
$\operatorname{cotan} x \left(= \dfrac{1}{\tan x}\right)$	$\log\lvert\sin x\rvert$
e^x	e^x
$\log x$	$x\log x - x$
$\sinh x \left(= \dfrac{e^x - e^{-x}}{2}\right)$	$\cosh x$
$\cosh x \left(= \dfrac{e^x + e^{-x}}{2}\right)$	$\sinh x$
$\dfrac{1}{x^2 - a^2}\quad (a \neq 0)$	$\dfrac{1}{2a}\log\left\lvert\dfrac{x-a}{x+a}\right\rvert$
$\dfrac{1}{x^2 + a^2}\quad (a \neq 0)$	$\dfrac{1}{a}\arctan\dfrac{x}{a}$
$\dfrac{1}{\sqrt{a^2 - x^2}}\quad (a > 0)$	$\arcsin\dfrac{x}{a}$
$-\dfrac{1}{\sqrt{a^2 - x^2}}\quad (a > 0)$	$\arccos\dfrac{x}{a}$
$\sqrt{a^2 - x^2}\quad (a > 0)$	$\dfrac{1}{2}\left(x\sqrt{a^2 - x^2} + a^2\arcsin\dfrac{x}{a}\right)$
$\sqrt{x^2 + A}$	$\dfrac{1}{2}\left(x\sqrt{x^2 + A} + A\log\left\lvert x + \sqrt{x^2 + A}\right\rvert\right)$
$\dfrac{1}{\sqrt{x^2 + A}}$	$\log\left\lvert x + \sqrt{x^2 + A}\right\rvert$
$\dfrac{g'(x)}{g(x)}$	$\log\lvert g(x)\rvert$
$g(ax+b)\ (a \neq 0)$	$\dfrac{1}{a}G(ax+b)$ ただし，$G(x) = \int g(x)\,dx$

1

実数，集合，数列

この章では，以後の学習に必要な基礎事項をまとめる．とくに，数列とその和，無限級数について解説する．最後に，円周率 π とならんで重要な定数であるネイピアの数について述べる．

1.1 実　　数

この節では，数について復習するとともに，記号を導入する．

実数の全体を $\mathbf{R}$ と表す．実数の中で，$1, 2, 3, \ldots$ を**自然数**，$0, \pm 1, \pm 2, \ldots$ を**整数**という．また，整数の商で表される数を**有理数**といい，有理数ではない実数を**無理数**という．2 の正の平方根 $\sqrt{2}$ が無理数であることの背理法による証明は知っているであろう．また，円周率 π が無理数であることは知識としてもっているであろう．

n 個の実数 $x_1, x_2, \ldots, x_n$ の中で最大の実数を

$$\max\{x_1, x_2, \ldots, x_n\} \qquad \text{または} \qquad \max_{1 \leqq j \leqq n} x_j$$

などと表す．また，最小の実数を

$$\min\{x_1, x_2, \ldots, x_n\} \qquad \text{または} \qquad \min_{1 \leqq j \leqq n} x_j$$

などで表す．

もし，$x_1 \leqq x_2 \leqq \cdots \leqq x_n$ ならば，

$$\max\{x_1, x_2, \ldots, x_n\} = x_n,$$

$$\min\{x_1, x_2, \ldots, x_n\} = x_1$$

が成り立つ．

次に，実数 x の**絶対値** $|x|$ を

$$|x| = \begin{cases} x & (x \geqq 0 \text{ のとき}), \\ -x & (x < 0 \text{ のとき}) \end{cases}$$

と定義する．実直線上に x を書いたとき，$|x|$ は 0 と x を結ぶ線分の長さである．

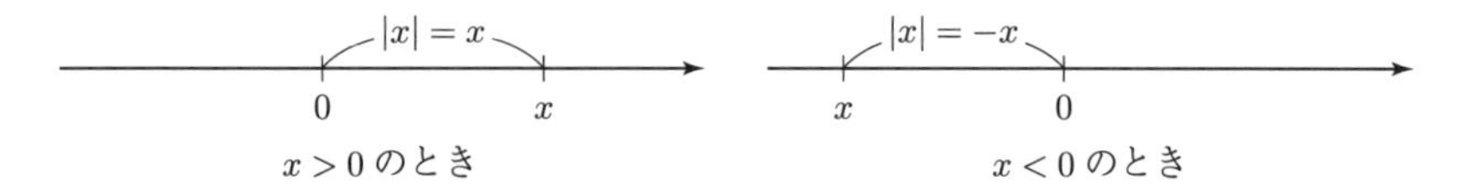

次は，容易にわかる．

定理 1.1 $|x| = \max\{x, -x\}$.

次は，しばしば用いられる重要な不等式である．

定理 1.2 (三角不等式) すべての実数 x, y に対して，次が成り立つ：
(1) $|x + y| \leqq |x| + |y|$,
(2) $|x - y| \leqq |x| + |y|$,
(3) $|x| - |y| \leqq |x + y|$.

証明. (1) x, y がともに正またはともに負，もしくは少なくとも一方が 0 ならば等号であり，その他のときは真の不等号が成り立つ．
(2) $x - y = x + (-y)$ と考えると，(1) と同様である．
(3) $x = (x + y) + (-y)$ と考えると，(1) より

$$|x| \leqq |x + y| + |-y| = |x + y| + |y|$$

となることから証明される． □

1.2 集　合

X を集合とする．x が X に属するとき，x は X の**元**または**要素**であるといって，$x \in X$ または $X \ni x$ と書く．x が X の元でないとき，$x \notin X$ または $X \not\ni x$ と書く．たとえば，$x \in \mathbf{R}$ とは x が実数であることを意味する．

集合 A の元がすべて X の元でもあるとき，A は X に含まれる，または A は X の**部分集合**であるといって，$A \subset X$ または $X \supset A$ と書く．とくに，A に属さない元で X の元であるものが存在するならば A は X に真に含まれる，または A は X の**真部分集合**であるといって，$A \subsetneqq X$ または $X \supsetneqq A$ と書く．

集合 X の元で性質 P をもつもの全体 (X の部分集合) を

$$\{x \in X \mid x \text{ は } P \text{ をもつ}\}$$

と表す．

○**例 1.1** (区間)　$a, b \in \mathbf{R}$ が $a < b$ を満たすとする．

(1) $a \leqq x \leqq b$ を満たす実数 x の全体 $\{x \in \mathbf{R} \mid a \leqq x \leqq b\}$ を $[a, b]$ と書き，この形の集合を**有界閉区間**という．

(2) $\{x \in \mathbf{R} \mid a < x < b\}$ を (a, b) と書き，この形の集合を**有界開区間**という．

(3) $\{x \in \mathbf{R} \mid x \geqq b\}$ を $[b, \infty)$，$\{x \in \mathbf{R} \mid x > b\}$ を (b, ∞) と書く．

その他，$[a, b), (a, b], (-\infty, a], (-\infty, a)$ などと書かれる区間を考えることもある．意味は明らかであろう．

本書で区間というと，とくに断らないかぎり，これらのいずれかを意味する．また，上の例の a, b などの区間の端の点を**端点**という．

A と B を X の部分集合とするとき，A または B の少なくとも一方に属する元の全体を，A と B の**和集合**とよび，$A \cup B$ と書く：

$$A \cup B = \{x \in X \mid x \in A \text{ または } x \in B\}.$$

また，A と B の両方に属する元の全体を，A と B の**共通集合**または**共通部分**とよび $A \cap B$ と書く：

$$A \cap B = \{x \in X \mid x \in A \text{ かつ } x \in B\}.$$

ベン図を描けば，イメージがつかめる．

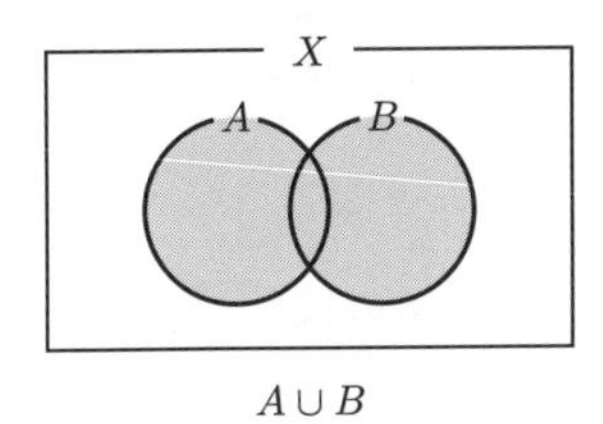

$A \cup B$

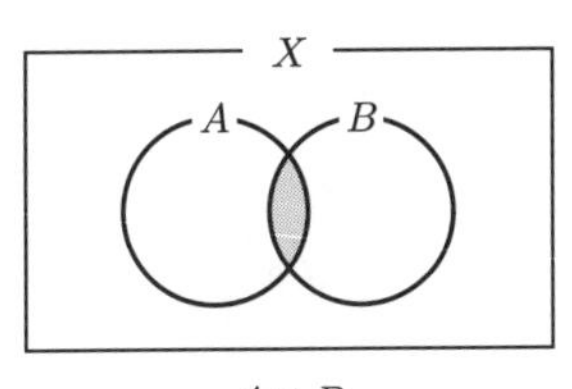

$A \cap B$

一般に，X の部分集合 $A_1, A_2, ..., A_n$ の和集合，共通部分も同様に定義する：

$$\bigcup_{i=1}^{n} A_i = A_1 \cup A_2 \cup \cdots \cup A_n$$
$$= \{x \in X \mid x \text{ が属する } A_i\ (i = 1, 2, ..., n) \text{ が存在する }\},$$
$$\bigcap_{i=1}^{n} A_i = A_1 \cap A_2 \cap \cdots \cap A_n$$
$$= \{x \in X \mid x \text{ はすべての } A_i\ (i = 1, 2, ..., n) \text{ に属する }\}.$$

また，$A \subset X$ に対して，A に属さない X の元の全体を，A の**補集合**とよび A^c と書く[1]．

次は，容易に確かめることができる．

命題 1.3 (ド・モルガンの法則) (1) A, B を X の部分集合とすると，次が成り立つ：

$$(A \cup B)^c = A^c \cap B^c, \qquad (A \cap B)^c = A^c \cup B^c.$$

(2) $A_1, A_2, ..., A_n$ を X の部分集合とすると，次が成り立つ：

$$\left(\bigcup_{i=1}^{n} A_i\right)^c = \bigcap_{i=1}^{n} A_i^c, \qquad \left(\bigcap_{i=1}^{n} A_i\right)^c = \bigcup_{i=1}^{n} A_i^c.$$

◆**問 1.** 命題 1.3(1), (2) をベン図を描いて確認せよ．

1.3 直線・平面の方程式

[1] 平面上の直線

xy 平面上の直線は，$y = ax + b$ または $x = c$ (a, b, c は定数) という形の方程式で与えられる．

a は x の値が 1 増加したときの y の変化量を表し，直線の**傾き**とよばれる．b は $x = 0$ のときの値で，直線 $y = ax + b$ は点 $(0, b)$ を通る．

$y = ax + b$ のグラフ上の点 (x, y) は，

$$\begin{pmatrix} x \\ y \end{pmatrix} = \begin{pmatrix} 0 \\ b \end{pmatrix} + t \begin{pmatrix} 1 \\ a \end{pmatrix} \qquad (t \in \mathbf{R})$$

1) 補集合 (complement) の “c”.

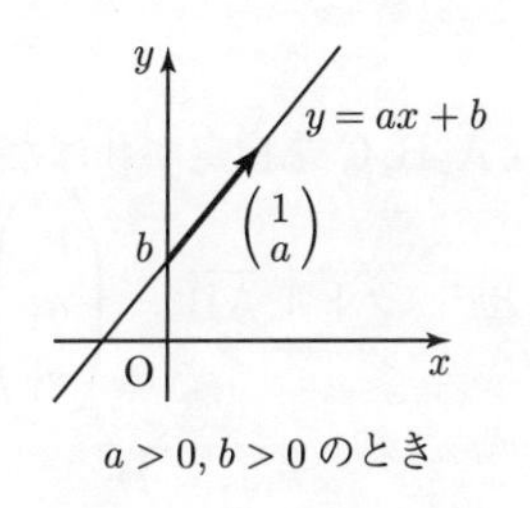

$a>0, b>0$ のとき

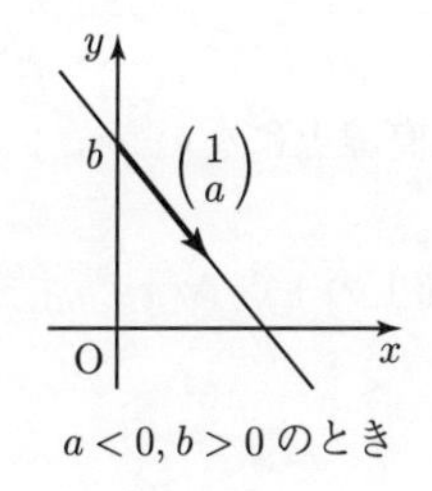

$a<0, b>0$ のとき

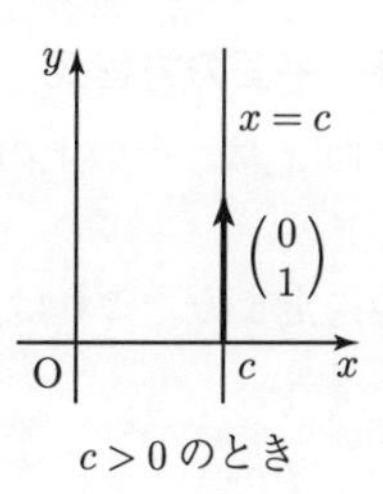

$c>0$ のとき

と書ける．点 (x,y) が直線 $x=c$ 上にあれば，

$$\begin{pmatrix} x \\ y \end{pmatrix} = \begin{pmatrix} c \\ 0 \end{pmatrix} + t \begin{pmatrix} 0 \\ 1 \end{pmatrix} \qquad (t \in \mathbf{R})$$

と書ける．これらを，直線の**パラメータ (媒介変数) 表示**とよび，直線の延びる方向を与えるベクトル $\begin{pmatrix} 1 \\ a \end{pmatrix}, \begin{pmatrix} 0 \\ 1 \end{pmatrix}$ をそれぞれの直線の**方向ベクトル**とよぶ．

[2] 空間内の直線

xyz 空間内においても直線は，xy 平面上と同様，パラメータ表示される．

直線は，直線上の 1 点 (x_0, y_0, z_0) と**方向ベクトル** $\begin{pmatrix} a \\ b \\ c \end{pmatrix}$ からただ一つ定まり，直線上の点 (x,y,z) はその位置ベクトルが

$$\begin{pmatrix} x \\ y \\ z \end{pmatrix} = \begin{pmatrix} x_0 \\ y_0 \\ z_0 \end{pmatrix} + t \begin{pmatrix} a \\ b \\ c \end{pmatrix} \quad (t \in \mathbf{R})$$

という形で与えられる．

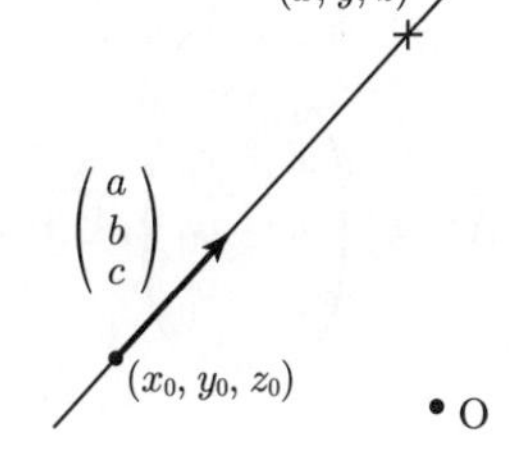

これから，a, b, c のいずれも 0 でないなら，t を x, y, z で表すと

$$\frac{x-x_0}{a} = \frac{y-y_0}{b} = \frac{z-z_0}{c}$$

となる．これを**直線の方程式**という．

◆問 2. ℓ を空間内の 2 点 $(1,2,3)$ と $(2,3,1)$ を通る直線とする．
(1) ℓ の方向ベクトルを求めよ． (2) ℓ の方程式を求めよ．

◆問 3. 直線 ℓ : $\dfrac{x+1}{2} = y+1 = \dfrac{z-3}{-2}$ に原点 O から下ろした垂線と ℓ との交点 A の座標を求めよ．

[3] 平面の方程式

平面 π は，その上の同一直線上にない異なる 3 点 A, B, C を指定すればただ一つに定まる．これは，平面上の 1 点 $\mathrm{A}(x_0, y_0, z_0)$ と，ベクトル $\overrightarrow{\mathrm{AB}} = \begin{pmatrix} p_1 \\ q_1 \\ r_1 \end{pmatrix}$，$\overrightarrow{\mathrm{AC}} = \begin{pmatrix} p_2 \\ q_2 \\ r_2 \end{pmatrix}$ によって定まるといっても同じであり，平面上の点 $\mathrm{P}(x, y, z)$ は

$$\begin{pmatrix} x \\ y \\ z \end{pmatrix} = \overrightarrow{\mathrm{OA}} + s\overrightarrow{\mathrm{AB}} + t\overrightarrow{\mathrm{AC}} = \begin{pmatrix} x_0 \\ y_0 \\ z_0 \end{pmatrix} + s\begin{pmatrix} p_1 \\ q_1 \\ r_1 \end{pmatrix} + t\begin{pmatrix} p_2 \\ q_2 \\ r_2 \end{pmatrix} \quad (s, t \in \mathbf{R})$$

という形で与えられる．

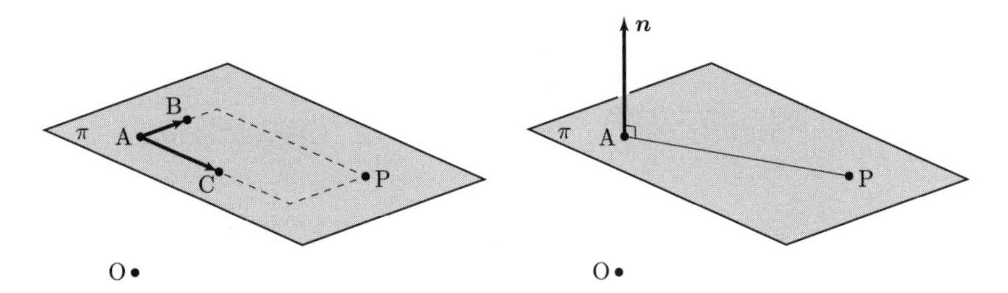

π と垂直なベクトル $\boldsymbol{n}$ を π の**法線ベクトル**とよぶ．$\boldsymbol{n} = \begin{pmatrix} a \\ b \\ c \end{pmatrix}$ とすると，$\overrightarrow{\mathrm{AP}} = \begin{pmatrix} x - x_0 \\ y - y_0 \\ x - z_0 \end{pmatrix}$ と $\boldsymbol{n}$ は直交するので，

$$a(x - x_0) + b(y - y_0) + c(z - z_0) = 0$$

が成り立つ．これを**平面の方程式**という．

◆問 4. 点 $(1, 2, 3)$ を通り，直線 $\dfrac{x-1}{2} = \dfrac{y-2}{3} = \dfrac{z}{4}$ に垂直な平面の方程式を求めよ．

◆問 5. 点 $\mathrm{A}(a, b, c)$ を通り，$\overrightarrow{\mathrm{OA}}$ に垂直な平面の方程式を求めよ．

◆問 6. 球面 $(x-1)^2 + (y-1)^2 + z^2 = 9$ 上の点 $(3, -1, 1)$ における接平面の法線ベクトル，接平面の方程式を求めよ．

1.4 二項定理

自然数 n に対して

$$n! = n \cdot (n-1) \cdots 3 \cdot 2 \cdot 1$$

を n の**階乗**という．$1, 2, ..., n$ の数字の書かれた n 枚のカードのような n 個の異なるものを並べるとき，並べ方は $n!$ 通りである．$n = 0$ のとき，$0! = 1$ とするのが習慣であり，便利である．

また，$r = 0, 1, 2, ..., n$ に対して，${}_n\mathrm{C}_r$ を

$${}_n\mathrm{C}_r = \frac{n!}{r!(n-r)!} = \frac{n(n-1)\cdots(n-r+1)}{r!}$$

で定めて**二項係数**とよぶ．これを $\dbinom{n}{r}$ とも書く．n 個の異なるものから r 個選ぶ選び方は ${}_n\mathrm{C}_r$ 通りである．

定理 1.4 (二項定理)　自然数 n と $x, y \in \mathbf{R}$ に対して次が成り立つ：

$$(x+y)^n = \sum_{r=0}^{n} {}_n\mathrm{C}_r x^r y^{n-r}.$$

$(x+y)^n$ を n 個の $x+y$ の積 $(x+y)^n = \overbrace{(x+y)(x+y)\cdots(x+y)}^{n\,個}$ に書く．このとき，展開式の $x^r y^{n-r}$ の係数が n 個の因数のうち r 個の因数で x を選ぶ選び方に等しいことを確認すれば二項定理が得られる．

次は計算からも示すことができるが，組合せの意味から容易にわかる．

命題 1.5　(1) ${}_n\mathrm{C}_r = {}_n\mathrm{C}_{n-r}$ $(r = 0, 1, 2, ..., n)$.
(2) ${}_n\mathrm{C}_{r-1} + {}_n\mathrm{C}_r = {}_{n+1}\mathrm{C}_r$ $(r = 1, 2, ..., n)$.

(1) は n 個から r 個選ぶのも，(残りの) $n-r$ 個を選ぶのも同じであることからわかる．(2) は $(n+1)$ 個から r 個選ぶ選び方を，特定の 1 つを固定して，それを選ぶ場合と選ばない場合に分けて考えればよい．

◆問 7.　(1) $(x+1)^5, (x+2)^6$ を展開したときの x^3 の係数は何か．
(2) $\left(x + \dfrac{a}{x}\right)^4$ の x^2 の係数は何か．

◆問 8.　命題 1.5(2) を二項係数の定義に基づいて証明せよ．

1.5 数　列

$a_1, a_2, ..., a_n, ...$ と実数を並べたものを**実数列**，または**数列**といい，$\{a_n\}_{n=1}^{\infty}$ または $\{a_n\}$ と書く．a_0 または一般に a_k からはじめると便利なこともあり，そのときは $\{a_n\}_{n=k}^{\infty}$ などと書く．a_n を第 n 項または**一般項**とよぶ．

この節では，数列の収束，発散について説明する．数列の収束に関する厳密な議論は解析学の基本の一つであり付録で述べる．ここでは，収束，発散の直感的な意味を理解してほしい．

n を大きくするとき a_n がある定数 α に近づくならば，数列 $\{a_n\}$ は α に**収束**するという．このとき，

$$\lim_{n\to\infty} a_n = \alpha \qquad \text{または} \qquad a_n \to \alpha \ (n \to \infty)$$

などと表し，α を $\{a_n\}$ の**極限**または**極限値**という．

○**例 1.2** (1) $\alpha \in \mathbf{R}$ とするとき，数列 $\left\{\alpha + \dfrac{1}{n}\right\}$ は α に収束する．$\left\{\alpha - \dfrac{1}{n}\right\}$ および $\left\{\alpha + \dfrac{(-1)^n}{n}\right\}$ も α に収束する．

(2) p を $|p| < 1$ である実数とすると，数列 $\{p^n\}$ は 0 に収束する．

(3) $\{\sqrt{n+1} - \sqrt{n}\}$ は 0 に収束する．これは，

$$\sqrt{n+1} - \sqrt{n} = \frac{1}{\sqrt{n+1} + \sqrt{n}}$$

であることからわかる．

数列 $\{a_n\}$ がどんな実数にも収束しないとき，**発散**するという．とくに，$\{n^2\}$ や $\{2^n\}$ のように，n を大きくすると a_n がいくらでも大きくなるとき，$\{a_n\}$ は ∞ に発散するといって

$$\lim_{n\to\infty} a_n = \infty \qquad \text{または} \qquad a_n \to \infty \ (n \to \infty)$$

などと書く．また，$\{-a_n\}$ が ∞ に発散するとき，$\{a_n\}$ は $-\infty$ に発散するといって

$$\lim_{n\to\infty} a_n = -\infty \qquad \text{または} \qquad a_n \to -\infty \ (n \to \infty)$$

などと書く．

発散する数列 $\{a_n\}$ に対し，$\displaystyle\lim_{n\to\infty} a_n = \infty$ でも $\displaystyle\lim_{n\to\infty} a_n = -\infty$ でもないとき，$\{a_n\}$ は**振動**するという．

○**例 1.3**　実数 r $(r \neq 0, 1)$ に対して，一般項が $a_n = a_1 r^{n-1}$ によって与えられる数列 $\{a_n\}$ を，公比 r，初項 a_1 の**等比数列**という．
(1) $|r| < 1$ であれば，$\lim_{n\to\infty} r^n = 0$ である．
(2) $r > 1$ のとき，$\{r^n\}$ は ∞ に発散する．
(3) $\{(-1)^n\}$ は振動する．また，$r > 1$ であれば，$\{(-r)^n\}$ も振動する．

収束する数列に対しては，次が成り立つ．

定理 1.6　数列 $\{a_n\}, \{b_n\}$ が，それぞれ α, β に収束すると仮定する．
(1) 数列 $\{a_n \pm b_n\}, \{a_n b_n\}$ も収束し，次が成り立つ：

$$\lim_{n\to\infty}(a_n \pm b_n) = \alpha \pm \beta \ (\text{複号同順}), \quad \lim_{n\to\infty}(a_n b_n) = \alpha\beta.$$

(2) $b_n \neq 0$ $(n = 1, 2, \ldots), \beta \neq 0$ であれば，$\left\{\dfrac{a_n}{b_n}\right\}$ は $\dfrac{\alpha}{\beta}$ に収束する．
(3) $a_n \leqq b_n$ $(n = 1, 2, \ldots)$ が成り立つならば，$\alpha \leqq \beta$ である．
(4) (**はさみうちの原理**) $\alpha = \beta$ のとき，数列 $\{c_n\}$ に対して $a_n \leqq c_n \leqq b_n$ $(n = 1, 2, \ldots)$ が成り立つならば，$\{c_n\}$ も同じ極限値に収束する．

★注意　(i) 定理 1.6 (2)–(4) の仮定は，すべての n に対して成り立つ必要はなく，十分大きい n に対して成り立てば十分である．
(ii) 定理 1.6 (3) で，$a_n < b_n$ であっても $\alpha < \beta$ とは限らない．つまり，各 n に対して真の大小関係が成り立っていても，極限が一致する場合がある．たとえば，$a_n = -\dfrac{1}{n}, b_n = \dfrac{1}{n}$ とすると，これらはともに 0 に収束する．

例題 1.7　$r > 1$ であれば $\lim_{n\to\infty} \dfrac{n^2}{r^n} = 0$ が成り立つことを示せ．

解答． $r = 1 + h$ とおく．二項定理より $n \geqq 3$ のとき $r^n > {}_n\mathrm{C}_3 h^3$ だから

$$0 < \frac{n^2}{(1+h)^n} < \frac{n^2}{{}_n\mathrm{C}_3 h^3} = \frac{6}{h^3}\frac{n^2}{n(n-1)(n-2)}$$

となる．この右辺は $n \to \infty$ のとき 0 に収束するので，はさみうちの原理より結論を得る．　□

一般に，任意の $p>0$ に対して，$r>1$ であれば $\lim_{n\to\infty}\frac{n^p}{r^n}=0$ が成り立つ．つまり，等比数列 r^n は任意のべき n^p より速く ∞ に発散する．証明は同様なので，演習問題とする (章末問題 1.7).

発散する数列に対しては，次が成り立つ．

定理 1.8 $\{a_n\}$ は ∞ に発散し，$\{b_n\}$ に対して $|b_n| \leqq M$ $(n=1,2,...)$ を満たす定数 M が存在するならば，$\{a_n \pm b_n\}$ は ∞ に発散する．

$\{a_n\},\{b_n\}$ がともに ∞ に発散するときは，$\{a_n-b_n\}$ の収束，発散についてさまざまなことが起きる．

○**例 1.4** (1) $a_n=n^2$, $b_n=n$ のとき，$\{a_n-b_n\}$ は ∞ に発散する．
(2) $a_n=n^2$, $b_n=n^2-1$ のとき，すべての n に対して $a_n-b_n=1$ である．したがって，$\{a_n-b_n\}$ の極限も 1 である．
(3) $a_n=\sqrt{n+1}, a_n=\sqrt{n}$ のとき，$\{a_n-b_n\}$ は 0 に収束する．

これらを用いると，種々の数列の極限を求めたり，発散を示すことができる．

◆**問 9.** 次の極限値を求めよ．

(1) $\lim_{n\to\infty}\frac{1}{n^2-3}$　(2) $\lim_{n\to\infty}\frac{3n+5}{n^2+1}$　(3) $\lim_{n\to\infty}\frac{n^2-1}{n^2+1}$

(4) $\lim_{n\to\infty}\frac{n^3}{n^2+1}$　(5) $\lim_{n\to\infty}\frac{3^n+4}{5^n-3}$　(6) $\lim_{n\to\infty}(\sqrt{n+2}-\sqrt{n-1})$

(7) $\lim_{n\to\infty}\frac{3^n}{n!}$　(8) $\lim_{n\to\infty}\frac{47^n}{n!}$　(9) $\lim_{n\to\infty}\frac{n^2}{2^n}$

以下に，数列の重要な性質を述べる．$\{a_n\}$ に対して，

$$a_1 \leqq a_2 \leqq \cdots \leqq a_n \leqq a_{n+1} \leqq \cdots$$

が成り立つとき，数列 $\{a_n\}$ は**単調増加**であるという．また，

$$a_1 \geqq a_2 \geqq \cdots \geqq a_n \geqq a_{n+1} \geqq \cdots$$

が成り立つとき，数列 $\{a_n\}$ は**単調減少**であるという．また，狭義の不等式

$$a_1 < a_2 < \cdots < a_n < a_{n+1} < \cdots$$

が成り立つとき，数列 $\{a_n\}$ は**狭義単調増加**であるという．数列が**狭義単調減少**であることも同様に定義する．

数列 $\{a_n\}$ に対して，ある定数 M が存在して

$$a_n \leqq M \quad (n = 1, 2, ...)$$

が成り立つとき，$\{a_n\}$ は**上に有界**であるという．また，定数 M' が存在して

$$a_n \geqq M' \quad (n = 1, 2, ...)$$

が成り立つとき，$\{a_n\}$ は**下に有界**であるという．上にも下にも有界である数列は，**有界**であるという．収束する数列は有界である．

次の定理は，**実数の連続性**とよばれる．

定理 1.9　数列 $\{a_n\}$ が単調増加でありかつ上に有界であれば，ある実数に収束する．同様に，下に有界な単調減少数列も収束する．

有理数の範囲で考えると，定理は成り立たない．たとえば，$\sqrt{2} = 1.41421356...$ であることを念頭に，

$$a_1 = 1.4,\ a_2 = 1.41,\ a_3 = 1.414, ...$$

とおいて $\sqrt{2}$ に収束する単調増加数列 $\{a_n\}$ を考えると，各 n に対して a_n は有理数であるが，極限 $\sqrt{2}$ は無理数である．

例題 1.10　数列 $\{a_n\}_{n=1}^{\infty}$ が漸化式 $a_{n+1} = \sqrt{a_n + 6}$ を満たすとする．$a_1 = 2$ のとき，$\lim_{n \to \infty} a_n$ を求めよ．

解答． 数学的帰納法により $0 < a_n < 3$ $(n = 1, 2, ...)$ を示すことができる．これは容易なので読者にゆだねる．

次に，$\{a_n\}$ が単調増加であることを示す．$0 < a_n < 3$ より

$$(a_{n+1})^2 - (a_n)^2 = a_n + 6 - (a_n)^2 = -(a_n + 2)(a_n - 3) > 0$$

であるから，$(a_{n+1})^2 - (a_n)^2 > 0$ であり，$a_n > 0$ より結論を得る．

したがって，実数の連続性より極限が存在する．これを λ と書く．このとき漸化式の両辺の極限を考えると，

$$\lambda = \sqrt{\lambda + 6}$$

を得る．よって，λ は $\lambda^2 - \lambda - 6 = (\lambda + 2)(\lambda - 3) = 0$ を満たす．$0 < a_n < 3$ で a_n は単調増加だから，$0 < \lambda \leqq 3$ であり，$\lambda = 3$ を得る．　□

例題 1.11　正の一般項をもつ数列 $\{a_n\}, \{b_n\}$ が，漸化式

$$a_{n+1} = \frac{1}{2}(a_n + b_n), \quad b_{n+1} = \sqrt{a_n b_n} \qquad (n = 1, 2, \ldots)$$

によって定まり，$0 < b_1 < a_1$ と仮定する．このとき，$\{a_n\}, \{b_n\}$ が同じ値に収束することを示せ．

解答. (i) $b_n < a_n$ $(n = 1, 2, \ldots)$ を数学的帰納法により示す．$n = 1$ のときは仮定している．n で正しいと仮定すると，

$$a_{n+1} - b_{n+1} = \frac{1}{2}(a_n + b_n) - \sqrt{a_n b_n} = \frac{1}{2}(\sqrt{a_n} - \sqrt{b_n})^2 > 0$$

となり，$n+1$ のときも成り立つ．したがって，数学的帰納法により，すべての n に対して $a_n > b_n$ である．

(ii) $\{a_n\}$ が単調減少，$\{b_n\}$ が単調増加であることを示す．これは，(i) より

$$a_{n+1} - a_n = \frac{1}{2}(b_n - a_n) < 0, \qquad \frac{b_n}{b_{n+1}} = \sqrt{\frac{b_n}{a_n}} < 1$$

となることからわかる．

(iii) (i), (ii) より，すべての n に対して

$$b_1 < b_2 < \cdots < b_n < a_n < \cdots < a_2 < a_1$$

が成り立つ．よって，$\{a_n\}$ は単調減少であり $a_n > b_1$ より下に有界であり，$\{b_n\}$ は単調増加で $b_n < a_1$ より上に有界である．したがって，実数の連続性より $\{a_n\}$ も $\{b_n\}$ も収束する．よって，それぞれの極限を α, β とすると，

$$\alpha = \frac{1}{2}(\alpha + \beta), \quad \beta = \sqrt{\alpha\beta}$$

が成り立つ．これは，$\alpha = \beta$ を意味する．　□

◆**問 10.**　数列 $\{a_n\}_{n=1}^{\infty}$ が漸化式 $a_{n+1} = \dfrac{1}{2}(a_n^2 + 1)$ を満たし，$0 \leqq a_1 < 1$ と仮定する．このとき，次の問に答えよ．

(1) $\{a_n\}$ が単調増加であることを示せ．

(2) $a_n < 1$ $(n = 1, 2, \ldots)$ を示せ．

(3) $\lim_{n\to\infty} a_n$ を求めよ．

1.6　数列の和・無限級数

数列 $\{a_n\}_{n=1}^{\infty}$ が与えられたとき，

$$a_1 + a_2 + \cdots + a_n + \cdots$$

を**無限級数**または**級数**という．また，初項 a_1 から第 n 項 a_n までの和

$$s_n = a_1 + a_2 + \cdots + a_n \quad (\text{これを} \sum_{k=1}^{n} a_k \text{と書く})$$

を第 n 項までの**和**または**部分和**という．

典型的な数列の和に対する公式をあげておく．

○例 **1.5**　次が成り立つ：

$$\sum_{k=1}^{n} k = \frac{(n+1)n}{2}, \qquad \sum_{k=1}^{n} k^2 = \frac{1}{6}n(n+1)(2n+1),$$

$$\sum_{k=1}^{n} k^3 = \frac{(n+1)^2n^2}{4}, \qquad \sum_{k=1}^{n} k^4 = \frac{1}{30}n(n+1)(2n+1)(3n^2+3n-1).$$

○例 **1.6** (等差数列)　$d \in \mathbf{R}$ に対して，漸化式 $a_{n+1} - a_n = d$ を満たす数列を**等差数列**という．$a_1 = c$ とすると，一般項は $a_n = c + (n-1)d$ によって与えられる．このときの部分和 s_n は次のようになる：

$$\begin{aligned} s_n &= \sum_{k=1}^{n} (c + (k-1)d) \\ &= cn + d(1 + 2 + \cdots + (n-1)) = cn + \frac{n(n-1)}{2}d. \end{aligned}$$

$\{s_n\}$ が収束するとき，**無限級数** $\sum_{n=1}^{\infty} a_n$ **は収束**するといい，極限が s ならば

$$\sum_{n=1}^{\infty} a_n = s$$

と書く．s を**無限級数** $\sum_{n=1}^{\infty} a_n$ **の和**という．

$\{s_n\}$ が発散するとき $\sum_{n=1}^{\infty} a_n$ は**発散**するという．とくに，$\lim_{n\to\infty} s_n = \infty$ なら，

$$\sum_{n=1}^{\infty} a_n = \infty$$

と書く．

○例 **1.7** (等比級数) $a > 0,\ r \in \mathbf{R}\ (r \neq 0, 1)$ として $a_n = ar^{n-1}\ (n = 1, 2, ...)$ とおく．$r^n - 1 = (r-1)(r^{n-1} + \cdots + r + 1)$ だから，$r \neq 1$ であれば

$$s_n = \sum_{k=1}^{n} ar^{k-1} = \frac{a(r^n - 1)}{r - 1} = \frac{a(1 - r^n)}{1 - r}$$

である．したがって，$|r| < 1$ であれば $s_n \to \dfrac{a}{1-r}$ であり，無限級数 $\sum_{n=1}^{\infty} ar^{n-1}$ は $\dfrac{a}{1-r}$ に収束する．

$r > 1$ のときは $s_n \to \infty\ (n \to \infty)$ であり，$\sum_{n=1}^{\infty} ar^{n-1} = \infty$ である．

$r \leqq -1$ のときは，$\{s_n\}$ は振動する．

例題 1.12 $\sum_{n=1}^{\infty} \dfrac{1}{n(n+1)} = 1$ を示せ．

解答． 部分分数展開により

$$\begin{aligned} s_n &= \sum_{k=1}^{n} \frac{1}{k(k+1)} = \sum_{k=1}^{n} \left(\frac{1}{k} - \frac{1}{k+1} \right) \\ &= \left(1 - \frac{1}{2}\right) + \left(\frac{1}{2} - \frac{1}{3}\right) + \cdots + \left(\frac{1}{n} - \frac{1}{n+1}\right) = 1 - \frac{1}{n+1} \end{aligned}$$

となるから，$s_n \to 1\ (n \to \infty)$ である． □

◆**問 11．** $a_n = \dfrac{1}{n(n+2)}$ のとき，部分和 $\sum_{k=1}^{n} a_k$ を求め，$\sum_{n=1}^{\infty} a_n$ の値を求めよ．

すべての n に対して $a_n \geqq 0$ であるとき，無限級数 $\sum_{n=1}^{\infty} a_n$ を**正項級数**という．正項級数の部分和 $\{s_n\}$ は単調増加数列だから，正項級数は収束するか，または ∞ に発散する．次は，実数の連続性 (定理 1.9) より容易にわかる．

定理 1.13 正項級数 $\sum_{n=1}^{\infty} a_n$ が収束するための必要十分条件は，部分和 $\{s_n\}$ が上に有界であること，つまり

$$s_n = \sum_{k=1}^{n} a_k \leqq M \quad (n = 1, 2, ...)$$

を満たす定数 M が存在することである．

この定理から，次の有用な定理が得られる．

定理 1.14　$0 \leqq a_n \leqq b_n \ (n = 1, 2, ...)$ と仮定する．

(1) $\sum_{n=1}^{\infty} b_n$ が収束するなら $\sum_{n=1}^{\infty} a_n$ も収束し $\sum_{n=1}^{\infty} a_n \leqq \sum_{n=1}^{\infty} b_n$ が成り立つ．

(2) $\sum_{n=1}^{\infty} a_n = \infty$ なら $\sum_{n=1}^{\infty} b_n = \infty$ である．

証明． (2) は (1) の対偶を考えればよいので，(1) を示せばよい．

仮定から，$\sum_{n=1}^{\infty} b_n \leqq M$ を満たす定数 M が存在するので，

$$s_n = \sum_{k=1}^{n} a_k \leqq \sum_{k=1}^{n} b_k \leqq \sum_{k=1}^{\infty} b_k \leqq M$$

であり $\{s_n\}$ は上に有界である．よって，定理 1.13 より $\sum_{n=1}^{\infty} a_n$ は収束する．□

例題 1.15　$\sum_{n=1}^{\infty} \frac{1}{n^2}$ は収束し，$\sum_{n=1}^{\infty} \frac{1}{n}$ は ∞ に発散することをを示せ．

解答． まず，$\frac{1}{n^2} \leqq \frac{1}{(n-1)n} \ (n \geqq 2)$ に注意する．例題 1.12 より

$$\sum_{n=2}^{\infty} \frac{1}{(n-1)n} = \sum_{n=1}^{\infty} \frac{1}{n(n+1)}$$

は 1 に収束するので，$\sum_{n=2}^{\infty} \frac{1}{n^2}$ も収束する．したがって，$\sum_{n=1}^{\infty} \frac{1}{n^2}$ も収束する[2]．

次に，a_n を

$$a_1 = 1, \quad a_2 = \frac{1}{2}, \quad a_3 = a_4 = \frac{1}{4}, \quad a_5 = a_6 = a_7 = a_8 = \frac{1}{8},$$

$$2^{k-1} < n \leqq 2^k \text{ のとき } a_n = \frac{1}{2^k}$$

によって定めると，$a_n \leqq \frac{1}{n} \ (n = 1, 2, ...)$ である．そして，

$$\sum_{i=1}^{2^k} a_i = 1 + \frac{1}{2} + \frac{1}{4} \times 2 + \cdots + \frac{1}{2^k} \times 2^{k-1} = 1 + \frac{k}{2} \to \infty \ (k \to \infty)$$

---

2)　極限は $\frac{\pi^2}{6}$ という値である．

であるから $\sum_{n=1}^{\infty} a_n = \infty$ である．よって，定理 1.14 より $\sum_{n=1}^{\infty} \frac{1}{n} = \infty$ である．

後半は積分を用いるほうがわかりやすい．本書ではまだ説明していないが，高等学校の学習範囲なので述べておく．右のグラフから，

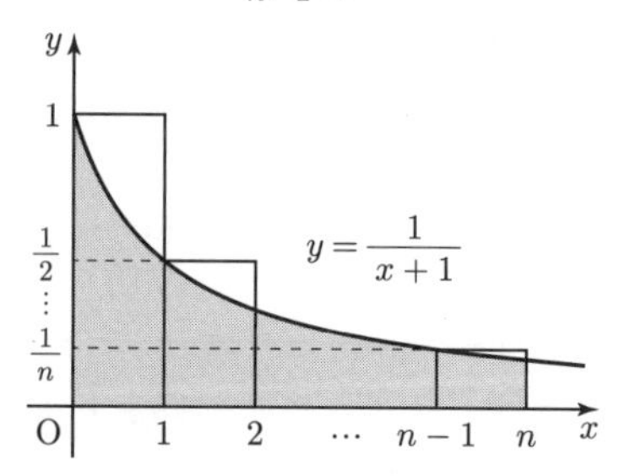

$$\sum_{k=1}^{n} \frac{1}{k} > \int_0^n \frac{1}{x+1} dx = \log(n+1)$$

である．$n \to \infty$ のとき，$\log(n+1) \to \infty$ であるから，結論を得る． □

★注意 正項級数 $\sum_{n=1}^{\infty} a_n$ が収束するためには，$a_n \to 0$ $(n \to \infty)$ が成り立たなければならない．しかし，$a_n \to 0$ であっても，級数が収束するとは限らないことが，上の例題 1.15 からわかる．

◆問 12. 次の無限級数の収束，発散を判定せよ．

(1) $\sum_{n=1}^{\infty} \frac{1}{\sqrt{n}}$ (2) $\sum_{n=1}^{\infty} \frac{1}{n^2+1}$ (3) $\sum_{n=1}^{\infty} \frac{1}{n^3}$ (4) $\sum_{n=2}^{\infty} \frac{n}{n^3-1}$

1.7 ネイピアの数

本節では，円周率 π と並んで，もしくはそれ以上に重要な実数であるネイピアの数 (自然対数の底) e について述べる．

次の定理を示せば，実数の連続性 (定理 1.9) より，数列 $\left(1+\frac{1}{n}\right)^n$ $(n = 1, 2, \ldots)$ が，ある正の実数に収束することがわかる．この極限を e を書いて，**ネイピアの数**とよぶ．本節後半で e が無理数であることを証明する．

定理 1.16 $a_n = \left(1 + \frac{1}{n}\right)^n$ で定まる数列 $\{a_n\}_{n=1}^{\infty}$ は，単調増加かつ上に有界である．

証明. まず，$a_n < 3$ $(n = 1, 2, \ldots)$ を示す．$n = 1$ のときは，$a_1 = 2 < 3$ である．$n \geqq 2$ のときは，二項定理より，

$$\left(1+\frac{1}{n}\right)^n = 1+n\frac{1}{n}+\frac{n(n-1)}{2!}\frac{1}{n^2}+\cdots+{}_n\mathrm{C}_r\frac{1}{n^r}+\cdots+{}_n\mathrm{C}_n\frac{1}{n^n}$$
$$= 1+1+\frac{1}{2!}\left(1-\frac{1}{n}\right)+\cdots+\frac{1}{r!}\left(1-\frac{1}{n}\right)\cdots\left(1-\frac{r-1}{n}\right)$$
$$+\cdots+\frac{1}{n!}\left(1-\frac{1}{n}\right)\cdots\left(1-\frac{n-1}{n}\right) \tag{1.1}$$

である．さらに $1-\dfrac{k}{n}<1$ $(k=1,2,...,n-1)$ であり，$r \geqq 2$ に対して $r! \geqq 2^{r-1}$ であることより，$n \geqq 2$ に対して，

$$\left(1+\frac{1}{n}\right)^n < 1+1+\frac{1}{2!}+\cdots+\frac{1}{n!} < 1+1+\frac{1}{2}+\cdots+\frac{1}{2^{n-1}}$$
$$< 1+1+\sum_{k=1}^{\infty}\left(\frac{1}{2}\right)^k = 3$$

が成り立つ．

次に，$\{a_n\}$ が単調増加であることを示す．二項定理より，または (1.1) の n を $n+1$ とすると，

$$\left(1+\frac{1}{n+1}\right)^{n+1} = 1+1+\frac{1}{2!}\left(1-\frac{1}{n+1}\right)$$
$$+\cdots+\frac{1}{r!}\left(1-\frac{1}{n+1}\right)\cdots\left(1-\frac{r-1}{n+1}\right)$$
$$+\cdots+\frac{1}{n!}\left(1-\frac{1}{n+1}\right)\cdots\left(1-\frac{n-1}{n+1}\right)$$
$$+\frac{1}{(n+1)!}\left(1-\frac{1}{n+1}\right)\cdots\left(1-\frac{n}{n+1}\right)$$

となる．最後の項を落とし，$1-\dfrac{k}{n+1}>1-\dfrac{k}{n}$ $(k=1,2,...,n)$ を用いると，

$$\left(1+\frac{1}{n+1}\right)^{n+1} > 1+1+\frac{1}{2!}\left(1-\frac{1}{n}\right)$$
$$+\cdots+\frac{1}{r!}\left(1-\frac{1}{n}\right)\cdots\left(1-\frac{r-1}{n}\right)$$
$$+\cdots+\frac{1}{n!}\left(1-\frac{1}{n}\right)\cdots\left(1-\frac{n-1}{n}\right)$$
$$= \left(1+\frac{1}{n}\right)^n$$

が得られる．これは，$\{a_n\}$ が単調増加であることを示している．　□

◆**問 13.** $\displaystyle\lim_{n\to\infty}\left(1-\frac{1}{n}\right)^{-n} = e$ であることを示せ．

ネイピアの数は，次の表現をもつ．結果は，後で述べる指数関数のマクローリン展開からも得られる (例 3.7)．定理 1.18 とともに，後回しにしてもよい．

定理 1.17 $e = \sum_{n=0}^{\infty} \frac{1}{n!}$ が成り立つ．

証明． まず，$\frac{1}{n!} \leqq \frac{1}{2^{n-1}}$ $(n = 1, 2, ...)$ に注意すると，$\sum_{n=1}^{\infty} \frac{1}{2^{n-1}}$ が収束することから $\sum_{n=0}^{\infty} \frac{1}{n!}$ が収束することがわかる．

定理 1.16 の証明で示したように，

$$\begin{aligned}\left(1+\frac{1}{n}\right)^n &= 1+1+\frac{1}{2!}\left(1-\frac{1}{n}\right)+\cdots+\frac{1}{n!}\left(1-\frac{1}{n}\right)\cdots\left(1-\frac{n-1}{n}\right) \\ &< 1+1+\frac{1}{2!}+\cdots+\frac{1}{n!} = \sum_{k=0}^{n} \frac{1}{k!}\end{aligned}$$

が成り立つ．よって，$n \to \infty$ とした極限を考えると，

$$e \leqq \sum_{k=0}^{\infty} \frac{1}{k!}$$

が得られる．

一方，$r \leqq n$ として，$(r+1)$ 番目以降の項を落とすと，

$$\begin{aligned}\left(1+\frac{1}{n}\right)^n &= 1+1+\frac{1}{2!}\left(1-\frac{1}{n}\right)+\cdots+\frac{1}{r!}\left(1-\frac{1}{n}\right)\cdots\left(1-\frac{r-1}{n}\right) \\ &\quad +\cdots+\frac{1}{n!}\left(1-\frac{1}{n}\right)\cdots\left(1-\frac{n-1}{n}\right) \\ &> 1+1+\frac{1}{2!}\left(1-\frac{1}{n}\right)+\cdots+\frac{1}{r!}\left(1-\frac{1}{n}\right)\cdots\left(1-\frac{r-1}{n}\right)\end{aligned}$$

が成り立つことがわかる．ここで，r は固定して，$n \to \infty$ とすると，$\frac{k}{n} \to 0$ $(k = 1, 2, ..., r-1)$ だから

$$e \geqq 1+1+\frac{1}{2!}+\cdots+\frac{1}{r!} = \sum_{k=0}^{r} \frac{1}{k!}$$

となる．これがすべての r に対して成り立つので，$r \to \infty$ として

$$e \geqq \sum_{k=0}^{\infty} \frac{1}{k!}$$

となる．

2 つの不等式をあわせると，結論を得る． □

なお，$e = 2.718281828459045...$ であるが，

$$\sum_{n=0}^{6} \frac{1}{n!} = 2.718055555555555... \qquad \sum_{n=0}^{8} \frac{1}{n!} = 2.71827876984127...$$

$$\sum_{n=0}^{10} \frac{1}{n!} = 2.718281801146384... \qquad \sum_{n=0}^{12} \frac{1}{n!} = 2.718281828286169...$$

であり，収束の速さをみることができる．ちなみに，

$$\left(1+\frac{1}{100}\right)^{100} = 2.704813829421528...$$

$$\left(1+\frac{1}{1000}\right)^{1000} = 2.716923932235593...$$

$$\left(1+\frac{1}{10000}\right)^{10000} = 2.718145926824926...$$

である．

定理 1.18　e は無理数である．

証明. $2 < e < 3$ はすでにみた．

e が有理数である，つまり互いに素な自然数 p, q $(p \geqq 2)$ が存在して $e = \dfrac{q}{p}$ となると仮定する．p を用いて，実数 α を

$$\alpha = p!\left(e - \sum_{n=0}^{p} \frac{1}{n!}\right) = p!e - \sum_{n=0}^{p} \frac{p!}{n!}$$

によって定める．

まず，$e = \displaystyle\sum_{n=0}^{\infty} \frac{1}{n!}$ であることを用いる．すると，

$$\alpha = \sum_{n=p+1}^{\infty} \frac{p!}{n!} = \frac{1}{p+1} + \frac{1}{(p+1)(p+2)} + \frac{1}{(p+1)(p+2)(p+3)} + \cdots$$

が成り立つ．これから，

$$\alpha < \frac{1}{p+1} + \left(\frac{1}{p+1}\right)^2 + \left(\frac{1}{p+1}\right)^3 + \cdots = \frac{\frac{1}{p+1}}{1-\frac{1}{p+1}} = \frac{1}{p} < 1$$

となり，$0 < \alpha < 1$ である．

一方，$e = \dfrac{q}{p}$ とすると，$p!e$ は整数である．また，$n = 0, 1, ..., p$ に対して，$\dfrac{p!}{n!}$ も整数である．したがって，α も整数である．しかし，これは $0 < \alpha < 1$ であることに矛盾する．

したがって，e は有理数ではない．　□

第1章　章末問題

1.1　$a, b > 0$ のとき，$\dfrac{a+b}{2} \geqq \sqrt{ab}$ が成り立つことを示せ．また，等号が成り立つための条件を求めよ．

1.2　2直線 $x-1=y-2=z-3$, $x=\dfrac{y}{2}=\dfrac{z}{3}$ の両方に垂直に交わる直線の方程式を求めよ．

1.3　次の平面の方程式を求めよ．

(1) 3つの点 $\mathrm{A}(1,2,3), \mathrm{B}(4,5,6), \mathrm{C}(7,8,12)$ を通る平面

(2) 原点と直線 $x-1=\dfrac{y-2}{3}=\dfrac{z-3}{5}$ を含む平面

1.4　$p, q \in \mathbf{R}$ $(p \neq 1)$ に対して，漸化式 $a_{n+1}=pa_n+q$ $(n=1,2,...)$ を満たす数列 $\{a_n\}_{n=1}^{\infty}$ を考える．

(1) $a_{n+1}-c=p(a_n-c)$ を満たす c を p, q を用いて表せ．

(2) 一般項 a_n を a_1, p, q を用いて表せ．

1.5　漸化式 $a_{n+1}-a_n-6a_{n-1}=0$ $(n=2,3,...)$ を満たす数列 $\{a_n\}_{n=1}^{\infty}$ を考える．

(1) $a_{n+1}-\alpha a_n=\beta(a_n-\alpha a_{n-1})$ を満たす α, β の組をすべて求めよ．

(2) (1) で求めたそれぞれの α に対して，$a_{n+1}-\alpha a_n$ を a_1, a_2, n を用いて表せ．

(3) 一般項 a_n を a_1, a_2, n を用いて表せ．

1.6　(1) ${}_n\mathrm{C}_0+{}_n\mathrm{C}_1+{}_n\mathrm{C}_2+\cdots+{}_n\mathrm{C}_n$ の値を求めよ．

(2) ${}_n\mathrm{C}_0-{}_n\mathrm{C}_1+{}_n\mathrm{C}_2+\cdots+(-1)^n{}_n\mathrm{C}_n$ の値を求めよ．

(3) n が偶数のとき，${}_n\mathrm{C}_0+{}_n\mathrm{C}_2+\cdots+{}_n\mathrm{C}_n$ の値を求めよ．

1.7　$r > 1$ とする．

(1) p が自然数のとき，$\displaystyle\lim_{n\to\infty}\frac{n^p}{r^n}=0$ を示せ．

(2) 一般に $p > 0$ のとき，$\displaystyle\lim_{n\to\infty}\frac{n^p}{r^n}=0$ を示せ．

1.8　2の n 乗根 $\sqrt[n]{2}$ に対して，$\sqrt[n]{2}=1+h_n$ とおく．$2 > nh_n$ $(n=2,3,...)$ が成り立つことを示し，$n\to\infty$ のとき $\sqrt[n]{2}\to 1$ であることを示せ．

1.9　n の n 乗根に対して $\sqrt[n]{n}=1+j_n$ とおく．

(1) ${}_n\mathrm{C}_2\, j_n^2 < n$ $(n=2,3,...)$ を示せ．

(2) $n\to\infty$ のとき，$j_n\to 0$ であること，$\sqrt[n]{n}\to 1$ であることを示せ．

1.10　次の極限値を求めよ．

(1) $\displaystyle\lim_{n\to\infty} n\sin\frac{\pi}{4n}$　　(2) $\displaystyle\lim_{n\to\infty}\frac{1}{\sqrt{n^2+n+1}-n}$

(3) $\displaystyle\lim_{n\to\infty}\sqrt{n}(\sqrt{n+1}-\sqrt{n})$

1.11　$\displaystyle\lim_{n\to\infty} a_n=0$, $\displaystyle\lim_{n\to\infty} b_n=\infty$ であり，次を満たす数列 $\{a_n\}, \{b_n\}$ の例をできるだけ多くつくれ．

(1) $\displaystyle\lim_{n\to\infty} a_nb_n=\infty$　　(2) $\displaystyle\lim_{n\to\infty} a_nb_n=0$　　(3) a_nb_n は0でない数に収束

1.12 次の級数の和を求めよ．

(1) $\displaystyle\sum_{n=1}^{\infty} \frac{2}{4n^2-1}$　　(2) $\displaystyle\sum_{n=1}^{\infty} \frac{1}{1+2+\cdots+n}$　　(3) $\displaystyle\sum_{n=1}^{\infty} \frac{(-1)^n}{n(n+2)}$

(4) $\displaystyle\sum_{n=1}^{\infty} \frac{2}{n(n+1)(n+2)}$　　(5) $\displaystyle\sum_{n=1}^{\infty} \frac{n-1}{n!}$

1.13 $|r|<1$ のとき，$S_1 = \displaystyle\sum_{n=1}^{\infty} nr^n$ とおく．

(1) $S_1 - rS_1 = \dfrac{r}{1-r}$ を示すことにより $S_1 = \dfrac{r}{(1-r)^2}$ を示せ．

(2) $S_2 = \displaystyle\sum_{n=1}^{\infty} n(n-1)r^n$ を求めよ．

(3) $\displaystyle\sum_{n=1}^{\infty} n^2 r^n$ を求めよ．

1.14 $s_n = \displaystyle\sum_{k=1}^{n} \frac{(-1)^{k-1}}{k}$ とおく．

(1) $\left\{s_{2n-1}\right\}_{n=1}^{\infty}$ は単調減少，$\left\{s_{2n}\right\}_{n=1}^{\infty}$ は単調増加であることを示せ．

(2) 無限級数 $\displaystyle\sum_{n=1}^{\infty} \frac{(-1)^{n-1}}{n}$ が収束することを示せ．(極限値は，4 章の問 14 参照．)

1.15 単調減少な正項数列 $\left\{a_n\right\}_{n=1}^{\infty}$ に対して $s_n = \displaystyle\sum_{k=1}^{n} (-1)^{k-1} a_k$ とおく．

(1) $\left\{s_{2n-1}\right\}_{n=1}^{\infty}$ は単調減少，$\left\{s_{2n}\right\}_{n=1}^{\infty}$ は単調増加であることを示せ．

(2) 無限級数 $\displaystyle\sum_{n=1}^{\infty} (-1)^{n-1} a_n$ が収束することを示せ．

2 関　　数

この章では，関数に関する基礎的な事項を述べ，関数の極限と連続関数について解説する．さらに，以後の章で基本となる具体的な関数について述べる．

2.1 グラフと関数の演算

［1］ 関数とグラフ

D を $\mathbf{R}$ または $\mathbf{R}$ の部分集合とする．D の各元 x に対して実数 y がただ一つ定まるとき，y は x の**関数**であるという．また，D をこの関数の**定義域**という．x を**独立変数**，y を**従属変数**とよぶ．通常，対応を，たとえば f と表して

$$y = f(x) \quad (x \in D)$$

と書き，f を D 上で定義された，または D 上の関数であるという．$\mathbf{R}$ 全体で定義された関数の場合は，定義域を明示しないことが多い．すべての x に対して $f(x)$ の値が一定であるとき，f を**定数値関数**であるという．

○例 **2.1**　(1) $f(x) = x^2$ $(x \in \mathbf{R})$ は，実数 x に対してその 2 乗 (自乗) x^2 を対応させる関数である．
(2) $f(x) = \sqrt{x}$ $(x > 0)$ は，正の数 x に対してその正の平方根 $\sqrt{x}$ を対応させる関数である．

関数 f の値の全体 $\{f(x) \mid x \in D\}$ を f の**値域**という．値域を $f(D)$ と書く．また，座標平面 (xy 平面) の部分集合

$$\{(x, f(x)) \mid x \in D\}$$

を関数 f の**グラフ**という．関数の値の変化を視覚的に与えるグラフは，x が定

義域を動くときの点 $(x, f(x))$ の軌跡であり，おおざっぱにいうと，座標平面内の曲線と考えてよい．

○**例 2.2**　(1) $f(x) = |x|$ は $\mathbf{R}$ 上で定義された関数であり，値域は $[0, \infty)$ である．

(2) $f(x) = \dfrac{1}{x}$ は $(-\infty, 0) \cup (0, \infty)$ 上で定義された関数であり，値域は定義域と同じ集合である．

(3) $f(x) = \sqrt{4 - x^2}$ は $[-2, 2]$ 上で定義された関数で，値域は $[0, 2]$ である．

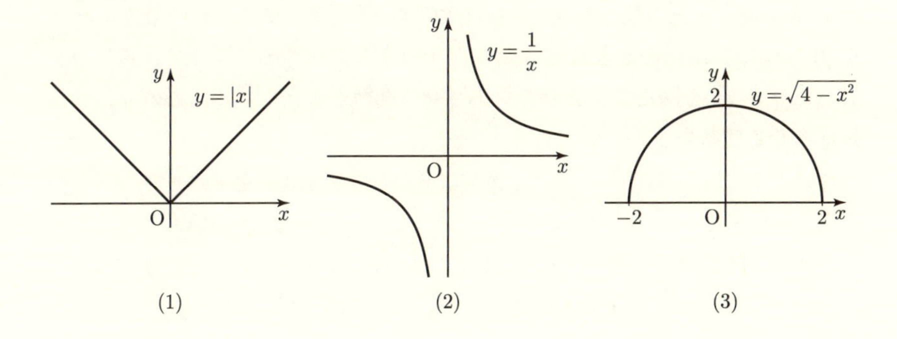

[2]　関数の和・積

f, g を同じ定義域 D をもつ関数とする．$x \in D$, $\alpha \in \mathbf{R}$ に対して

$$(f \pm g)(x) = f(x) \pm g(x), \quad (\alpha f)(x) = \alpha f(x), \quad (fg)(x) = f(x)g(x)$$

とおくと，f と g の**和 (差)**，f の**定数倍** (α 倍)，f と g の**積**とよばれる D を定義域とする関数 $f \pm g$, αf, fg が定まる．また，$g(x) \neq 0$ $(x \in D)$ であれば，$\dfrac{f}{g}(x) = \dfrac{f(x)}{g(x)}$ によって**商** $\dfrac{f}{g}$ が定まる．

[3]　合 成 関 数

合成関数は，以後の章や実際の応用上非常に重要である．f を D 上の関数とし，g を f の値域 $f(D)$ を含む集合上で定義された関数とすると，$x \in D$ に g の $f(x)$ における値 $g(f(x))$ を対応させる関数を考えることができる．これを f と g の**合成関数**とよび，$g \circ f$ と書く：

$$(g \circ f)(x) = g(f(x)) \quad (x \in D).$$

g と f の順序に注意すること．

○例 **2.3**　(1) $y=(2x+3)^5$ は，$f(x)=2x+3$ と $g(u)=u^5$ の合成関数である．
(2) $y=\sqrt{4-x^2}$ は，区間 $[-2,2]$ 上で定義された $f(x)=4-x^2$ と $g(u)=\sqrt{u}$ の合成関数である．

[4] 逆関数

すでに正の数の平方根を与える関数 $y=\sqrt{x}$ を考えた．たとえば，$\sqrt{3}$ は $x^2=3$ を満たす正の数である．これは次のような関数である．x の関数 $y=x^2$ を $[0,\infty)$ で考えると $x\geqq 0$ と $y\geqq 0$ が 1 対 1 に対応する．よって，逆に y に対して $y=x^2$ を満たす $x\geqq 0$ を対応させる関数が考えられる．この y に x を対応させる関数を $x=\sqrt{y}$ と書く．

このように対応が理解されると，習慣にあわせて独立変数を x として，$y=\sqrt{x}$ と書くのである．このとき，$x=y^2$ であることはいうまでもない．

一般に，$\mathbf{R}$ の部分集合 D ($D=\mathbf{R}$ でもよい) 上で定義された関数 f によって D の元と $f(D)$ の元が 1 対 1 に対応しているならば，$f(D)$ の元 y に $f(x)=y$ を満たすただ一つの元 $x\in D$ を対応させる関数を考えることができる．この f の値域 $f(D)$ 上で定義された関数を f の**逆関数**といい，f^{-1} と書く：

$$x=f^{-1}(y)\ (y\in f(D))\ \text{とは}\ y=f(x)\ (x\in D)\ \text{ということである．}$$

また，$\sqrt{x^2}=x$，$(\sqrt{x})^2=x$ が $x\geqq 0$ に対して成り立つように，次が成り立つ：

$$f^{-1}(f(x))=x\quad (x\in D),\quad f(f^{-1}(y))=y\quad (y\in f(D)).$$

定義 2.1　D 上で定義された関数に対して，$x,x'\in D$，$x<x'$ ならば $f(x)<f(x')$ が成り立つとき f は**狭義単調増加**，逆の不等式 $f(x)>f(x')$ が成り立つとき f は**狭義単調減少**であるという．

グラフを考えれば，次が容易にわかる．

定理 2.1　狭義単調増加関数に対して逆関数が定まり，逆関数も狭義単調増加である．同様に，狭義単調減少関数は狭義単調減少な逆関数をもつ．

○例 **2.4**　n を自然数とし，$D=[0,\infty)$ とする．このとき，$f(x)=x^n$ は D 上の狭義単調増加関数であり，その値域は $f(D)=D$ である．したがって，すべての $y \geqq 0$ に対して $x^n=y$ を満たす $x \geqq 0$ がただ一つ存在する．つまり，f の逆関数 f^{-1} が存在する．これが y の正の n 乗根を与える関数であり，$f^{-1}(y)$ を $y^{\frac{1}{n}}$ または $\sqrt[n]{y}$ と書く．

2.2　関数の極限，連続関数

[1]　関数の極限

f を区間 I 上の関数とし，a を I の点または端点とする．x が a に近づくとき $f(x)$ が実数 α に近づくならば，$x \to a$ のとき $f(x)$ は α に**収束**するといい

$$\lim_{x\to a} f(x)=\alpha \qquad \text{または} \qquad f(x)\to\alpha\ (x\to a)$$

などと書く．

厳密にいうと，「$x_n \in I,\ x_n \neq a\ (n=1,2,\dots),\ \lim_{n\to\infty} x_n = a$ であるすべての数列 $\{x_n\}$ に対して $\{f(x_n)\}$ が収束し，極限 $\lim_{n\to\infty} f(x_n)$ が $\{x_n\}$ の選び方に関係しない」とき $f(x)\to\alpha\ (x\to a)$ という．ほとんどの場合 (本書では付録以外)，上記のような直感的な理解でよい．

$x\to a$ のとき $f(x)$ が限りなく大きくなるとき，$x\to a$ のとき $f(x)$ は ∞ に**発散**するといって

$$\lim_{x\to a} f(x)=\infty \qquad \text{または} \qquad f(x)\to\infty\ (x\to a)$$

などと書く．

○例 **2.5**　(1) $\lim_{x\to 0} x^3=0,\quad \lim_{x\to 0}\sqrt{|x|}=0.$

(2) $\lim_{x\to 1}\dfrac{1}{x^2+1}=\dfrac{1}{2}.$

(3) $\lim_{x\to 0}\dfrac{1}{x^2}=\infty,\quad \lim_{x\to 0}\dfrac{1}{\sqrt{|x|}}=\infty,\quad \lim_{x\to 1}\dfrac{1}{|x-1|}=\infty.$

x が区間 I の端点の場合など，x が a に近づく近づき方を，右からと左からに分けて考えることもある．

$x > a$ として x が a に近づくとき $f(x)$ が α に収束するならば，α を $x = a$ における f の**右極限値**といい，

$$\lim_{x \to a+0} f(x) = \alpha \qquad \text{または} \qquad \lim_{x \downarrow 0} f(x) = \alpha$$

などと書く．ただし，$a = 0$ のときは，$x \to 0+0$ の代わりに $x \to +0$ と書く．

また，x が $x < a$ として a に近づくとき $f(x)$ が収束するならば，α を**左極限値**といい，

$$\lim_{x \to a-0} f(x) = \alpha \qquad \text{または} \qquad \lim_{x \uparrow 0} f(x) = \alpha$$

などと書く．これらをまとめて，**片側極限値**という．

○例 **2.6**　$\displaystyle\lim_{x \to +0} \frac{1}{x} = \infty, \qquad \lim_{x \to -0} \frac{1}{x} = -\infty.$

数列の極限 (定理 1.6) と同様，次が成り立つ．

定理 2.2　f, g を区間 I で定義された関数とし，$a \in I$ とする．このとき，$\displaystyle\lim_{x \to a} f(x) = \alpha$，$\displaystyle\lim_{x \to a} g(x) = \beta$ であれば，

$$\lim_{x \to a}(f \pm g)(x) = \alpha \pm \beta \ (\text{複号同順}), \quad \lim_{x \to a}(fg)(x) = \alpha\beta$$

が成り立つ．さらに，$g(x) \neq 0$ $(x \in I)$ かつ $\beta \neq 0$ であれば，次が成り立つ：

$$\lim_{x \to a}\left(\frac{f}{g}\right)(x) = \frac{\alpha}{\beta}.$$

a が区間 I の端点で，片側極限値を考える場合も，同様のことが成り立つ．

［2］　無限遠における極限値

f を $\mathbf{R}$ または (a, ∞) という形の区間上で定義された関数とする．x が限りなく大きくなるとき $f(x)$ がある定数 α に近づくならば，$x \to \infty$ のとき $f(x)$ が α に**収束する**といって

$$\lim_{x \to \infty} f(x) = \alpha \qquad \text{または} \qquad f(x) \to \alpha \ (x \to \infty)$$

と書く．これは，厳密にいうと，「∞ に発散するすべての数列 $\{x_n\}$ に対して $\{f(x_n)\}$ が α に収束し，α が $\{x_n\}$ の選び方に関係しない」ということである．

また，x が限りなく大きくなるとき $f(x)$ が限りなく大きくなるならば，$x \to \infty$ のとき $f(x)$ が ∞ に**発散**するといって

$$\lim_{x\to\infty} f(x) = \infty \qquad \text{または} \qquad f(x) \to \infty \ (x \to \infty)$$

と書く．

x を限りなく小さくする ($x < 0$ で $|x|$ を限りなく大きくする) ときの関数の値の収束，発散も同様に定義する．

例題 2.3 (1) $\displaystyle\lim_{x\to\infty} \frac{x^2}{2x^2+3}$, (2) $\displaystyle\lim_{x\to\infty} (\sqrt{x+1} - \sqrt{x})$ を求めよ．

解答． (1) 分母，分子を x^2 で割れば

$$\frac{x^2}{2x^2+3} = \frac{1}{2+3x^{-2}} \to \frac{1}{2} \quad (x \to \infty).$$

(2) 分母，分子に $\sqrt{x+1} + \sqrt{x}$ を掛けると，

$$\sqrt{x+1} - \sqrt{x} = \frac{(x+1)-x}{\sqrt{x+1}+\sqrt{x}} = \frac{1}{\sqrt{x+1}+\sqrt{x}} \to 0. \qquad \square$$

次のネイピアの数に関する収束は重要である．

定理 2.4 $\displaystyle\lim_{x\to\infty}\left(1+\frac{1}{x}\right)^x = e, \qquad \lim_{x\to-\infty}\left(1+\frac{1}{x}\right)^x = e.$

証明． n を自然数として $n \to \infty$ とするとき，$\left(1+\dfrac{1}{n}\right)^n \to e$ であった．いま，$x > 0$ に対して $n \leqq x < n+1$ なる自然数 n をとると

$$\left(1+\frac{1}{n+1}\right)^n < \left(1+\frac{1}{x}\right)^x < \left(1+\frac{1}{n}\right)^{n+1}$$

が成り立つ．よって，$n \to \infty$ のとき

$$\left(1+\frac{1}{n+1}\right)^n = \left(1+\frac{1}{n+1}\right)^{n+1} \cdot \left(1+\frac{1}{n+1}\right)^{-1} \to e,$$

$$\left(1+\frac{1}{n}\right)^{n+1} = \left(1+\frac{1}{n}\right)^n \cdot \left(1+\frac{1}{n}\right) \to e$$

であるから，はさみうちの原理より $\displaystyle\lim_{x\to\infty}\left(1+\frac{1}{x}\right)^x = e$ が成り立つ．

$x<0$ のとき，$y=-x$ とおくと，

$$\left(1+\frac{1}{x}\right)^x=\left(1-\frac{1}{y}\right)^{-y}=\left(\frac{y-1}{y}\right)^{-y}=\left(\frac{y}{y-1}\right)^y$$
$$=\left(1+\frac{1}{y-1}\right)^y=\left(1+\frac{1}{y-1}\right)^{y-1}\cdot\left(1+\frac{1}{y-1}\right)$$

となる．$y\to\infty$ のとき右辺は e に収束し，$\displaystyle\lim_{x\to-\infty}\left(1+\frac{1}{x}\right)^x=e$ を得る．□

[3] 連続関数

f を区間 I 上で定義された関数とし，$a\in I$ とする．$\displaystyle\lim_{x\to a}f(x)=f(a)$ であるとき，f は $x=a$ で**連続**であるという．a が区間 I の端点のときは，極限を片側極限に代えて考える．

たとえば，$H(x)$ を $H(x)=\begin{cases}0 & (x<0)\\ 1 & (x\geqq 0)\end{cases}$ によって定義される関数 (**ヘビサイド関数**という) とすると，$H(x)$ は $x\neq 0$ において連続であるが，$x=0$ で連続ではない．

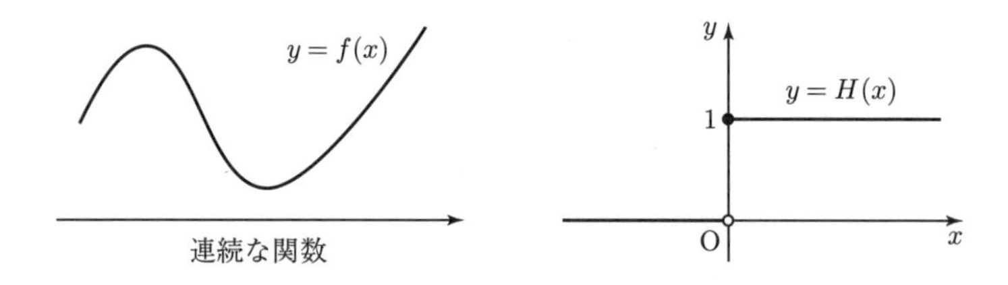

さらに，f が区間 I のすべての点で連続であるとき，f は I 上連続である，または，I 上の**連続関数**であるという．

> **定理 2.5**　f, g を区間 I 上の連続関数とする．
> (1) $\alpha f+\beta g$ $(\alpha,\beta\in\mathbf{R})$，$fg$ も I 上の連続関数である．
> (2) $g(x)\neq 0$ $(x\in I)$ であれば，$\dfrac{f}{g}$ も I 上の連続関数である．

本書では，主に連続関数を扱う．次の定理はグラフを描けば，直感的に理解される．

定理 2.6 (中間値の定理)　f を区間 I 上の連続関数とする．$a, b \in I$ に対し $f(a) < f(b)$ が成り立つならば，$f(a) < \gamma < f(b)$ を満たす任意の γ に対して，

$$f(c) = \gamma$$

を満たす c が a, b の間に存在する．

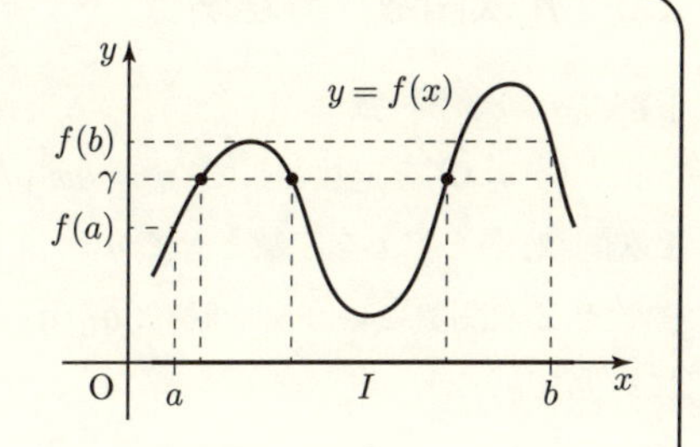

○**例 2.7**　$p, q, r \in \mathbf{R}$ $(p \neq 0)$ に対して 2 次関数 $f(x) = px^2 + qx + r$ を考える．$f(-1) < 0, f(1) > 0$ であれば，2 次方程式 $px^2 + qx + r = 0$ は区間 $(-1, 1)$ に根[1]を 1 つもつ．

一般に，f が区間 I 上の連続関数で $a, b \in I$ に対して「$f(a) > 0$ かつ $f(b) < 0$」または「$f(a) < 0$ かつ $f(b) > 0$」であれば (まとめると $f(a)f(b) < 0$ と表される)，$f(x) = 0$ を満たす x が a と b の間に存在する．

定理 2.7 (最大値・最小値の定理)　f を有界閉区間 I 上の連続関数とすると，f は I 上で最大値，最小値をもつ．つまり，

$$f(a) \leqq f(x) \leqq f(b)$$

がすべての $x \in I$ に対して成り立つような点 a, b が I の中に存在する．$f(a), f(b)$ がそれぞれ f の I における最小値，最大値である．

★注意　I が端点を含まない開区間のときは，定理 2.7 は一般に成り立たない．たとえば，$f(x) = x^2$ を $I = (-1, 1)$ 上で考えると，最小値は 0 であるが，最大値はもたない．また，$f(x) = \dfrac{1}{x^2}$ を $I = [1, \infty)$ 上で考えると，最大値は 1 であるが，最小値は存在しない．

1)　一般に $f(x)$ が多項式のとき，$f(x) = 0$ を満たす x を $f(x) = 0$ の**根**という．通常は「解」とよばない．

2.3 n 次関数，有理関数，べキ乗

[1] n 次関数

$a, b\ (a \neq 0)$ を定数として，$y = ax+b$ という形の x の 1 次式で表される関数を **1 次関数**，さらに c を定数として $y = ax^2+bx+c$ という形の 2 次式で与えられる関数を **2 次関数**という．一般に，$a_0, a_1, ..., a_{n-1}, a_n \in \mathbf{R}, n = 1, 2, ...\ (a_0 \neq 0)$ に対して

$$y = a_0x^n + a_1x^{n-1} + \cdots + a_{n-1}x + a_n$$

という形の x についての n 次の多項式で与えられる関数を **n 次関数**という．

[2] 有理関数

n 次関数 $P(x)$，m 次関数 $Q(x)$ の商で与えられる関数 $y = \dfrac{P(x)}{Q(x)}$ を**有理関数**という．定義域は，$\mathbf{R}$ から $Q(x) = 0$ を満たす x の集合を除いた集合である．

○例 **2.8** (1) $y = \dfrac{1}{x^2+1}$ は $\mathbf{R}$ 上で定義された関数であり，$\displaystyle\lim_{x\to\pm\infty} \frac{1}{x^2+1} = 0$ より，値域は $(0, 1]$ となる．

(2) $y = \dfrac{1}{x^2-1}$ は $\{x \in \mathbf{R} \mid x \neq \pm 1\}$ 上で定義された関数であり，値域は $\mathbf{R}$ から $y = 0$ を除いた集合 $\{y \in \mathbf{R} \mid y \neq 0\}$ である．

[3] べキ乗

x のべキ乗 x^α を実数 $\alpha\ (\alpha \neq 0)$ に対して考える．

α が自然数 n のときは，$y = x^n$ は上に述べた n 次関数と考える．定義域は $\mathbf{R}$ 全体である．

α が負の整数のときは，n を自然数として $\alpha = -n$ とすれば，$y = x^{-n}$ は x^n の逆数と考える．定義域は $\{x \in \mathbf{R} \mid x \neq 0\}$ である．

α が自然数でない正の数のときは，定義域を $[0, \infty)$ とする．

まず，α が正の有理数 $\alpha = \dfrac{m}{n}$ (m, n は自然数) のときを考える．この場合は，例 2.4 で定義した $x \geqq 0$ の n 乗根 $x^{\frac{1}{n}}$ を用いて，

$$y = x^{\frac{m}{n}} = (x^{\frac{1}{n}})^m$$

と定義すればよい．

次に，α が正の無理数のときは，α に収束する有理数列 $\{a_n\}_{n=1}^{\infty}$ を考える．このとき，$x \geqq 0$ に対して x^{a_n} を考えると，数列 $\{x^{a_n}\}$ が $\{a_n\}$ のとり方によらない共通の数に収束することが証明できる．そこで，その極限値によって x^α を定義する：

$$x^\alpha = \lim_{n\to\infty} x^{a_n}.$$

数列 $\{x^{a_n}\}_{n=1}^{\infty}$ が収束すること，極限値が α に収束する数列 $\{a_n\}$ の選び方によらないことの証明は省略する (直感的に明らかであろう)．$3^{\sqrt{2}}$ は「3 を $\sqrt{2}$ 乗する」のではない (これは意味がない)．

○例 **2.9**　$a_1 = 1,\ a_2 = 1.4,\ a_3 = 1.41,\ a_4 = 1.414,\ \ldots$ と $\{a_n\}_{n=1}^{\infty}$ を $\sqrt{2}$ に収束する数列とすると，$x > 0$ に対して $\{x^{a_n}\}_{n=1}^{\infty}$ は $x^{\sqrt{2}}$ に収束する．

α が負の実数のときは，$x > 0$ に対して $x^{-\alpha}$ の逆数を対応させる関数が $y = x^\alpha$ であり，その定義域は $(0, \infty)$ である．

◆**問 1.**　$y = x^2, x^3, \dfrac{1}{x}, \dfrac{1}{x^2}, \sqrt{x}, \dfrac{1}{\sqrt{x}}$ の定義域と値域は何か．また，これらの関数のグラフを描け．

2.4　指数関数・双曲線関数

［1］　指 数 関 数

a を $a \neq 1$ である正の定数とする．前節において，$x \in \mathbf{R}$ に対して a^x を定義した．これを用いると，

$$\mathbf{R} \ni x \text{ に対して } y = a^x \ (> 0) \text{ を対応させる関数}$$

が定まる．この関数を a を底とする**指数関数**という．底としてネイピアの数 e をとったものが重要である．

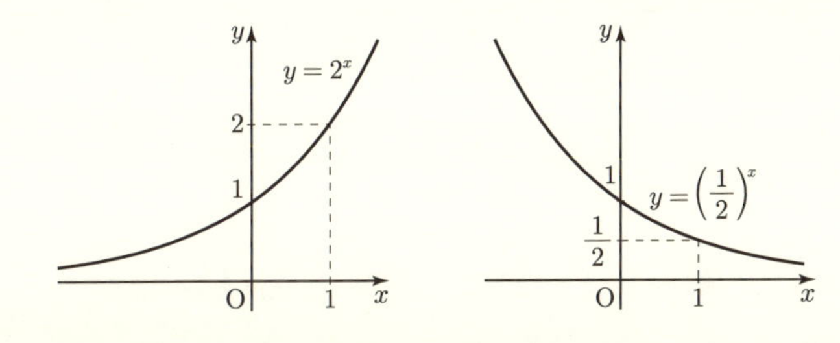

指数関数 $y = a^x$ が，$a > 1$ であれば狭義単調増加であり，$0 < a < 1$ であれば狭義単調減少であることは容易にわかる．

さらに，次の指数法則が成り立つ．証明は省略する．

定理 2.8 (指数法則) a, b, ab を底とする指数関数に対して，次が成り立つ：

(1) $a^{x+x'} = a^x a^{x'} \quad (x, x' \in \mathbf{R})$．$a^0 = 1$，$a^{-x} = \dfrac{1}{a^x} = \left(\dfrac{1}{a}\right)^x$．

(2) $a^{rx} = (a^r)^x \quad (r, x \in \mathbf{R})$．

(3) $(ab)^x = a^x b^x \quad (a \in \mathbf{R})$．

◆**問 2.** (1) $a > 1$ のとき，$\displaystyle\lim_{x \to -\infty} a^x$，$\displaystyle\lim_{x \to \infty} a^x$ を求めよ．

(2) $a < 1$ のとき，$\displaystyle\lim_{x \to -\infty} a^x$，$\displaystyle\lim_{x \to \infty} a^x$ を求めよ．

(3) $\displaystyle\lim_{x \to -\infty} \frac{a^x - a^{-x}}{a^x + a^{-x}}$，$\displaystyle\lim_{x \to \infty} \frac{a^x - a^{-x}}{a^x + a^{-x}}$ を求めよ．

[2] 双曲線関数

e を底とする指数関数を用いて，

$$\sinh x = \frac{e^x - e^{-x}}{2}, \quad \cosh x = \frac{e^x + e^{-x}}{2}, \quad \tanh x = \frac{\sinh x}{\cosh x}$$

によって定義される $\mathbf{R}$ 上の関数を**双曲線関数**という．sinh は，「サインハイパーボリック」または「ハイパーボリックサイン」と読む．cosh, tanh も同様である．

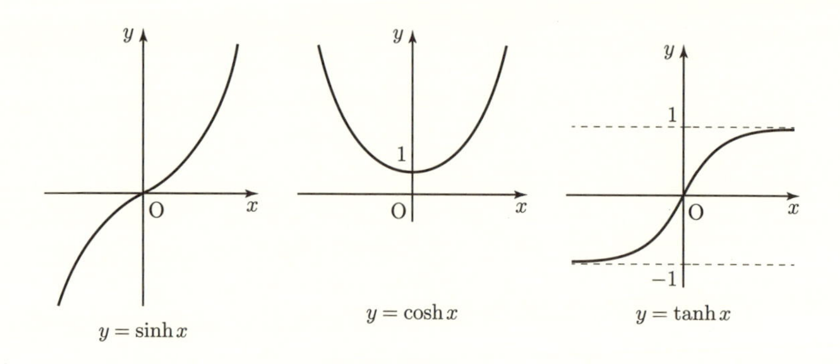

$y = \sinh x$　　$y = \cosh x$　　$y = \tanh x$

双曲線関数は，後に述べる三角関数と類似した性質をもつ．

◆**問 3.** $(\sinh x)^2$ を $\sinh^2 x$ と書く．他も同様である．このとき次を示せ．

(1) $\cosh^2 x - \sinh^2 x = 1$,

$$1 - \tanh^2 x = \frac{1}{\cosh^2 x}.$$

(2) $\sinh(x \pm x') = \sinh x \cosh x' \pm \cosh x \sinh x'$ (複号同順),

$\cosh(x \pm x') = \cosh x \cosh x' \pm \sinh x \sinh x'$ (複号同順).

2.5 対数関数

$a > 1$ とすると，a を底とする指数関数 $y = a^x$ は，$\mathbf{R}$ 上の狭義単調増加関数である．したがって，逆関数

$y > 0$ に対して $y = a^x$ を満たす $x \in \mathbf{R}$ を対応させる関数

を考えることができる．これを $x = \log_a y$ と書き，a を底とする**対数関数**とよぶ．とくに，$a = e$ のとき，底を省略して $\log y$ と書く[2)]．$\log y$ を $\ln y$ と書くこともある．

$a > 1$ とし，x を独立変数として，$y = \log_a x$ と書くと，これは $(0, \infty)$ 上で定義された狭義単調増加関数であり，$a^y = x$ を意味する．

$y = \log x$ のグラフは右図の実線である．点線は $y = e^x$ のグラフで，これらは直線 $y = x$ に関して対称である．

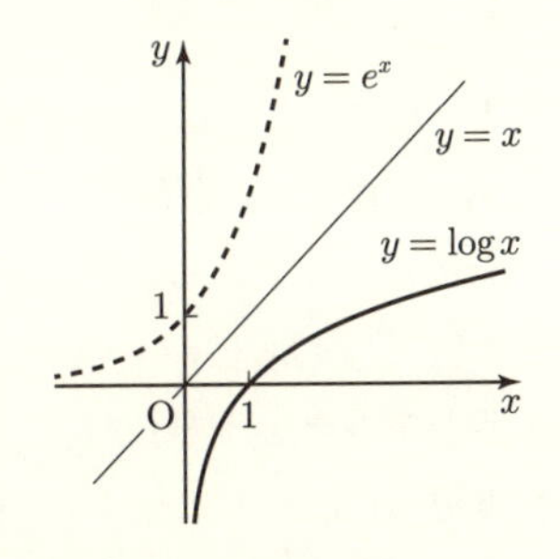

★**注意** (1) $0 < a < 1$ のときは，$y = a^x$ は狭義単調減少関数であり，その逆関数を考えることができる．つまり，底 a が $0 < a < 1$ の対数関数を考えることもあるが，本書では扱わない．

(2) $y = \log_a x$ と書くと $x > 0$ を仮定している．これを**真数条件**とよぶ．

指数法則に対応して，次が成り立つ．

2) 底を 10 とする対数関数は大きな数の桁を考えるときに有用で，この場合も底を省略することがある．本書ではこの場合は扱わないので，底を省略した場合の底はネイピアの数 e である．

定理 2.9 $a>1,\ b>1$ とする.

(1) $\log_a 1=0,\ \log_a a=1$.

(2) $a^{\log_a x}=x,\ \log_a a^r=r \quad (x>0,\ r\in\mathbf{R})$.

(3) $\log_a(xx')=\log_a x+\log_a x' \quad (x,x'>0)$.

(4) $\log_a\left(\dfrac{x}{x'}\right)=\log_a x-\log_a x' \quad (x,x'>0)$.

(5) $\log_a x^r=r\log_a x \quad (x>0,\ r\in\mathbf{R})$.

(6) $\log_b x=\dfrac{\log_a x}{\log_a b} \quad (x>0)$.

性質 (6) を用いて底が b の対数関数を底が a の指数関数で表すことを，底の**変換**という.

◆**問 4.** 次を簡単にせよ.

(1) $e^{-\log x}$ (2) $e^{2\log x}$ (3) $e^{x\log 3}$ (4) $e^{3\log x-x\log 5}$

2.6 三 角 関 数

$\theta\geqq 0$ に対しては，xy 平面上の原点を中心とする半径 1 の円周を考えるとき，点 A $(1,0)$ から反時計回りに θ (単位はラジアン) だけまわった点 P の座標が $(\cos\theta,\sin\theta)$ である．$\theta<0$ に対しては，点 A $(1,0)$ から時計回りに $-\theta=|\theta|$ まわった点の座標が $(\cos\theta,\sin\theta)$ である.

ラジアンという単位は，対応する弧の長さで角度を測るものである．つまり，角度 θ $(0<\theta\leqq 2\pi)$ をもつ半径 1 の扇形の弧の長さが θ である．じつは，これがラジアンという単位の定義であり，「弧度法」とよばれる理由である.

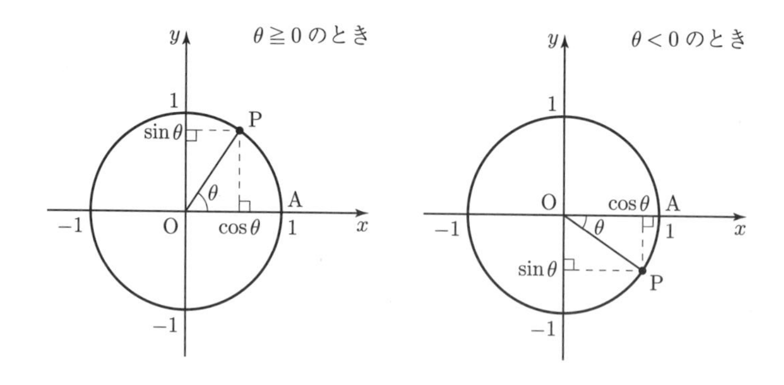

◆問 5. 次の値を求めよ.

(1) $\cos\dfrac{\pi}{4}$ (2) $\sin\dfrac{2\pi}{3}$ (3) $\sin\dfrac{4\pi}{3}$ (4) $\cos\dfrac{7\pi}{3}$ (5) $\sin\dfrac{11\pi}{4}$

また, $\tan\theta$ を

$$\tan\theta = \frac{\sin\theta}{\cos\theta} \qquad \left(\theta \neq \left(n+\frac{1}{2}\right)\pi,\ n = 0, \pm1, \pm2, \ldots\right)$$

と定義する.

三角関数の基本的な性質を結果だけ与えておく.

定理 2.10 (1) $\sin^2\theta + \cos^2\theta = 1,\ 1 + \tan^2\theta = \dfrac{1}{\cos^2\theta}$.

(2) n を整数とすると,

$$\sin(\theta + 2n\pi) = \sin\theta, \quad \cos(\theta + 2n\pi) = \cos\theta,$$

$$\tan(\theta + n\pi) = \tan\theta \ \left(\theta \neq \left(m+\frac{1}{2}\right)\pi,\ m = 0, \pm1, \pm2, \ldots\right).$$

(3) $\sin(\theta + \pi) = -\sin\theta, \quad \cos(\theta + \pi) = -\cos\theta$.

(4) $\sin(-\theta) = -\sin\theta, \quad \cos(-\theta) = \cos\theta$.

(2) の性質を, $y = \sin\theta$, $y = \cos\theta$ は周期 2π, $y = \tan\theta$ は周期 π をもつ**周期関数**であるという. 一般に, $f(\theta + \alpha) = f(\theta)$ がすべての θ に対して成り立つような最小の正の数 α を**周期**という.

◆問 6. 単位円上に表示することにより, $\sin\left(\theta + \dfrac{\pi}{2}\right)$, $\sin\left(\theta - \dfrac{\pi}{2}\right)$, $\cos\left(\theta + \dfrac{\pi}{2}\right)$, $\cos\left(\theta - \dfrac{\pi}{2}\right)$, $\sin(\pi - \theta)$, $\cos(\pi - \theta)$ を $\sin\theta, \cos\theta$ で表せ.

定理 2.11 (加法定理, 倍角の公式) 次が成り立つ:

(1) $\sin(\theta_1 \pm \theta_2) = \sin\theta_1\cos\theta_2 \pm \cos\theta_1\sin\theta_2$,

$$\cos(\theta_1 \pm \theta_2) = \cos\theta_1\cos\theta_2 \mp \sin\theta_1\sin\theta_2,$$

$$\tan(\theta_1 \pm \theta_2) = \frac{\tan\theta_1 \pm \tan\theta_2}{1 \mp \tan\theta_1\tan\theta_2} \qquad \text{(複号同順)}.$$

(2) $\sin 2\theta = 2\sin\theta\cos\theta, \quad \cos 2\theta = 2\cos^2\theta - 1 = 1 - 2\sin^2\theta$.

(3) $\sin^2\dfrac{\theta}{2} = \dfrac{1-\cos\theta}{2}, \quad \cos^2\dfrac{\theta}{2} = \dfrac{1+\cos\theta}{2}$.

加法定理から，次を得る．

定理 2.12 (和・積の変換公式)　次が成り立つ：

$$\sin\alpha + \sin\beta = 2\sin\frac{\alpha+\beta}{2}\cos\frac{\alpha-\beta}{2},$$
$$\sin\alpha - \sin\beta = 2\sin\frac{\alpha-\beta}{2}\cos\frac{\alpha+\beta}{2},$$
$$\cos\alpha + \cos\beta = 2\cos\frac{\alpha+\beta}{2}\cos\frac{\alpha-\beta}{2},$$
$$\cos\alpha - \cos\beta = -2\sin\frac{\alpha+\beta}{2}\sin\frac{\alpha-\beta}{2}.$$

◆**問 7.**　次の値を求めよ．

(1) $\sin\frac{\pi}{8}$　(2) $\cos\frac{\pi}{8}$　(3) $\sin\frac{5\pi}{12}$　(4) $\sin\frac{7\pi}{12}$　(5) $\sin\frac{3\pi}{8}$　(6) $\cos\frac{5\pi}{12}$

次は，三角関数に関する微積分の基本となる．変数を x とする．

定理 2.13　$\displaystyle\lim_{x\to 0}\frac{\sin x}{x} = 1.$

この定理の証明のために，次の有用な補題を示す．

補題 2.14　$0 < x < \frac{\pi}{2}$ に対して $\cos x < \frac{\sin x}{x} < 1$ が成り立つ．

証明. 右図において，$\mathrm{BH} = \sin x, \mathrm{AC} = \tan x$ である．扇形 OAB の面積は $\frac{1}{2}x$ だから，$\triangle\mathrm{OAB}, \triangle\mathrm{OAC}$ と面積を比較すると

$$\frac{1}{2}\sin x < \frac{1}{2}x < \frac{1}{2}\frac{\sin x}{\cos x}$$

がわかる．これから，結論を得る．　□

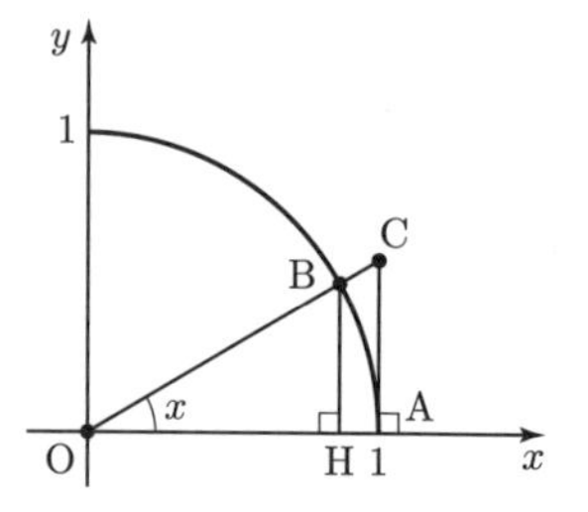

定理 2.13 の証明. $x \to +0$ のときは，補題 2.14 とはさみうちの原理から結論を得る．

$x < 0$ のときは，補題 2.14 より

$$\cos(-x) < \frac{\sin(-x)}{-x} < 1 \qquad \left(-\frac{\pi}{2} < x < 0\right)$$

が成り立つ．$\sin(-x) = -\sin x$, $\cos(-x) = \cos x$ であるから，

$$\cos x < \frac{\sin x}{x} < 1$$

がこの場合も成り立ち，はさみうちの原理より $\displaystyle\lim_{x\to -0} \frac{\sin x}{x} = 1$ となる．　□

例題 2.15　(1) $\displaystyle\lim_{x\to 0} \frac{\sin(3x)}{x}$, (2) $\displaystyle\lim_{x\to 0} \frac{1-\cos x}{x^2}$ を求めよ．

解答． (1) $\displaystyle\lim_{x\to 0} \frac{\sin(3x)}{x} = \lim_{x\to 0} 3\frac{\sin(3x)}{3x} = 3.$

(2) 半角の公式より，

$$\lim_{x\to 0} \frac{1-\cos x}{x^2} = \lim_{x\to 0} \frac{2\sin^2 \frac{x}{2}}{x^2} = \lim_{x\to 0} \frac{1}{2}\left(\frac{\sin \frac{x}{2}}{\frac{x}{2}}\right)^2 = \frac{1}{2}.$$

□

◆問 8． 次の極限値を求めよ．

(1) $\displaystyle\lim_{x\to 0} \frac{\tan(2x)}{x}$　(2) $\displaystyle\lim_{x\to 0} \frac{1-\cos(3x)}{x^2}$　(3) $\displaystyle\lim_{x\to \frac{\pi}{2}} \frac{\cos x}{x-\frac{\pi}{2}}$

2.7　逆三角関数

(1) $y = \sin x$ を $\left[-\frac{\pi}{2}, \frac{\pi}{2}\right]$ 上で考えると，この区間で狭義単調増加である．$\sin\left(-\frac{\pi}{2}\right) = -1$, $\sin\left(\frac{\pi}{2}\right) = 1$ であるから，$y \in [-1, 1]$ に対して $\sin x = y$ を満たす $x \in \left[-\frac{\pi}{2}, \frac{\pi}{2}\right]$ を対応させる $y = \sin x$ の逆関数が定義される．これを本書では $x = \arcsin y$ と表す．$\mathrm{Arcsin}\, y$, $\mathrm{Sin}^{-1} y$ などと表すこともある．記法については，後述の余弦関数，正接関数についても同様である．

さらに，独立変数を x として，

$$y = \arcsin x \qquad \left(-1 \leqq x \leqq 1,\ -\frac{\pi}{2} \leqq y \leqq \frac{\pi}{2}\right)$$

を考える．値域に注意すること．たとえば $\arcsin\left(\frac{1}{2}\right)$ は，$\sin y = \frac{1}{2}$ となる y の値を $-\frac{\pi}{2} \leqq y \leqq \frac{\pi}{2}$ の範囲で探して，$\arcsin\left(\frac{1}{2}\right) = \frac{\pi}{6}$ となる．

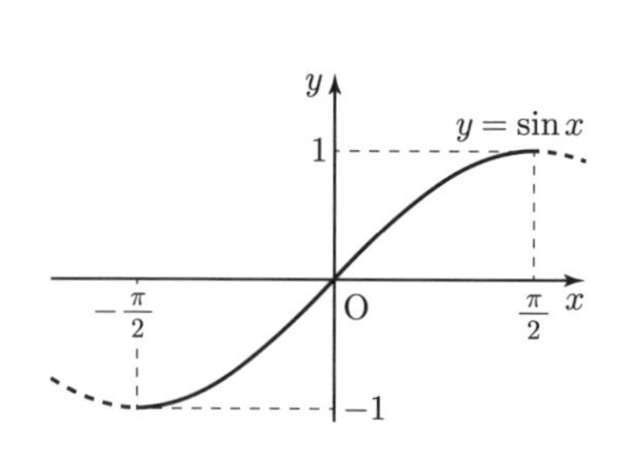

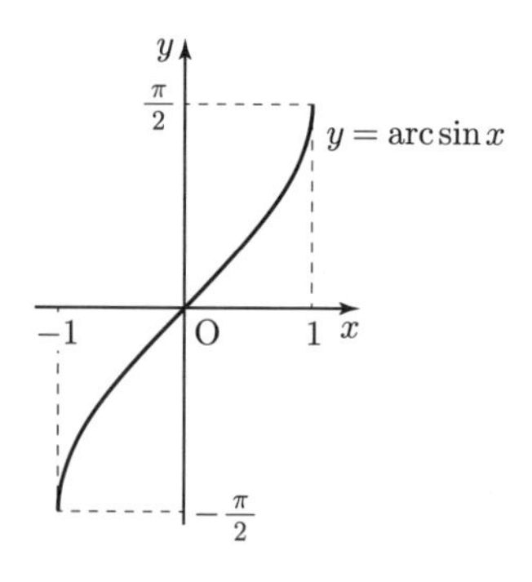

(2)　$y = \cos x$ を $[0, \pi]$ 上で考えると，この区間で狭義単調減少である．$\cos 0 = 1$, $\cos \pi = -1$ であるから，$y \in [-1, 1]$ に対して $\cos x = y$ を満たす $x \in [0, \pi]$ を対応させる $y = \cos x$ の逆関数が定義される．これを $x = \arccos y$ と表す．

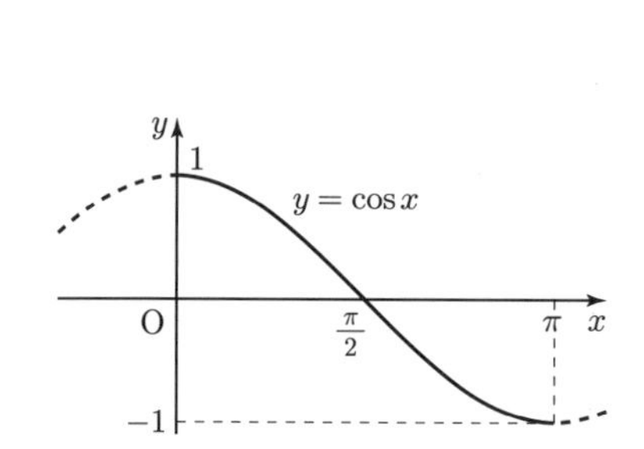

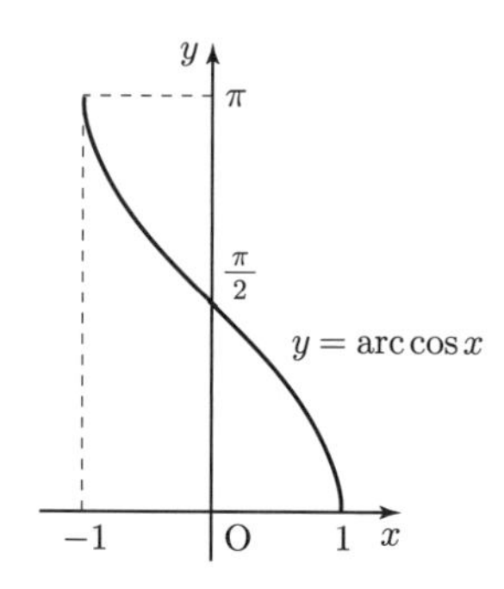

$y = \arcsin x$ と $y = \arccos x$ の値域の違いに注意すべきである．たとえば，$\arcsin\left(-\dfrac{1}{\sqrt{2}}\right) = -\dfrac{\pi}{4}$ であるが，$y = \arccos x$ の値域は $[0, \pi]$ であるから $\arcsin\left(-\dfrac{1}{\sqrt{2}}\right) = \arccos x$ を満たす x は存在しない．

(3)　$y = \tan x$ を $\left(-\dfrac{\pi}{2}, \dfrac{\pi}{2}\right)$ 上で考えると，この区間で狭義単調増加である．$\tan x \to -\infty$ $\left(x \to -\dfrac{\pi}{2} + 0\right)$, $\tan x \to \infty$ $\left(x \to \dfrac{\pi}{2} - 0\right)$ であるから，$y \in \mathbf{R}$ に対して $\tan x = y$ を満たす $x \in \left(-\dfrac{\pi}{2}, \dfrac{\pi}{2}\right)$ を対応させる $y = \tan x$ の逆関数が定義される．これを $x = \arctan y$ と表す．

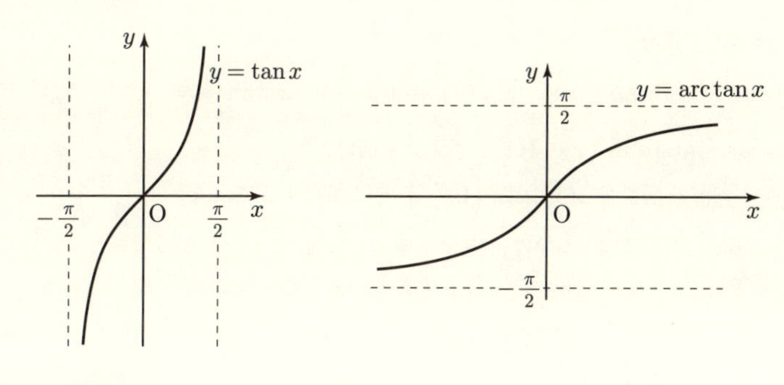

◆**問 9.** 次の値を求めよ．

(1) $\arcsin\left(-\frac{\sqrt{3}}{2}\right)$　(2) $\arcsin\left(\frac{1}{\sqrt{2}}\right)$　(3) $\arccos\left(\frac{1}{2}\right)$

(4) $\arccos\left(-\frac{\sqrt{3}}{2}\right)$　(5) $\arctan(-\sqrt{3})$　(6) $\arctan\left(\frac{1}{\sqrt{3}}\right)$

◆**問 10.** (1) $\arcsin\frac{3}{5}=\arctan x$ となる x の値を求めよ．

(2) $\arcsin\frac{5}{13}=\arccos x$ となる x の値を求めよ．

> ★**注意**　ここで考えた三角関数の制限は自然なものであるが，他の区間を考えることもできる．たとえば，$y=\sin x$ は $\left[\frac{\pi}{2},\frac{3\pi}{2}\right]$ 上で狭義単調減少なので，この区間に値をもつ逆関数を考えることができる．本節で考えた三角関数の逆関数の値を**主値**とよぶことがある．

第2章　章末問題

2.1 次の極限値を求めよ．

(1) $\displaystyle\lim_{x\to 0}\frac{\log(1+x)}{x}$　(2) $\displaystyle\lim_{x\to 0}\frac{e^x-1}{x}$　(3) $\displaystyle\lim_{x\to 0}x\sin\frac{1}{x}$　(4) $\displaystyle\lim_{x\to +0}\frac{\log(\sin x)}{\log x}$

(5) $\displaystyle\lim_{x\to\infty}(\sqrt{x^2+x+9}-x)$　(6) $\displaystyle\lim_{x\to\infty}\tanh x$　(7) $\displaystyle\lim_{x\to\infty}\arctan x$

2.2 (1) $y=\sinh x$ が $\mathbf{R}$ 上の単調増加関数で，逆関数が $y=\log(x+\sqrt{x^2+1})$ $(x\in\mathbf{R})$ で与えられることを示せ．

(2) $\tanh x$ が $\mathbf{R}$ 上の単調増加関数であることを示し，その逆関数を求めよ．

2.3 (1) $\tan(\arcsin x)$, $\cos(2\arctan x)$ を簡単にせよ．

(2) $x\in(-1,1)$ に対して，$\arcsin x+\arccos x$ を求めよ．

(3) $a>0$ のとき，$\arctan a+\arctan\left(\frac{1}{a}\right)$ を求めよ．

2.4 次の等式を示せ．

(1) $\arctan\frac{1}{2}+\arctan\frac{1}{3}=\frac{\pi}{4}$　　(2) $\arctan\frac{1}{4}+\arctan\frac{3}{5}=\frac{\pi}{4}$

2.5 $y=\arcsin(\sin x)$ $(x\in\mathbf{R})$ のグラフを描け．

2.6 $\cos x=x$ を満たす x が区間 $\left(0,\frac{\pi}{2}\right)$ 内に存在することを示せ．

2.7 $x^3-4x-2=0$ が 3 つの実根をもつことを示せ．

2.8 n を奇数，$a_1,a_2,...,a_n$ を実数とすると，x についての方程式

$$x^n+a_1x^{n-1}+a_2x^{n-2}+\cdots+a_{n-1}x+a_n=0$$

は少なくとも 1 つ実根をもつことを示せ．

2.9 $y=f(x)$ が周期 T をもつ連続な周期関数とすると，$f\left(a+\frac{T}{2}\right)=f(a)$ を満たす $a\in\mathbf{R}$ が存在することを示せ．

2.10 $\mathbf{R}$ 上の連続関数 $f(x)$ が，$f(x+y)=f(x)+f(y)$ $(x,y\in\mathbf{R})$ を満たすとする．このとき，ある定数 c が存在して $f(x)=cx$ となることを示せ．

3
微　　分

関数の微分は，独立変数の変化にともなう関数の瞬間での変化を表す．この章では，連続関数のみを考えて，微分という概念，具体的な関数の演算，いくつかの応用について述べる．

3.1　導関数

［1］　微分係数

f を区間 I 上の関数とし，$a \in I$ とする．$|h|$ が十分小として，$y = f(x)$ のグラフ上の2点 $(a, f(a)), (a+h, f(a+h))$ を結ぶ直線の傾き

$$\frac{f(a+h) - f(a)}{h}$$

を f の a と $a+h$ の間の**平均変化率**という．

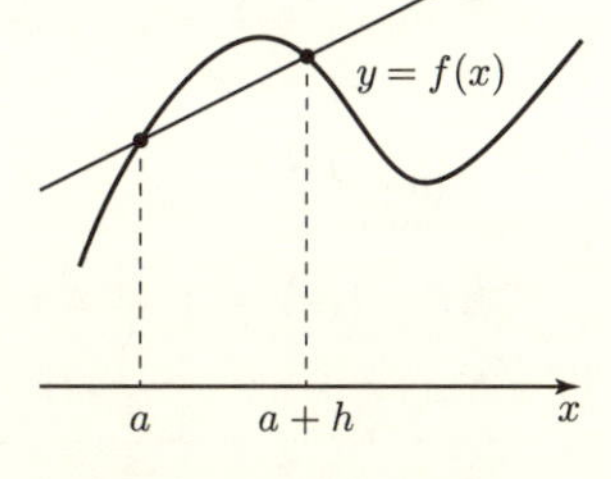

f が $x = a$ において**微分可能**であるとは，平均変化率が $h \to 0$ のとき収束することをいう．その極限を $f'(a)$ と書いて，f の $x = a$ における**微分係数**という：

$$f'(a) = \lim_{h \to 0} \frac{f(a+h) - f(a)}{h} = \lim_{x \to a} \frac{f(x) - f(a)}{x - a}.$$

a が区間 I の端点のとき，たとえば $I = [a, \infty)$ または $I = [a, b]$ の形のときは，右極限値

$$\lim_{h \to +0} \frac{f(a+h) - f(a)}{h}$$

を考えて，この極限が存在するとき，f は a で微分可能であるという．一方，a が右側の端点の場合は左極限値を考える．

具体例をあげる．$f(x) = x^2$ のとき，

$$f'(a) = \lim_{h \to 0} \frac{(a+h)^2 - a^2}{h} = \lim_{h \to 0}(2a + h) = 2a$$

である．$f(x) = x^3$ であれば，

$$f'(a) = \lim_{h \to 0} \frac{(a+h)^3 - a^3}{h} = \lim_{h \to 0}(3a^2 + 3ah + h^2) = 3a^2$$

である．

一般に，自然数 n に対して $f(x) = x^n$ とおく．二項定理より，

$$\begin{aligned} f(a+h) - f(a) &= (a+h)^n - a^n \\ &= {}_n\mathrm{C}_1 a^{n-1}h + {}_{n-1}\mathrm{C}_2 a^{n-2}h^2 + \cdots + h^n \end{aligned}$$

であるから，

$$\lim_{h \to 0} \frac{f(a+h) - f(a)}{h} = {}_n\mathrm{C}_1 a^{n-1} = na^{n-1}$$

となり，$f'(a) = na^{n-1}$ となる．

関数 f が $x = a$ で微分可能とは，直感的には，$y = f(x)$ のグラフが $x = a$ でなめらかということである．

○例 **3.1**　$f(x) = |x|$ とおく．$x = 0$ において，

$$\lim_{h \to +0} \frac{f(h)}{h} = 1, \quad \lim_{h \to -0} \frac{f(h)}{h} = -1$$

であり，$f(x) = |x|$ は $x = 0$ で微分可能ではない．

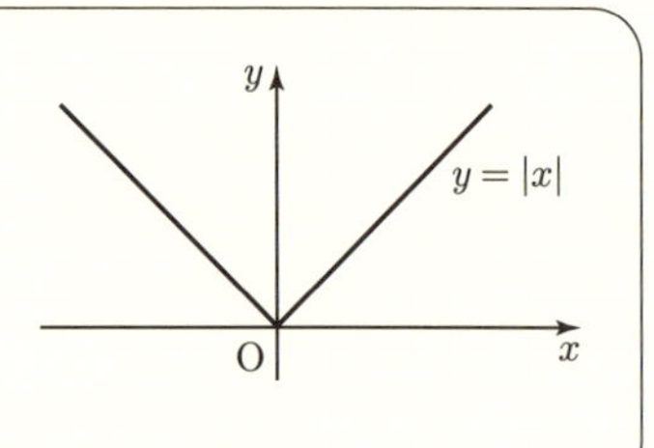

ふたたび，$y = f(x)$ のグラフ上の 2 点 $(a, f(a))$, $(a+h, f(a+h))$ を結ぶ直線を考える．極限

$$f'(a) = \lim_{h \to 0} \frac{f(a+h) - f(a)}{h}$$

が存在するということは，x が a に近いとき $f(x)$ と $f(a) + f'(a)(x-a)$ はほぼ等しいということを意味する．この x に関する 1 次式で与えられる直線

$$y = f(a) + f'(a)(x - a)$$

を $y = f(x)$ の $x = a$ における**接線**という．

○例 **3.2** $y = x^2$ 上の点 $(2, 4)$ における接線は，

$$y = 4 + 4(x - 2) = 4x - 4$$

で与えられる．2 次方程式 $x^2 = 4x - 4$ は $x = 2$ を重根にもつ．

[2] 導関数

区間 I 上で定義された関数 $y = f(x)$ が I 上のすべての点で微分可能のとき，f は I 上で**微分可能**であるという．このとき，

$x \in I$ に対してそこでの微分係数 $f'(x)$ を対応させる関数

が定まる．この，やはり I を定義域とする関数を f の**導関数**といい，$f', y', \dfrac{df}{dx}, \dfrac{dy}{dx}$ などと表す：

$$f'(x) = \lim_{h \to 0} \frac{f(x+h) - f(x)}{h}.$$

導関数を求めることを，f を**微分**するという．

また，関数 f が微分可能のとき，

$$df = f'(x)\,dx$$

と書いて，df を f の**微分**という．df は，x の微小変化に対応して生まれる関数の値の微小な変化を表す．

定理 3.1 (微分の基本公式)　f, g を区間 I 上の微分可能な関数とする．

(1) $\alpha, \beta \in \mathbf{R}$ に対して，$\alpha f + \beta g$ も I 上で微分可能で，次が成り立つ：

$$(\alpha f + \beta g)'(x) = \alpha f'(x) + \beta g'(x).$$

(2) f, g の積で定義される関数 fg も I 上で微分可能で，次が成り立つ：

$$(fg)'(x) = f'(x)g(x) + f(x)g'(x).$$

(3) $g(x) \neq 0$ $(x \in I)$ ならば，$\dfrac{1}{g}$ も微分可能で，次が成り立つ：

$$\left(\frac{1}{g}\right)'(x) = -\frac{g'(x)}{g(x)^2}.$$

(4) $g(x) \neq 0$ $(x \in I)$ ならば，$\dfrac{f}{g}$ も微分可能で，次が成り立つ：

$$\left(\frac{f}{g}\right)'(x) = \frac{f'(x)g(x) - f(x)g'(x)}{g(x)^2}.$$

証明. (1) は省略する.

(2) は，次の式の分子を $f(x)g(x+h)$ を用いて変形すると，

$$\lim_{h\to 0}\frac{f(x+h)g(x+h)-f(x)g(x)}{h}$$
$$=\lim_{h\to 0}\left(\frac{f(x+h)-f(x)}{h}g(x+h)+f(x)\frac{g(x+h)-g(x)}{h}\right)$$
$$=f'(x)g(h)+f(x)g'(x)$$

となり証明される.

(3) 次のように極限を計算すればよい：

$$\lim_{h\to 0}\frac{1}{h}\left(\frac{1}{g(x+h)}-\frac{1}{g(x)}\right)=\lim_{h\to 0}\frac{g(x)-g(x+h)}{h}\frac{1}{g(x+h)g(x)}$$
$$=-\frac{g'(x)}{g(x)^2}.$$

(4) $\left(\dfrac{f}{g}\right)'(x)=\left(f(x)\times\dfrac{1}{g(x)}\right)'$ と考えて，(2) と (3) を用いればよい．または，

$$\frac{1}{h}\left\{\frac{f(x+h)}{g(x+h)}-\frac{f(x)}{g(x)}\right\}=\frac{1}{g(x+h)g(x)}\frac{f(x+h)g(x)-f(x)g(x+h)}{h}$$
$$=\frac{1}{g(x+h)g(x)}\left\{\frac{f(x+h)-f(x)}{h}g(x)-f(x)\frac{g(x+h)-g(x)}{h}\right\}$$

と変形して，$h\to 0$ とすれば公式が得られる. □

○**例 3.3**　半径 x の円の周の長さは $2\pi x$ であり，面積は πx^2 である．これらの間には，$(\pi x^2)'=2\pi x$ という関係がある．これは，半径 x の円と半径 $x+h$ の円に囲まれた円環の面積が $\pi(x+h)^2-\pi x^2$ であり，この円環を縦 h の長方形に近いと考えると図形的に理解される.

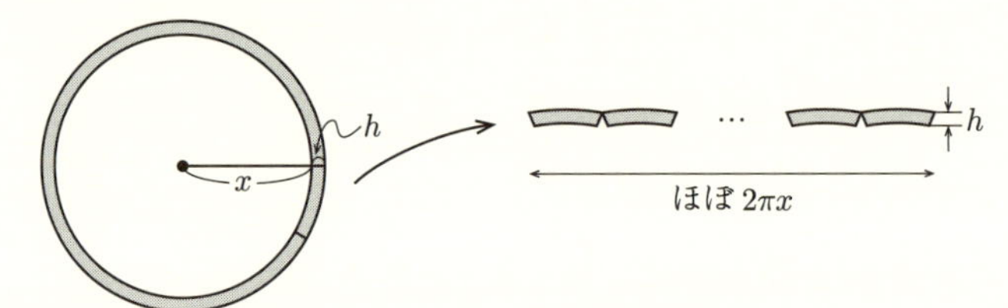

同様に，半径 x の球の表面積 $4\pi x^2$ と体積 $\dfrac{4}{3}\pi x^3$ の間にも $\left(\dfrac{4}{3}\pi x^3\right)'=4\pi x^2$ という関係がある.

応用上，次が非常に重要である．

定理 3.2 (合成関数の微分) f が区間 I 上の微分可能な関数，g が f の値域 $f(I)$ を含む開区間上の微分可能な関数のとき，$(g \circ f)(x) = g(f(x))$ で定まる f と g の合成関数 $g \circ f$ は I 上で微分可能であり，導関数は次で与えられる：

$$(g \circ f)'(x) = g'(f(x))f'(x).$$

証明. $x \in I$ とし，$y = f(x)$ とおく．$|k|$ が十分小のとき，

$$\delta(k) = \begin{cases} \dfrac{g(y+k) - g(y)}{k} - g'(y) & (k \neq 0), \\ 0 & (k = 0) \end{cases}$$

とおくと，g が微分可能という仮定から $\delta(k) \to 0$ $(k \to 0)$ が成り立つ．

ここで，$k = f(x+h) - f(x)$ とすると

$$\begin{aligned} g(f(x+h)) &= g(f(x) + k) \\ &= g(f(x)) + (g'(y) + \delta(k))(f(x+h) - f(x)) \end{aligned}$$

となる．よって，$h \neq 0$ に対して

$$\frac{g(f(x+h)) - g(f(x))}{h} = (g'(y) + \delta(k))\frac{f(x+h) - f(x)}{h} \tag{3.1}$$

となり，$h \to 0$ のとき $k \to 0$，$\delta(k) \to 0$ であるから結論が得られる． □

★注意 $k = f(x+h) - f(x)$ とおくと，$k \neq 0$ であれば

$$\frac{g(f(x+h)) - g(f(x))}{h} = \frac{g(f(x)+k) - g(f(x))}{k} \frac{f(x+h) - f(x)}{h}$$

となり，$h \to 0$ のとき $k \to 0$ だから微分の定義より結論を得る．$h \neq 0$ でも $k = 0$ となることがあり，上の証明を与える ((3.1) は $k = 0$ でも成立する) が，この単純な変形を念頭においている．

例題 3.3 次の関数の導関数を求めよ．

(1) $y = \dfrac{x^2}{x^2+1}$ (2) $y = (ax+b)^n$ $(n = 1, 2, \ldots)$

解答. (1) 右辺を簡単な式に変形して微分する：

$$\left(\frac{x^2}{x^2+1}\right)' = \left(1-\frac{1}{x^2+1}\right)' = -\left(-\frac{(x^2+1)'}{(x^2+1)^2}\right) = \frac{2x}{(x^2+1)^2}.$$

(2) $y' = n(ax+b)^{n-1}(ax+b)' = na(ax+b)^{n-1}$. □

3.2 初等関数の導関数

[1] n 次関数

前節で示したように，$n = 1, 2, \ldots$ に対して

$$(x^n)' = nx^{n-1}$$

が成り立つから，一般の n 次関数に対しては微分の線形性，定理 3.1(1) を用いればよい．たとえば，

$$(x^3+4x^2)' = (x^3)' + (4x^2)' = 3x^2 + 8x$$

となる．

また，$x^{-m} = \dfrac{1}{x^m}$ $(m = 1, 2, \ldots)$ だから，定理 3.1(3) より，$x \neq 0$ に対して

$$(x^{-m})' = \left(\frac{1}{x^m}\right)' = -\frac{(x^m)'}{(x^m)^2} = -\frac{mx^{m-1}}{x^{2m}} = -mx^{-m-1}$$

となり，$(x^{-m})' = -mx^{-m-1}$ となる．

したがって，すべての整数 n に対して，

$$(x^n)' = nx^{n-1}$$

が成り立つ．

◆問 1. 次の関数の導関数を求めよ．

(1) $y = (2x+5)^4$　(2) $y = (x^2+x+1)^3$　(3) $y = (x+5)(x^2-2)$

(4) $y = \dfrac{1}{x^4}$　(5) $y = \dfrac{x^4-3x^3+6}{x^2}$　(6) $y = \dfrac{3x+5}{x^2+1}$

[2] 指数関数，対数関数

前章の定理 2.4 より，

$$\lim_{h\to 0}(1+h)^{\frac{1}{h}} = e \tag{3.2}$$

が成り立つことを思い出しておく．

定理 3.4　$(e^x)' = e^x \ (x \in \mathbf{R}), \quad (\log x)' = \dfrac{1}{x} \ (x > 0).$

証明. $k = e^h - 1$ とおくと，指数法則より

$$\frac{e^{x+h} - e^x}{h} = e^x \frac{e^h - 1}{h} = e^x \frac{k}{\log(1+k)}$$

となる．$h \to 0$ のとき $k \to 0$ であり，(3.2) より

$$\frac{1}{k}\log(1+k) = \log(1+k)^{\frac{1}{k}} \to \log e = 1$$

となるから，$(e^x)' = e^x$ が得られる．

対数関数に関しては，$x > 0$ に対し

$$\frac{\log(x+h) - \log x}{h} = \frac{1}{h}\log\frac{x+h}{x} = \log\left(1 + \frac{h}{x}\right)^{\frac{1}{h}} = \frac{1}{x}\log\left(1 + \frac{h}{x}\right)^{\frac{x}{h}}$$

が成り立つことに注意する．(3.2) より

$$\lim_{h \to 0} \log\left(1 + \frac{h}{x}\right)^{\frac{x}{h}} = \lim_{h \to 0} \log(1+h)^{\frac{1}{h}} = 1$$

であるから，

$$(\log x)' = \lim_{h \to 0} \frac{\log(x+h) - \log x}{h} = \frac{1}{x}$$

が成り立つ．　□

◆**問 2.**　次の関数の導関数を求めよ．

(1) $y = e^{2x+3}$　　(2) $y = e^{-x^2}$　　(3) $y = xe^{-2x}$

(4) $y = \log(3x)$　　(5) $y = \log(x^4)$

対数微分法　　正の値をとる関数 $f(x)$ が与えられたとき，$f'(x)$ はすぐには求まらないが，$y = \log(f(x))$ とおいて両辺の導関数を計算することにより，y' から $f'(x)$ が求まることがある．実際，合成関数の微分 (定理 3.2) において $g(x) = \log x$ とした場合を考えて，$y = \log(f(x))$ の両辺を微分すると，

$$y' = \frac{f'(x)}{f(x)}$$

であり，$f'(x) = f(x)y'$ の右辺に y' を具体的に計算した結果を代入すると $f'(x)$ が求まる．この方法を**対数微分法**という．

定理 3.5　$\alpha \in \mathbf{R}$ に対して　$(x^\alpha)' = \alpha x^{\alpha-1}$ $(x > 0)$.

証明. $f(x) = x^\alpha$ とおき，$y = \log(f(x)) = \alpha \log x$ とおく．両辺を x に関して微分すると，

$$y' = \frac{f'(x)}{f(x)} = \frac{\alpha}{x}$$

となる．よって，$f'(x) = f(x)\dfrac{\alpha}{x} = \alpha x^{\alpha-1}$ となる[1)]．□

例題 3.6　x^x の導関数を求めよ．

解答. $f(x) = x^x$ とおくと，$\log(f(x)) = x \log x$ となる．この両辺を微分すると，

$$\frac{f'(x)}{f(x)} = x \cdot \frac{1}{x} + \log x = 1 + \log x$$

となり，$f'(x) = x^x(1 + \log x)$ を得る[2)]．□

◆**問 3.**　次の関数の導関数を，対数微分法を用いて求めよ．
(1) $y = e^{\frac{1}{x}}$ $(x > 0)$　　(2) $y = x^{2x}$ $(x > 0)$

[3]　三角関数

定理 3.7　$(\sin x)' = \cos x$,
$(\cos x)' = -\sin x$,
$(\tan x)' = \dfrac{1}{\cos^2 x}$　$(x \neq (n + \frac{1}{2})\pi,\ n = 0, \pm 1, \pm 2, \ldots)$.

証明. 三角関数の和を積に直す公式 (定理 2.12) を用いると，

$$\frac{\sin(x+h) - \sin x}{h} = \frac{2\cos\left(x + \frac{h}{2}\right)\sin\frac{h}{2}}{h} = \cos\left(x + \frac{h}{2}\right)\frac{\sin\frac{h}{2}}{\frac{h}{2}},$$

---

1)　$x^\alpha = e^{\alpha \log x}$ と書いて，$(x^\alpha)' = e^{\alpha \log x}(\alpha \log x)' = x^\alpha \dfrac{\alpha}{x} = \alpha x^{\alpha-1}$ としてもよい．

2)　$x^x = e^{x \log x}$ と書いて，両辺を微分してもよい．

$$\frac{\cos(x+h)-\cos x}{h}=\frac{-2\sin\left(x+\frac{h}{2}\right)\sin\frac{h}{2}}{h}=-\sin\left(x+\frac{h}{2}\right)\frac{\sin\frac{h}{2}}{\frac{h}{2}}$$

となる．したがって，定理 2.13 を用いると次を得る：

$$(\sin x)'=\lim_{h\to 0}\frac{\sin(x+h)-\sin x}{h}=\cos x,$$

$$(\cos x)'=\lim_{h\to 0}\frac{\cos(x+h)-\cos x}{h}=-\sin x.$$

商の微分の公式 (定理 3.1(4)) を用いると，$\sin^2 x+\cos^2 x=1$ より

$$(\tan x)'=\left(\frac{\sin x}{\cos x}\right)'=\frac{(\sin x)'\cos x-\sin x(\cos x)'}{\cos^2 x}=\frac{1}{\cos^2 x}$$

となる．加法定理を用いて，

$$\begin{aligned}\frac{\tan(x+h)-\tan x}{h}&=\frac{1}{h}\frac{\sin(x+h)\cos x-\cos(x+h)\sin x}{\cos(x+h)\cos x}\\&=\frac{\sin h}{h}\frac{1}{\cos(x+h)\cos x}\end{aligned}$$

と変形して，$h\to 0$ としてもよい． □

◆**問 4.** 次の関数の導関数を求めよ．ただし，a,b は定数とする．

(1) $y=\sin(2x)$　(2) $y=x\cos x$　(3) $y=\dfrac{1}{\cos x}$　(4) $y=e^{ax}\sin(bx)$

(5) $y=x^{\sin x}$ $(x>0)$　(6) $y=(\sin x)^x$ $(0<x<\pi)$

[4] 逆三角関数

定理 3.8

$$(\arcsin x)'=\frac{1}{\sqrt{1-x^2}}\quad(-1<x<1),$$

$$(\arccos x)'=-\frac{1}{\sqrt{1-x^2}}\quad(-1<x<1),$$

$$(\arctan x)'=\frac{1}{1+x^2}\quad(x\in\mathbf{R}).$$

証明. $(\arcsin x)'$ に関する証明のみ行う．

$f(x)=\arcsin x$ $(-1<x<1)$ とおくと，$\sin(f(x))=x$ が成り立つ．この等式の両辺を微分すると，合成関数の微分の公式 (定理 3.2) より

$$\cos(f(x))\times f'(x)=1$$

となる．いま，$-\dfrac{\pi}{2} < f(x) < \dfrac{\pi}{2}$ だから $0 < \cos(f(x)) < 1$ であり，次を得る：

$$f'(x) = \frac{1}{\cos(f(x))} = \frac{1}{\sqrt{1-\sin^2(f(x))}} = \frac{1}{\sqrt{1-x^2}}. \qquad \square$$

◆**問 5.** $(\arccos x)' = -\dfrac{1}{\sqrt{1-x^2}}$ $(-1 < x < 1)$, $(\arctan x)' = \dfrac{1}{1+x^2}$ を示せ．

[5] 逆関数の導関数

前項の逆三角関数の導関数の導出とまったく同様に，合成関数の微分の公式を用いると，次の逆関数に対する微分の公式が得られる．

定理 3.9 関数 f が区間 I 上で狭義単調増加 (または減少) とする．f が I 上で微分可能で $f'(x) \neq 0$ $(x \in I)$ であれば，f の逆関数 f^{-1} は $f(I)$ 上で微分可能であり，次が成り立つ：

$$\frac{df^{-1}}{dy}(y) = \frac{1}{f'(x)} \quad (y = f(x)).$$

証明. $f(f^{-1}(y)) = y$ $(y \in f(I))$ が成り立つ．この両辺を y で微分すると，

$$f'(f^{-1}(y)) \times \frac{df^{-1}}{dy}(y) = 1$$

が成り立つ．$f^{-1}(y) = x$ として，結論を得る． $\square$

例題 3.10 $(\log x)' = \dfrac{1}{x}$ $(x > 0)$ を $(e^x)' = e^x$ を用いて示せ．

解答. $f(x) = \log x$ とおくと，$e^{f(x)} = x$ が成り立つ．この両辺を x で微分すると，$e^{f(x)} \times f'(x) = 1$ となり，$xf'(x) = 1$ $(x > 0)$ が成り立つ． $\square$

◆**問 6.** 次の関数の導関数を求めよ．

(1) $y = \arcsin\sqrt{x}$　　(2) $y = e^{\arcsin x}$　　(3) $y = \arctan(e^x - e^{-x})$

3.3　高階導関数

$y=f(x)$ を区間 I 上の微分可能な関数とするとき，導関数 f' がまた微分可能であれば f' の導関数 $(f')'$ が定義される．これを f の **2 階** (または 2 次) **導関数**とよび，

$$y'',\ f'',\ \frac{d^2f}{dx^2},\ \frac{d^2y}{dx^2},\ \frac{d^2}{dx^2}f$$

などと書く．

さらに，f'' が微分可能であれば，f'' の導関数 $(f'')'$ が定義される．これを f の **3 階** (または 3 次) **導関数**とよび，

$$y''',\ f''',\ f^{(3)},\ \frac{d^3f}{dx^3},\ \frac{d^3y}{dx^3},\ \frac{d^3}{dx^3}f$$

などと書く．同様に，n 回微分可能な関数に対して，n 回微分して得られる関数を f の $\boldsymbol{n}$ **階** (または n 次) **導関数**とよび，次のように書く：

$$f^{(n)},\ y^{(n)},\ \frac{d^nf}{dx^n},\ \frac{d^n}{dx^n}f.$$

また，$f^{(n)}$ が連続関数のとき，f は I 上で $\boldsymbol{C^n}$ **級**である，または $\boldsymbol{n}$ **回連続微分可能**であるという．このような関数全体を $C^n(I)$ と書く．任意の n に対して n 回微分可能な関数を**無限回微分可能**といい，その全体を $C^\infty(I)$ と書く．

○例 **3.4**　(1) $f(x)=e^{ax}$ $(a\in\mathbf{R})$ であれば，$f^{(n)}(x)=a^ne^{ax}$ である．
(2) $f(x)=x^a$ $(a\in\mathbf{R})$ であれば，$f^{(n)}(x)=a(a-1)\cdots(a-n+1)x^{a-n}$ である．とくに，自然数 k に対して $f(x)=x^k$ のときは，$n\geqq k+1$ ならば $f^{(n)}(x)=0$ である．
(3) $f(x)=\sin x$ のときは，$f'(x)=\cos x, f''(x)=-\sin x, f'''(x)=-\cos x$ であり，

$$f^{(n)}(x)=\begin{cases}\sin x & (n=4,8,12,\ldots)\\ \cos x & (n=1,5,9,\ldots)\\ -\sin x & (n=2,6,10,\ldots)\\ -\cos x & (n=3,7,11,\ldots)\end{cases}$$

となる．$f^{(n)}(x)=\sin\left(x+\dfrac{\pi}{2}n\right)$ とも書ける．

◆問 **7.**　次の関数の n 階導関数を求めよ．
(1) $y=\cos x$　(2) $y=\dfrac{1}{x}$　(3) $y=\sqrt{1+x}$　(4) $y=\log x$　(5) $y=\dfrac{1}{x(x+1)}$

f, g を何回でも微分可能な関数として，積 fg の高階導関数を考える．まず，

$$(fg)' = f'g + fg'$$

である．両辺を微分すると，fg の 2 階導関数が

$$(fg)'' = (f''g + f'g') + (f'g' + fg'') = f''g + 2f'g' + fg''$$

となる．さらに，3 階導関数は次で与えられる：

$$\begin{aligned}(fg)''' &= (f'''g + f''g) + 2(f''g' + f'g'') + (f'g'' + fg''') \\ &= f'''g + 3f''g + 3f'g'' + fg'''.\end{aligned}$$

これらの等式と二項定理 (定理 1.4) を念頭におけば，次を理解することは難しくない．

定理 3.11 (ライプニッツの公式)　$f(x), g(x)$ を n 回微分可能な関数とすると，次が成り立つ：

$$\frac{d^n}{dx^n}(f(x)g(x)) = \sum_{k=0}^{n} {}_n\mathrm{C}_k f^{(n-k)}(x)g^{(k)}(x).$$

証明. 数学的帰納法で証明する．$n = 1, 2, 3$ のときに正しいことは上でみた．n まで正しいと仮定すると，

$$(fg)^{(n+1)} = \Big(\sum_{k=0}^{n} {}_n\mathrm{C}_k f^{(n-k)} g^{(k)}\Big)'$$

$$= \sum_{k=0}^{n} {}_n\mathrm{C}_k \Big(f^{(n-k+1)} g^{(k)} + f^{(n-k)} g^{(k+1)}\Big)$$

$$= f^{(n+1)}g + \sum_{k=1}^{n} {}_n\mathrm{C}_k f^{(n-k+1)} g^{(k)} + \sum_{k=0}^{n-1} {}_n\mathrm{C}_k f^{(n-k)} g^{(k+1)} + fg^{(n+1)}$$

$$= f^{(n+1)}g + \sum_{k=1}^{n} {}_n\mathrm{C}_k f^{(n-k+1)} g^{(k)} + \sum_{k=1}^{n} {}_n\mathrm{C}_{k-1} f^{(n-k+1)} g^{(k)} + fg^{(n+1)}$$

となる．最後の等式の第 3 項は，和を 1 つずらしている．${}_n\mathrm{C}_k + {}_n\mathrm{C}_{k-1} = {}_{n+1}\mathrm{C}_k$ であるから (命題 1.5 参照)，第 2，第 3 項をまとめることができて，

$$\begin{aligned}(fg)^{(n+1)} &= f^{(n+1)}g + \sum_{k=1}^{n} {}_{n+1}\mathrm{C}_k f^{(n+1-k)} g^{(k)} + fg^{(n+1)} \\ &= \sum_{k=0}^{n+1} {}_{n+1}\mathrm{C}_k f^{(n+1-k)} g^{(k)}\end{aligned}$$

となる．よって，$n + 1$ のときも正しいことがわかる．　□

◆**問 8.**　ライプニッツの公式を用いて $\dfrac{d^n}{dx^n}(x^2e^x) = (x^2 + 2nx + n(n-1))e^x$ を示せ.

3.4　平均値の定理

導関数を用いて関数の値の変化を調べるときの基本が平均値の定理である.

まず，次を示す．関数が最大値または最小値をとる点での接線を念頭におけば，理解しやすい.

定理 3.12 (ロルの定理)　$y=f(x)$ は有界閉区間 $[a,b]$ 上で連続であり，開区間 (a,b) 上で微分可能であると仮定する．このとき，$f(a)=f(b)$ であれば $f'(c)=0$ を満たす c が開区間 (a,b) の中に少なくとも 1 つ存在する.

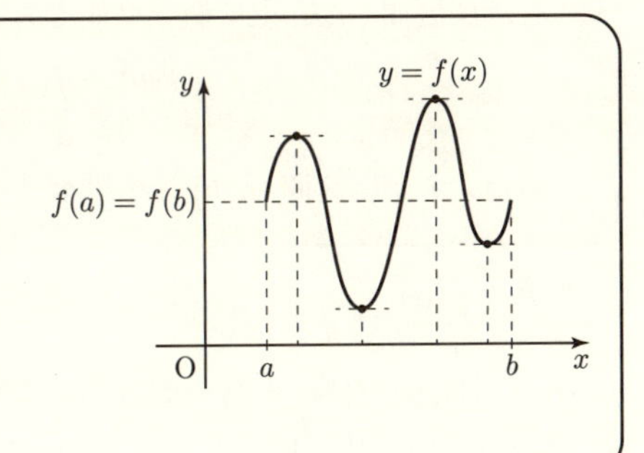

証明. $f(x)$ が定数値関数であれば，すべての $c \in (a,b)$ に対して $f'(c)=0$ である．よって，f は定数値関数でないとして証明すればよい.

f は $[a,b]$ 上の連続関数であるという仮定から，f は最大値，または最小値をもつ (定理 2.7)．さらに，f は定数値関数でないとしたので,

$$f(x) > f(a) = f(b) \quad \text{または} \quad f(x) < f(a) = f(b)$$

を満たす x が区間の内部 (a,b) に存在する．同じことなので，前者の場合を考える.

ここでは，$x=c \in (a,b)$ で最大値をもつとする．このとき，$f(c+h) \leqq f(c)$ だから

$$f'(c) = \lim_{h\to+0} \frac{f(c+h)-f(c)}{h} \leqq 0,$$

$$f'(c) = \lim_{h\to-0} \frac{f(c+h)-f(c)}{h} \geqq 0$$

であり，$f'(c)=0$ である.　□

★注意　ロルの定理の仮定は，面倒に感じられるかもしれない．しかし，たとえば $a=0, b=1$ として $f(x)=\sqrt{x(1-x)}$ を考えると，f はロルの定理の仮定を満たし，実際 $f'\left(\frac{1}{2}\right)=0$ である．f は $[0,1]$ 上の連続関数であるが，端点では微分可能ではない．このようにして，仮定をゆるめることによって，扱う関数の範囲が広がるのである．

ロルの定理を用いると，**平均値の定理**が証明できる．

定理 3.13 (平均値の定理)　$y=f(x)$ は有界閉区間 $[a,b]$ 上の連続関数であり，開区間 (a,b) 上で微分可能であると仮定する．このとき，

$$\frac{f(b)-f(a)}{b-a}=f'(c)$$

を満たす c が開区間 (a,b) の中に少なくとも 1 つ存在する．

$\dfrac{f(b)-f(a)}{b-a}$ は $y=f(x)$ のグラフ上の 2 点 $(a,f(a)),(b,f(b))$ を結ぶ直線の傾きである．平均値の定理は，図のようにこの直線と平行な接線 (点線) が引けることを示している．

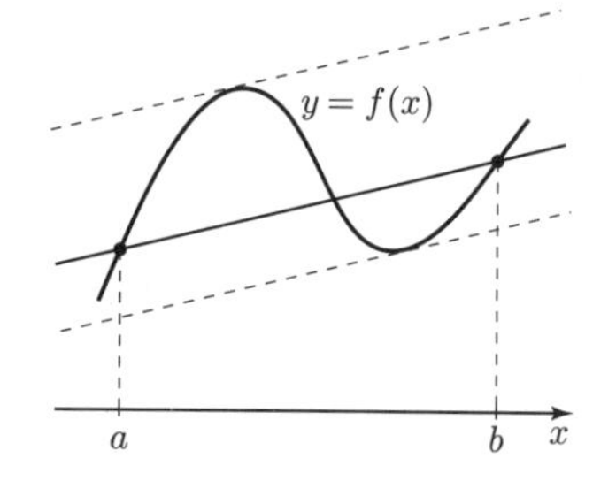

証明. K を定数として，関数 F を

$$F(x)=f(x)+K(b-x)-f(b)$$

によって定義する．$F(b)=0$ である．

ここで，K を $F(a)=0$ であるように $K=\dfrac{f(b)-f(a)}{b-a}$ ととると，ロルの定理より $F'(c)=f'(c)-K=0$ を満たす c が (a,b) の中に存在し，

$$K=f'(c)=\frac{f(b)-f(a)}{b-a}$$

である． □

◆問 9. (1) $f(x)=x^2$ のとき，$\dfrac{f(3)-f(1)}{2}=f'(c)$ を満たす $c\in(1,3)$ を求めよ．
(2) $f(x)=x^3$ のとき，$\dfrac{f(3)-f(1)}{2}=f'(c)$ を満たす $c\in(1,3)$ を求めよ．

平均値の定理から，次の 2 つのこと (定理 3.14，定理 3.16) がわかる．直感的には明らかであるが，平均値の定理を用いずに証明するのは困難に思われる．

定理 3.14　$y = f(x)$ は開区間 I 上で微分可能で，すべての点 $x \in I$ において $f'(x) = 0$ であると仮定する．このとき，f は定数値関数である．

証明. f が定数値関数ではないと仮定すると，$f(a) \neq f(b)$ を満たす $a, b \in I$ $(a < b)$ が存在する．すると，平均値の定理より，

$$\frac{f(b) - f(a)}{b - a} = f'(c)$$

を満たす c が a と b の間に存在し $f'(c) \neq 0$ である．これは，仮定に反する．

したがって，f は定数値でなければならない．　□

例題 3.15　$\arcsin x + \arccos x = \dfrac{\pi}{2}$ $(-1 \leqq x \leqq 1)$ を示せ．

解答. $\arcsin(\pm 1) = \pm\dfrac{\pi}{2}$，$\arccos(1) = 0$，$\arccos(-1) = \pi$ であるから $x = \pm 1$ のときは正しい．

次に，$f(x) = \arcsin x + \arccos x$ とおくと，

$$f'(x) = \frac{1}{\sqrt{1 - x^2}} + \frac{-1}{\sqrt{1 - x^2}} = 0$$

となるから，定理 3.14 より区間 $(-1, 1)$ 上で $f(x)$ は定数である．$f(0) = \dfrac{\pi}{2}$ となるから $f(x) = \dfrac{\pi}{2}$ $(-1 < x < 1)$ である．

以上をあわせて結論を得る．　□

定理 3.16　$y = f(x)$ は区間 I 上の微分可能な関数とする．

(1) $f'(x) > 0$ $(x \in I)$ ならば，f は I 上で狭義単調増加である．

(2) $f'(x) < 0$ $(x \in I)$ ならば，f は I 上で狭義単調減少である．

証明. (1) のみを示す．(2) も同様である．

$a < b$ $(a, b \in I)$ とすると，平均値の定理より

$$f(b) - f(a) = f'(c)(b - a)$$

を満たす $c \in (a, b)$ が存在する．$f'(c) > 0$ より $f(b) - f(a) > 0$ となる．　□

平均値の定理 (定理 3.13) は，以下のように拡張される．次の定理において，$g(x) = x$ とした場合が前に述べた平均値の定理である．

定理 3.17 (コーシーの平均値の定理)　f, g は有界閉区間 $[a, b]$ 上の連続関数であり，開区間 (a, b) 上で微分可能，そして $g'(x) \neq 0$ $(a < x < b)$ であると仮定する．このとき，

$$\frac{f(b) - f(a)}{g(b) - g(a)} = \frac{f'(c)}{g'(c)}$$

を満たす c が開区間 (a, b) の中に少なくとも 1 つ存在する．

条件を満たす c が，右辺の分子，分母で共通にとれることが重要である．

証明. $g'(x) \neq 0$ $(a < x < b)$ より $g(a) \neq g(b)$ であることに注意すると，証明は定理 3.13 と同様である．実際，

$$G(x) = f(x) + K(g(b) - g(x)) - f(b)$$

とおいて，K を $G(a) = 0$ となるようにとる：$K = \dfrac{f(b) - f(a)}{g(b) - g(a)}$.

$G(b) = 0$ だから，ロルの定理より $G'(c) = f'(c) - Kg'(c) = 0$ を満たす $c \in (a, b)$ が存在する．この c に対して次が成り立ち，結論を得る：

$$K = \frac{f(b) - f(a)}{g(b) - g(a)} = \frac{f'(c)}{g'(c)}.$$

□

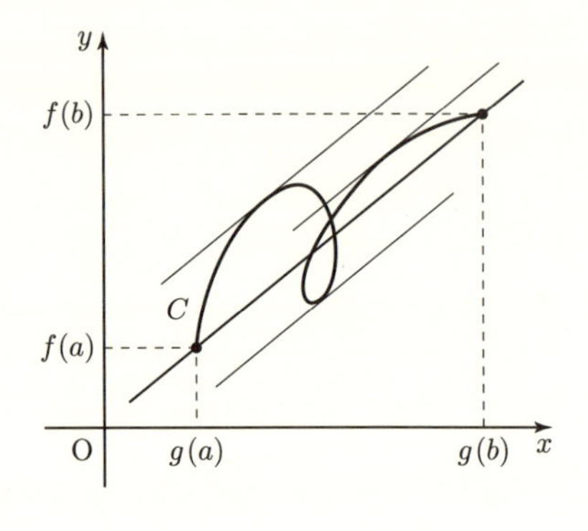

定理 3.13 と同様に，コーシーの平均値の定理も次のような幾何学的な意味をもつ．パラメータ表示

$$x = g(t), \quad y = f(t) \quad (a \leqq t \leqq b)$$

をもつ xy 平面上の曲線 C を考える．$\dfrac{f(b) - f(a)}{g(b) - g(a)}$ は端点 $(g(a), f(a))$, $(g(b), f(b))$ を結ぶ直線の傾きに等しい．$\dfrac{f'(c)}{g'(c)}$ は $(g(c), f(c))$ における接線の傾きであり，コーシーの平均値の定理は，C の端点を結ぶ直線と平行な C の接線が引けることを表している．

3.5　不定形の極限値 (ロピタルの定理)

$a \in \mathbf{R}$ とし，f, g を区間 (a, b) または (a, ∞) 上の関数とする．

$x \to a+0$ のとき，f, g がともに 0 に収束する，またはともに ∞ に発散するとき，$\dfrac{f(x)}{g(x)}$ の極限値を求めるという問題を考える．たとえば $a=0$ のとき，$f(x) = x - \sin x$，$g(x) = x^3$ として，

$$\lim_{x \to +0} \frac{x - \sin x}{x^3}, \qquad \lim_{x \to +0} x \log x = \lim_{x \to +0} \frac{\log x}{x^{-1}}$$

などの値を求める問題が典型的である．

同様に，$x \to \infty$ のとき，f, g がともに 0 に収束する，またはともに ∞ に発散するとき，$\dfrac{f(x)}{g(x)}$ の極限値を求めるという問題を考える．たとえば，

$$\lim_{x \to \infty} \frac{x^p}{e^x}, \qquad \lim_{x \to \infty} \frac{\log x}{x^p}$$

という問題 (前者は既出) が典型例としてあげられる．

これらのような，象徴的に書けば，$\dfrac{0}{0}, \dfrac{\infty}{\infty}$ という形の極限値を**不定形**という．

次を用いると，不定形の極限を比較的容易に求めることができる．しかし，次節に述べるテイラーの定理を用いて，0 に収束する，または無限大に発散する「速さ」を考えることが重要である．

定理 3.18 (ロピタルの定理)　f, g を区間 (a, b) 上の微分可能な関数とし，$g'(x) \neq 0$ $(a < x < b)$ であると仮定する．

(1) $x \to a+0$ のとき，$f(x) \to 0$ かつ $g(x) \to 0$ であり，$\dfrac{f'(x)}{g'(x)}$ が $\alpha \in \mathbf{R}$ に収束するならば，$\dfrac{f(x)}{g(x)}$ も同じ値 α に収束する：

$$\lim_{x \to a+0} \frac{f(x)}{g(x)} = \lim_{x \to a+0} \frac{f'(x)}{g'(x)}.$$

(2) $x \to a+0$ のとき，$f(x) \to \infty$ かつ $g(x) \to \infty$ であり，$\dfrac{f'(x)}{g'(x)}$ が $\alpha \in \mathbf{R}$ に収束するならば，$\dfrac{f(x)}{g(x)}$ も同じ値 α に収束する：

$$\lim_{x \to a+0} \frac{f(x)}{g(x)} = \lim_{x \to a+0} \frac{f'(x)}{g'(x)}.$$

両側からの極限を考えることができる場合は $x \to a$ と書く．たとえば，

$$\lim_{x \to 0} \frac{1 - \cos x}{x^2} = \lim_{x \to 0} \frac{\sin x}{2x} = \frac{1}{2}$$

となる．

また，$x \to b - 0$ の極限が不定形の場合も，同様のことが成り立つ．

★**注意** 不定形でない極限にロピタルの定理を用いてはならない．たとえば，$a = 0$ のとき，$f(x) = \cos x$, $g(x) = 1 + \sin x$ とすると，$f(x), g(x) \to 1$ $(x \to 0)$ であるが，次のようにロピタルの定理は成り立たない：

$$\lim_{x \to 0} \frac{f'(x)}{g'(x)} = \lim_{x \to 0} \frac{-\sin x}{\cos x} = 0.$$

$\dfrac{f'(x)}{g'(x)}$ の極限も不定形になっている場合は，$\dfrac{(f')'(x)}{(g')'(x)} = \dfrac{f''(x)}{g''(x)}$ の極限が存在すれば，

$$\lim_{x \to a+0} \frac{f(x)}{g(x)} = \lim_{x \to a+0} \frac{f'(x)}{g'(x)} = \lim_{x \to a+0} \frac{f''(x)}{g''(x)}$$

が成り立つ．

実際の計算においては，このことを使う．本節冒頭の例では，

$$\lim_{x \to 0} \frac{x - \sin x}{x^3} = \lim_{x \to 0} \frac{(x - \sin x)'}{(x^3)'} = \lim_{x \to 0} \frac{1 - \cos x}{3x^2} = \lim_{x \to 0} \frac{\sin x}{6x} = \frac{1}{6}$$

のように，極限の存在が確認できるまで分子，分母をそれぞれ微分すればよい．

一般の場合も同様である．たとえば，次のようにすればよい：

$$\begin{aligned}\lim_{x \to 0} \frac{e^x - 1 - x - \frac{1}{2}x^2 - \frac{1}{3!}x^3}{x^4} &= \lim_{x \to 0} \frac{e^x - 1 - x - \frac{1}{2}x^2}{4x^3} \\ &= \lim_{x \to 0} \frac{e^x - 1 - x}{4 \cdot 3x^2} = \lim_{x \to 0} \frac{e^x - 1}{4 \cdot 3 \cdot 2x} = \lim_{x \to 0} \frac{e^x}{4!} = \frac{1}{4!}.\end{aligned}$$

定理 3.18 の証明． (1) $f(a) = g(a) = 0$ と定義すれば，f, g は $[a, b]$ 上の連続関数としてよい．すると，コーシーの平均値の定理 (定理 3.17) より，

$$\frac{f(x)}{g(x)} = \frac{f(x) - f(a)}{g(x) - g(a)} = \frac{f'(c)}{g'(c)}$$

を満たす $c \in (a, x)$ が存在する．$x \to a + 0$ とすると $c \to a + 0$ となるから，右辺は α に収束する．したがって，左辺も α に収束する．

(2) 平均値の定理の直接の帰結とはいえないので工夫する．正確な議論には準備が必要で付録にまわさざるをえないので，ここではあらすじのみを述べる．

仮定から，$a < x < \delta$ ならば $\dfrac{f'(x)}{g'(x)}$ がほぼ α であるような δ が存在する[3]．また，コーシーの平均値の定理より

$$\frac{f(x)-f(\delta)}{g(x)-g(\delta)} = \frac{f'(c)}{g'(c)}$$

を満たす $c \in (x, \delta)$ が存在する．この値はほぼ α である．

左辺を $\dfrac{\frac{f(x)}{g(x)} - \frac{f(\delta)}{g(x)}}{1 - \frac{g(\delta)}{g(x)}}$ と書き直して，$x \to a+0$ とする．このとき，仮定から $\dfrac{f(\delta)}{g(x)}, \dfrac{g(\delta)}{g(x)}$ は 0 に収束するので，この値がほぼ α であることとあわせると，$\dfrac{f(x)}{g(x)}$ が $x \to a+0$ のとき α に収束することがわかる． □

次に，$x \to \infty$ のときの不定形の極限に関するロピタルの定理を示す．

定理 3.19 a を正の数，f, g を区間 (a, ∞) 上の微分可能な関数とし，$g'(x) \neq 0$ $(x > a)$ であると仮定する．

(1) $x \to \infty$ のとき，$f(x) \to 0$ かつ $g(x) \to 0$ であり，$\dfrac{f'(x)}{g'(x)}$ が $\alpha \in \mathbf{R}$ に収束するならば，$\dfrac{f(x)}{g(x)}$ も α に収束する：

$$\lim_{x\to\infty} \frac{f(x)}{g(x)} = \lim_{x\to\infty} \frac{f'(x)}{g'(x)}.$$

(2) $x \to \infty$ のとき，$f(x) \to \infty$ かつ $g(x) \to \infty$ であり，$\dfrac{f'(x)}{g'(x)}$ が $\alpha \in \mathbf{R}$ に収束するならば，$\dfrac{f(x)}{g(x)}$ も α に収束する：

$$\lim_{x\to\infty} \frac{f(x)}{g(x)} = \lim_{x\to\infty} \frac{f'(x)}{g'(x)}.$$

3) 「ほぼ α」というのは数学的ではない．付録で解説する ε-δ 論法によると明確な議論ができる．ただし，証明の本質は上に述べたとおりである．

証明. どちらの場合も，定理 3.17 から結論が得られる．

$\widetilde{f}(x) = f\left(\dfrac{1}{x}\right)$, $\widetilde{g}(x) = g\left(\dfrac{1}{x}\right)$ とおくと，$\widetilde{f}$, $\widetilde{g}$ は $\left(0, \dfrac{1}{a}\right)$ で微分可能であり，$\widetilde{g}'(x) \neq 0$ である．そして，

$$\frac{\widetilde{f}'(x)}{\widetilde{g}'(x)} = \frac{x^{-2}f'(\frac{1}{x})}{x^{-2}g'(\frac{1}{x})} = \frac{f'(\frac{1}{x})}{g'(\frac{1}{x})}$$

は $x \to +0$ のとき α に収束し，定理 3.17 より (1) または (2) の仮定のもとで

$$\lim_{x\to\infty} \frac{f(x)}{g(x)} = \lim_{x\to+0} \frac{\widetilde{f}(x)}{\widetilde{g}(x)} = \lim_{x\to+0} \frac{\widetilde{f}'(x)}{\widetilde{g}'(x)} = \alpha$$

となる． □

例題 3.20 (1) $\displaystyle\lim_{x\to+0} x^p \log x = 0$ $(p > 0)$ を示せ．

(2) $\displaystyle\lim_{x\to\infty} \frac{x^n}{e^x} = 0$ $(n = 1, 2, \ldots)$ を，ロピタルの定理を用いて示せ．

解答. (1) ロピタルの定理より

$$\lim_{x\to+0} \frac{(\log x)'}{(x^{-p})'} = \lim_{x\to+0} \frac{x^{-1}}{-px^{-p-1}} = \lim_{x\to+0} \frac{x^p}{-p} = 0$$

となるから，

$$\lim_{x\to+0} x^p \log x = \lim_{x\to+0} \frac{\log x}{x^{-p}} = 0$$

が成り立つ．

(2) まず，$n = 1$ であれば，

$$\lim_{x\to\infty} \frac{x}{e^x} = \lim_{x\to\infty} \frac{1}{e^x} = 0$$

となる．このことを用いると，

$$\lim_{x\to\infty} \frac{x^2}{e^x} = \lim_{x\to\infty} \frac{2x}{e^x} = 0$$

となる．以下，これを続ければよい．または，定理 3.18 の証明の前に述べたように，ロピタルの定理を繰り返し用いて，次のように計算してもよい：

$$\lim_{x\to\infty} \frac{x^n}{e^x} = \lim_{x\to\infty} \frac{nx^{n-1}}{e^x} = \cdots = \lim_{x\to\infty} \frac{n(n-1)\cdots 2x}{e^x} = \lim_{x\to\infty} \frac{n!}{e^x} = 0.$$

□

◆**問 10.** 次の極限値を求めよ．ただし，$p>0$ とする．

(1) $\displaystyle\lim_{x\to 0}\frac{\sin(2x)}{x+1-\cos(2x)}$　(2) $\displaystyle\lim_{x\to 0}\frac{\sin(x^2)}{1-\cos x}$　(3) $\displaystyle\lim_{x\to 0}\frac{e^{2x}-1-2x}{x^2}$

(4) $\displaystyle\lim_{x\to\infty}\frac{\log x}{x^p}$　(5) $\displaystyle\lim_{x\to\infty}x^{-2}e^x$　(6) $\displaystyle\lim_{x\to-\infty}xe^x$

3.6 テイラーの定理・テイラー展開

[1] テイラーの定理

関数 $y=f(x)$ が区間 I 上で微分可能であれば，

$$f'(a)=\lim_{x\to a}\frac{f(x)-f(a)}{x-a}$$

である．これは，おおざっぱないい方をすると，

$$x\fallingdotseq a \quad \text{であれば} \quad f(x)\fallingdotseq f(a)+f'(a)(x-a) \quad \text{である}$$

とみることができる．右辺について，$y=f(a)+f'(a)(x-a)$ は $x=a$ における接線の方程式である．

次の例でみるように，これから簡単な近似計算ができる．

○**例 3.5** (1) $f(x)=\sqrt{x}$，$a=1$ のとき，$x=1.2$ とすると，$f'(x)=\dfrac{1}{2\sqrt{x}}$ より，

$$f(1)+f'(1)(x-1)=1+\frac{1}{2}(1.2-1)=1.1$$

である．実際は，1.095445... である．

(2) $f(x)=e^x, a=0$ のとき，$x=0.1$ とすると，

$$f(0)+f'(0)x=1+1\cdot 0.1=1.1$$

となる．実際は，1.105170... である．

この近似をさらに改良し，また一般の関数 f に対して適用できるように，$f(x)$ を $x-a$ の多項式で展開する．このために，平均値の定理 (定理 3.13) の一般化であるテイラーの定理を示す．実際，次の定理の $n=0$ の場合が平均値の定理である．

定理 3.21 (テイラーの定理)　関数 f が有界閉区間 $[a,b]$ を含む区間上で $(n+1)$ 回微分可能であるとする $(n=0,1,2,...)$. このとき,

$$f(b)=f(a)+f'(a)(b-a)+\frac{1}{2}f''(a)(b-a)^2$$
$$+\cdots+\frac{1}{n!}f^{(n)}(a)(b-a)^n+\frac{1}{(n+1)!}f^{(n+1)}(c)(b-a)^{n+1} \quad (3.3)$$

を満たす c が開区間 (a,b) の中に存在する.

証明. 少し複雑ではあるが, 平均値の定理 (定理 3.13) と同じ考えに基づく. K を定数として,

$$F(x)=f(x)+f'(x)(b-x)+\frac{1}{2}f''(x)(b-x)^2$$
$$+\cdots+\frac{1}{n!}f^{(n)}(x)(b-x)^n+K(b-x)^{n+1}-f(b) \quad (3.4)$$

とおく. $F(b)=0$ であり, K は $F(a)=0$ となるように選ぶ. (定理 3.13 の証明では, K を特定したが, ここではその必要はない.)　このとき, ロルの定理より, $F'(c)=0$ を満たす $c\in(a,b)$ が存在する.

$F'(x)$ を計算すると,

$$F'(x)$$
$$=f'(x)+\Big(f''(x)(b-x)-f'(x)\Big)+\frac{1}{2}\Big(f'''(x)(b-x)^2-2f''(x)(b-x)\Big)$$
$$+\cdots+\frac{1}{n!}\Big(f^{(n+1)}(x)(b-x)^n-nf^{(n)}(x)(b-x)^{n-1}\Big)-K(n+1)(b-x)^n$$
$$=\frac{1}{n!}f^{(n+1)}(x)(b-x)^n-K(n+1)(b-x)^n$$

となるから, $F'(c)=0$ $(a<c<b)$ より

$$K=\frac{1}{(n+1)!}f^{(n+1)}(c)$$

となる.

(3.4) において $x=a$ とおき, $F(a)=0$ に K の表示を代入して, (3.3) を得る. □

平均値の定理もテイラーの定理も, $b<a$ のときにも成り立つ. そこに現れる c に対して

$$\theta = \frac{a-c}{a-b} = \frac{c-a}{b-a}$$

とおくと，

$$0 < \theta < 1 \quad \text{であり，} \quad c = a + \theta(b-a)$$

である．つまり，c は a と b を結ぶ線分を $\theta : 1-\theta$ に内分している．

この θ を用いると，テイラーの定理は次のようにいい換えることができる．

定理 3.22 f を区間 I 上で $(n+1)$ 回微分可能とするとき，I に含まれる任意の a, x $(a \neq x)$ に対して，次を満たす $\theta \in (0,1)$ が存在する：

$$\begin{aligned} f(x) = f(a) &+ f'(a)(x-a) + \frac{1}{2}f''(a)(x-a)^2 \\ &+ \cdots + \frac{1}{n!}f^{(n)}(a)(x-a)^n \\ &+ \frac{1}{(n+1)!}f^{(n+1)}(a+\theta(x-a))(x-a)^{n+1}. \end{aligned} \tag{3.5}$$

(3.5) の右辺の最後の項を**剰余項**という．以下，$R_{n+1}(x)$ と書く：

$$R_{n+1}(x) = \frac{1}{(n+1)!}f^{(n+1)}(a+\theta(x-a))(x-a)^{n+1}.$$

また，(3.5) の右辺を $f(x)$ の $x=a$ における $\boldsymbol{n}$ **次までのテイラー展開**という．$a=0$ のとき，$\boldsymbol{n}$ **次までのマクローリン展開**という．

例題 3.23 $f(x) = \log x$ の $x=1$ における 2 次までのテイラー展開を求めよ．

解答． $f'(x) = \dfrac{1}{x}, f''(x) = -\dfrac{1}{x^2}$ より，$f(1) = 0,\ f'(1) = 1,\ f''(1) = -1$ である．よって，

$$\log x = (x-1) - \frac{1}{2}(x-1)^2 + R_3(x).$$

□

★注意 (3.5) において $(x-a), (x-a)^2$ などを展開すると，テイラー展開の意味がなくなる．

◆問 11． (1) $f(x) = \sin x$ の $x = \dfrac{\pi}{2}$ における 2 次までのテイラー展開を求めよ．
(2) $f(x) = \cos x$ の 2 次までのマクローリン展開を求めよ．

例題 3.24　(1) $f(x)=x^3$ の $x=1$ におけるテイラー展開を求めよ．
(2) $(1.015)^3$ の近似値を小数点以下第 3 位まで求めよ．

解答. (1) $f'(x)=3x^2, f''(x)=6x, f'''(x)=6, f^{(n)}(x)=0\ (n \geqq 4)$ より，

$$f(x)=1+f'(1)(x-1)+\frac{1}{2}f''(1)(x-1)^2+\frac{1}{3!}f'''(1)(x-1)^3$$
$$=1+3(x-1)+3(x-1)^2+(x-1)^3.$$

(2) (1) の結果に $x=1.015$ を代入する．第 3 項以下を無視すると $1+3\times 0.015=1.045$ となる．2 次の項まで考慮すると，$1+3\times 0.015+3\times(0.015)^2=1.045675 \fallingdotseq 1.046$ となる．□

○**例 3.6** (例 3.5 の続き)　(1) $f(x)=\sqrt{x}$, $a=1$ のとき，$x=1.2$ とすると，

$$f(1)+f'(1)(x-1)+\frac{1}{2}f''(1)(x-1)^2$$
$$=1+\frac{1}{2}(1.2-1)+\frac{1}{2}\left(-\frac{1}{4}\right)(1.2-1)^2=1.095.$$

(2) $f(x)=e^x, a=0$ のとき，$x=0.1$ とすると，次の近似が得られる：

$$f(0)+f'(0)x+\frac{1}{2}f''(0)x^2=1+1\cdot 0.1+\frac{1}{2}(0.1)^2=1.105.$$

◆**問 12.**　2 次までのテイラー展開を用いて，次の値の近似値を小数点以下第 3 位まで求めよ．ただし，$\log 2=0.693$ とする．

(1) $(1.01)^4$　(2) $(1.03)^{\frac{1}{3}}$　(3) $2^{3.02}$　(4) $\sin(0.01)$　(5) $\cos(0.1)$

[2]　テイラー展開

無限回微分可能な関数は，適当な条件を満たせば，以下の (3.6) のような級数の形に表現される．(3.6) を f の $x=a$ における**テイラー展開**という．とくに，$a=0$ のとき，0 のまわりのテイラー展開を**マクローリン展開**という．

定理 3.25　関数 f は区間 I 上で無限回微分可能であるとし，$a \in I$ とする．
(1) f の $x=a$ における n 次までのテイラー展開の剰余項を $R_{n+1}(x)$ と書くとき，すべての $x \in I$ に対して

$$\lim_{n\to\infty} R_{n+1}(x) = 0$$

が成り立つならば，f は I 上で次のように無限級数に展開される：

$$f(x) = \sum_{n=0}^{\infty} \frac{1}{n!} f^{(n)}(a)(x-a)^n. \tag{3.6}$$

(2) 正定数 C, M が存在して，すべての $x \in I$, $n = 0, 1, 2, \ldots$ に対して

$$|f^{(n)}(x)| \leqq CM^n$$

が成り立つならば，f は $x = a$ においてテイラー展開される．

証明. (1) はテイラーの定理から直ちにわかる．
(2) については，$M|x-a| < m$ を満たす整数 m をとると，

$$\begin{aligned} |R_n(x)| &\leqq C\frac{(M|x-a|)^n}{n!} \\ &= C\frac{(M|x-a|)^m}{m!}\frac{(M|x-a|)^{n-m}}{(m+1)(m+2)\cdots n} \\ &\leqq C\frac{(M|x-a|)^m}{m!}\left(\frac{M|x-a|}{m}\right)^{n-m} \end{aligned}$$

となることから，$|R_n(x)| \to 0$ $(n \to \infty)$ がわかる．□

○例 **3.7**　(1) 指数関数 $f(x) = e^x$ を考えると，$f^{(k)}(x) = e^x$ $(k = 0, 1, 2, \ldots)$ であり，$f^{(k)}(0) = 1$ であるから，すべての $x \in \mathbf{R}$ に対して定理 3.25(2) の仮定が満たされる．よって，マクローリン展開は，

$$e^x = \sum_{n=0}^{\infty} \frac{1}{n!} x^n \quad (x \in \mathbf{R})$$

によって与えられる．とくに，$e = \sum_{n=0}^{\infty} \frac{1}{n!}$ である (定理 1.17 参照)．

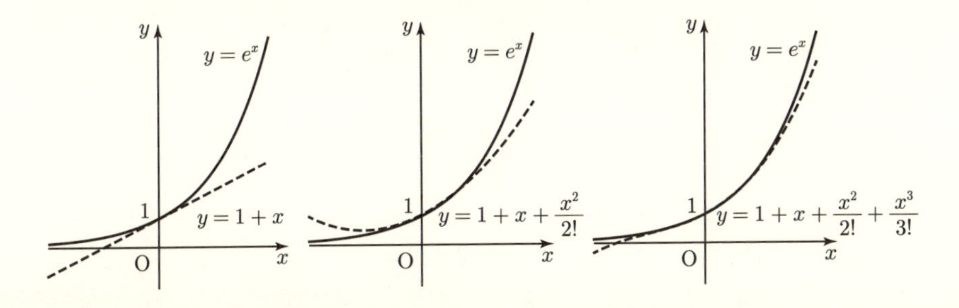

○例 **3.8** $\sin x, \cos x$ のマクローリン展開は，次で与えられる：

$$\sin x = \sum_{n=1}^{\infty}(-1)^{n-1}\frac{1}{(2n-1)!}x^{2n-1} \qquad (x \in \mathbf{R}),$$

$$\cos x = \sum_{n=0}^{\infty}(-1)^{n}\frac{1}{(2n)!}x^{2n} \qquad (x \in \mathbf{R}).$$

◆問 **13.** $\sin x$, $\cos x$ のマクローリン展開を確認せよ．

◆問 **14.** $\sin(2x)$, $\cos(2x)$ のマクローリン展開を求めよ．

◆問 **15.** 次の双曲線関数のマクローリン展開を示せ．

$$\sinh x = \sum_{n=1}^{\infty}\frac{x^{2n-1}}{(2n-1)!}, \qquad \cosh x = \sum_{n=0}^{\infty}\frac{x^{2n}}{(2n)!}$$

定理 3.25(2) の仮定が満たされない場合は，x がどの範囲にあるとき $R_{n+1}(x) \to 0$ $(n \to \infty)$ となりテイラー展開ができるかを示すことが容易でない場合がある．後で示すが (定理 4.25 参照)，剰余項 $R_{n+1}(x)$ を積分を用いて表示することができ，このほうが $R_{n+1}(x)$ の 0 への収束の証明がやさしいことがある．次の例は，4.5 節で証明する．

○例 **3.9** $p \in \mathbf{R}$ に対し，$f(x) = x^p$ $(x > 0)$ の $x = 1$ のまわりのテイラー展開は

$$x^p = 1 + \sum_{n=1}^{\infty}\frac{p(p-1)\cdots(p-n+1)}{n!}(x-1)^n \quad (0 < x < 2)$$

によって与えられる．これは，x を $x+1$ に代えて

$$(1+x)^p = 1 + \sum_{n=1}^{\infty}\frac{p(p-1)\cdots(p-n+1)}{n!}x^n \quad (|x| < 1)$$

とも書ける．

p が正の整数であれば，

$$\frac{p(p-1)\cdots(p-n+1)}{n!} = {}_p\mathrm{C}_n$$

が成り立つ．一般に，$\dfrac{p(p-1)\cdots(p-n+1)}{n!}$ を $\dbinom{p}{n}$ と書くと，

$$(1+x)^p = 1 + \sum_{n=1}^{\infty}\binom{p}{n}x^n \quad (|x| < 1) \tag{3.7}$$

である．(3.7) を**ニュートンの (一般化) 二項定理**という．p が正の整数であれば右辺の和は有限和で，1.4 節に述べた二項定理と一致する．

3.7 関数の増減・グラフ

[1] 関数の増減

導関数の符号によって関数の増減が判定されることを定理 3.16 でみた．まず，具体例をみる．詳細は後で説明する．

○**例 3.10** $f(x) = xe^{-x}$ とおく．$f'(x) = (1-x)e^{-x}$ であるから，

$$x < 1 \text{ であれば } f'(x) > 0 \text{ であり単調増加,}$$

$$x > 1 \text{ であれば } f'(x) < 0 \text{ であり単調減少}$$

である．$x \to \pm\infty$ としたときの $f(x)$ の挙動を考えると，$y = f(x)$ の増減表，グラフは次のようになる．

x	$\cdots$	1	$\cdots$
$f'(x)$	$+$	0	$-$
$f(x)$	$\nearrow$	e^{-1}	$\searrow$

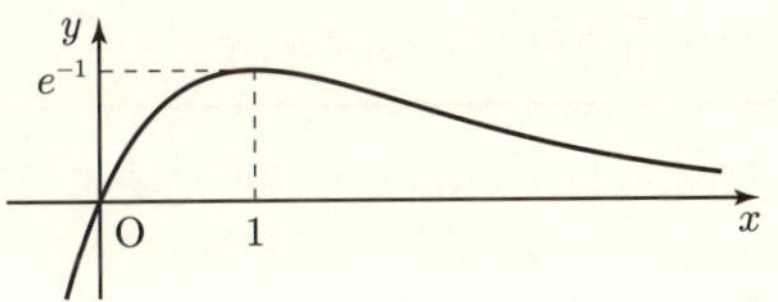

増減表において，$\nearrow$ ($\searrow$) はその区間で f が増加 (減少) であることを表す．関数の増減を調べて，グラフの概形を描くときに基本となるのが極値である．

定義 3.1 f を区間 I 上の関数とし，$a \in I$ を I の端点ではないとする．
(1) a の十分近くのすべての x に対して $f(a) > f(x)$ が成り立つとき，f は $x = a$ あるいは a で**極大**であるという．
(2) a の十分近くのすべての x に対して $f(a) < f(x)$ が成り立つとき，f は $x = a$ あるいは a で**極小**であるという．

$x = a$ で極大または極小のとき，f は $x = a$ で**極値**をとるという．

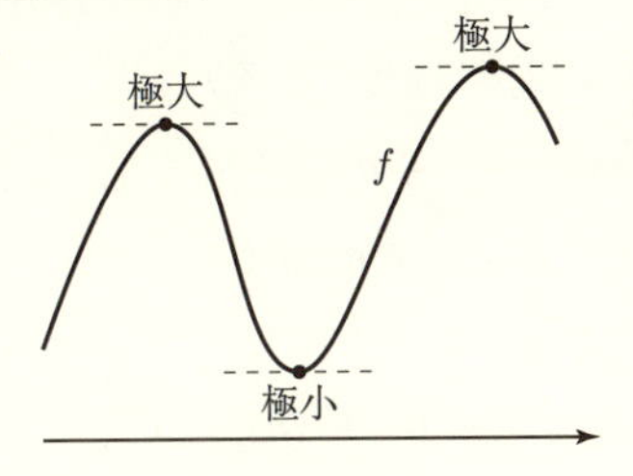

定理 3.26 f は区間 I 上で微分可能な関数とし，$a \in I$ は端点ではないとする．
(1) f が $x = a$ で極値をもつならば，$f'(a) = 0$ である．

(2) $f'(a)=0$ であり,

$$x<a \text{ ならば } f'(x)>0, \qquad x>a \text{ ならば } f'(x)<0$$

となっているとき, f は $x=a$ で極大である.

(3) $f'(a)=0$ であり,

$$x<a \text{ ならば } f'(x)<0, \qquad x>a \text{ ならば } f'(x)>0$$

となっているとき, f は $x=a$ で極小である.

(4) f が I 上で 2 回連続微分可能とする. つまり, f は 2 回微分可能で, f'' は連続関数と仮定する. このとき, $f'(a)=0, f''(a)<0$ ならば f は $x=a$ で極大である. 同様に, $f'(a)=0, f''(a)>0$ ならば f は $x=a$ で極小である.

証明. (1) f が a で極大のときを考えると, $|h|$ が十分小ならば $f(a+h)<f(a)$ であり,

$$\lim_{h\to+0}\frac{f(a+h)-f(a)}{h}\leqq 0, \quad \lim_{h\to-0}\frac{f(a+h)-f(a)}{h}\geqq 0$$

となり, これらが一致して $f'(a)$ であるので $f'(a)=0$ である.

(2) 定理 3.16 より, f の増減が次の増減表のようになっていることから従う：

x	$\cdots$	a	$\cdots$
$f'(x)$	$+$	0	$-$
$f(x)$	↗		↘

(3) (2) と同様である.

(4) テイラーの定理と $f'(a)=0$ より $f(x)-f(a)=\dfrac{1}{2}f''(c)(x-a)^2$ を満たす c が x と a の間に存在する. x が a に十分近いならば, 仮定から $f''(a)<0$ である. よって, $f(x)<f(a)$ となり f が a で極大であることがわかる.

$f'(a)=0,\ f''(a)>0$ のときに極小であることも, 同様である. □

導関数 f' が 0 になる点を求めて, 増減表を書くか, またはその点における 2 階導関数の符号を調べれば, 極値が求まる.

なお, $f'(a)=0$ よりテイラーの定理から

$$x\fallingdotseq a \text{ ならば } f(x)\fallingdotseq f(a)+\frac{1}{2}f''(a)(x-a)^2$$

であることに注意すると定理 3.26(4) は理解され，テイラーの定理 (テイラー展開) の重要性がわかる．この考えは，多変数関数の極値問題を考える際に不可欠になる．

★**注意** f が有界閉区間 I 上で定義されているとする．右図のような場合を考えると，f が $x=a$ で極大 (極小) であっても，I 上で最大 (最小) とは限らないことがわかる．

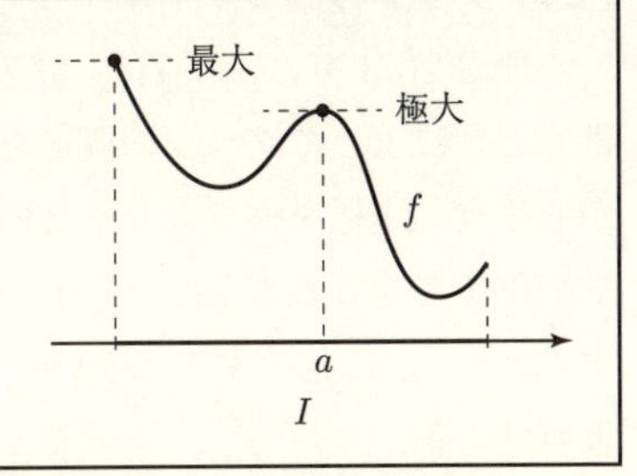

★**注意** $f'(a)=0$ であっても，f が $x=a$ で極値をもつとは限らない．

この注意は，次の例を考えれば理解される．

○**例 3.11** (1) $f(x)=x^3$ とおく．$f'(0)=0$ であるが f は $x=0$ で極値をもたない．実際，この関数は $\mathbf{R}$ 上で単調増加である．
(2) $f(x)=x^4$ とおくと $f'(0)=0$ である．この場合は，f は $x=0$ で極小であることはグラフを考えればわかる．なお，この場合は $f''(0)=0$ であり，定理 3.26(4) の逆が一般には成り立たないこと，つまり $x=a$ で極大 (極小) であっても $f''(a)<0$ ($f''(a)>a$) とは限らないことを示している．

$f'(a)=f''(a)=0$ となる a に対しては，定理 3.26(4) と同様に，テイラーの定理から次がわかる．

定理 3.27 f は区間 I 上で $2k$ 回連続微分可能とする ($k=1,2,\ldots$)．I の端点ではない点 a に対して

$$f'(a)=f''(a)=\cdots=f^{(2k-1)}(a)=0, \qquad f^{(2k)}(a)<0\ (>0)$$

が成り立つならば，f は a で極大 (極小) となる．

証明. $f^{(2k)}(a)<0$ のとき示す．x が a に十分近いとする．テイラーの定理より

$$f(x)-f(a)=\frac{1}{(2k)!}f^{(2k)}(c)(x-a)^{2k}$$

が成り立つような c が x と a の間に存在する．仮定より，$f^{(2k)}(c)<0$ であるから，$f(x)<f(a)$ であり f は $x=a$ で極大となる． □

[2] グラフの概形

定理 3.26 より，$y=f(x)$ が与えられると，導関数の符号を調べて増減表を書くことによってグラフの概形を描くことができる．ただし，この際，グラフが通る点の座標を書き入れると同時に，考えている区間の端点における関数の挙動や f の定義域が (a,∞) のときは $x\to\infty$ のときの $f(x)$ の，ある値に収束するとか ∞ に発散するとかいった，挙動を調べてグラフの概形を描くことが重要である．

例題 3.28 $y=f(x)=\dfrac{4x}{1+x^2}$ $(x\in\mathbf{R})$ のグラフの概形を描け．

解答． まず，

$$f'(x)=\frac{4\{(1+x^2)-x\cdot 2x\}}{(1+x^2)^2}=\frac{4(1-x^2)}{(1+x^2)^2}=\frac{4(1-x)(1+x)}{(1+x^2)^2}$$

となるから，増減表は次のようになる．

x	$\cdots$	-1	$\cdots$	1	$\cdots$
$f'(x)$	$-$	0	$+$	0	$-$
$f(x)$	↘	-2	↗	2	↘

さらに，$f(0)=0$ であることと，

$$\lim_{x\to\pm\infty}\frac{4x}{1+x^2}=\lim_{x\to\pm\infty}\frac{4}{\frac{1}{x}+x}=0$$

であることに注意すると，右図のようにグラフの概形が描ける． □

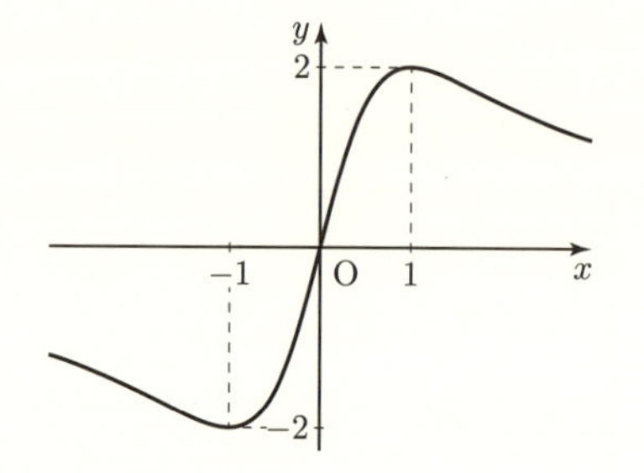

例題 3.29 $y=f(x)=x^x$ $(x>0)$ のグラフの概形を描け．

解答． まず，$\log f(x)=x\log x$ の両辺を微分して (対数微分)，$f'(x)=x^x(1+\log x)$ となる (例題 3.6)．よって，増減表は次のようになる．

x	0	$\cdots$	e^{-1}	$\cdots$
$f'(x)$		$-$	0	$+$
$f(x)$		$\searrow$	$e^{-1/e}$	$\nearrow$

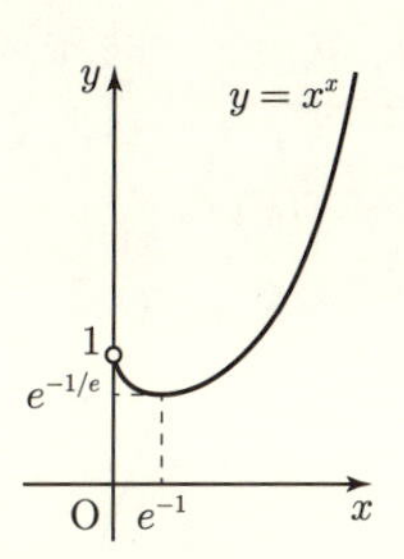

$f(x)$ の $x \to +0$ としたときの挙動 (極限) を調べる．ロピタルの定理より，

$$\lim_{x\to+0}\log(x^x) = \lim_{x\to+0} x\log x = \lim_{x\to 0}\frac{\log x}{\frac{1}{x}}$$

$$= \lim_{x\to+0}\frac{(\log x)'}{(\frac{1}{x})'} = \lim_{x\to+0}(-x) = 0$$

となるから，$\log(x^x) = x\log x \to 0$ $(x \to +0)$ であることがわかる．$y = \log x$ は連続関数であり，$\log x = 0$ となるのは $x = 1$ のときに限るから，$\displaystyle\lim_{x\to+0} x^x = 1$. □

◆**問 16.** 次の関数の増減を調べて，グラフの概形を描け．

(1) $y = x^3 - 12x$ (2) $y = x^2e^{-x}$ (3) $y = \dfrac{x}{1+x^2}$

(4) $y = x + 2\sin x$ $(0 \leqq x \leqq 2\pi)$ (5) $y = e^{-x}\sin x$ $(x > 0)$

3.8 凸関数・凹関数

応用上，関数の凸性が重要になることがあるので，ここで説明する[4]．

定義 3.2 関数 f が区間 I 上で**凸** (または**下に凸**) であるとは，すべての $a, b \in I$ $(a < b)$, $a < x < b$ を満たす x に対して

$$f(x) < f(a) + \frac{f(b)-f(a)}{b-a}(x-a) \tag{3.8}$$

が成り立つことをいう．これは，x を $x = ta + (1-t)b$ と表して，すべての $t \in (0,1)$ に対して

$$f(ta + (1-t)b) < tf(a) + (1-t)f(b)$$

が成り立つといっても同じである．

4) ここに述べる真の不等号が成り立つという性質を**狭義凸**ということもある．

(3.8) の右辺の関数

$$y = f(a) + \frac{f(b) - f(a)}{b - a}(x - a)$$

は，$y = f(x)$ のグラフ上の 2 点 $(a, f(a)), (b, f(b))$ を結ぶ直線を表す．したがって，f が区間 I 上で凸であるとは，任意の $a, b \in I$ $(a < b)$ に対して $y = f(x)$ のグラフの $a < x < b$ の部分が $(a, f(a)), (b, f(b))$ を結ぶ線分の下方にあるということである．

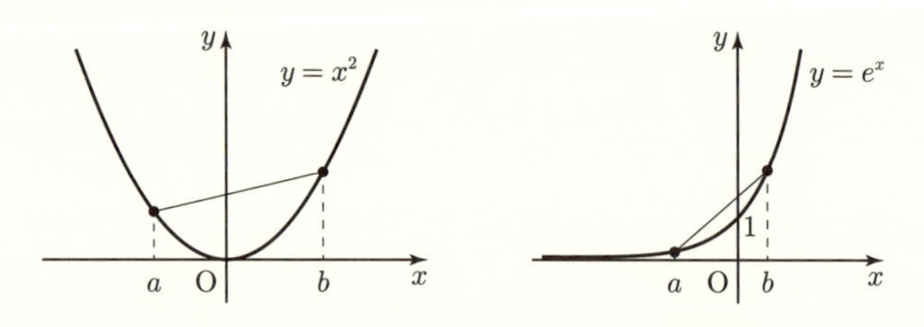

定理 3.30　区間 I 上の微分可能な関数 f に対して，次の (i)–(iii) は同値である．

(i) f は I 上で凸である，

(ii) f のグラフは I の各点における接線より上方にある，

(iii) f の導関数 f' は I 上で狭義単調増加である．

とくに，$f \in C^2(I)$，つまり f が 2 回連続微分可能であり，かつ $f''(x) > 0$ $(x \in I)$ であれば，f は I 上で凸である．

証明. (i) ならば (ii)，(ii) ならば (iii)，(iii) ならば (i) の順に示す．

まず，(i) を仮定する．このときは，$a < x < x' < b$ とすると (3.8) より

$$\frac{f(x) - f(a)}{x - a} < \frac{f(x') - f(a)}{x' - a} < \frac{f(b) - f(a)}{b - a}$$

が成り立つ．したがって，$x \to a + 0$ とすると，

$$f'(a) \leqq \frac{f(x') - f(a)}{x' - a} < \frac{f(b) - f(a)}{b - a}$$

となり，$f(b) > f(a) + f'(a)(b - a)$ となる．つまり，$y = f(x)$ のグラフの $a < x < b$ の部分は，$x = a$ における接線の対応する部分より上方にある[5]．

5) $a_n < \alpha$ でも $\lim_{n \to \infty} a_n < \alpha$ とは限らず，一致する場合もあるので x' を入れて議論している．

$y = f(x)$ のグラフの $a < x < b$ の部分が $x = b$ における接線の対応する部分より上方にあることも同様に示される (問 17).

次に，(ii) ならば (iii) を示す．仮定は，すべての $a \in I$ に対して

$$f(x) > f(a) + f'(a)(x-a) \quad (x \in I)$$

が成り立つということである．$a < b$ ならば $(a, f(a)), (b, f(b))$ それぞれにおける接線を考えると，これから

$$f(b) > f(a) + f'(a)(b-a), \qquad f(a) > f(b) + f'(b)(a-b)$$

が得られる．それぞれの不等式を書き直すと，

$$f'(a) < \frac{f(b)-f(a)}{b-a} < f'(b)$$

となり，$f'(a) < f'(b)$ である．

最後に，(iii) ならば (i) を示す．$a, b \in I$, $a < x < b$ とする．平均値の定理より，

$$\frac{f(x)-f(a)}{x-a} = f'(c_1), \qquad \frac{f(b)-f(x)}{b-x} = f'(c_2)$$

であり，$a < c_1 < x < c_2 < b$ を満たす c_1, c_2 が存在する．仮定より，$f'(c_1) < f'(c_2)$ だから

$$(b-x)(f(x)-f(a)) < (x-a)(f(b)-f(x))$$

が成り立つ．少し変形すると，

$$\begin{aligned}(b-a)f(x) &< (b-x)f(a) + (x-a)f(b) \\ &= (b-a)f(a) + (x-a)(f(b)-f(a))\end{aligned}$$

となる．よって，

$$f(x) < f(a) + \frac{f(b)-f(a)}{b-a}(x-a)$$

となり，f の凸性が示された．□

◆**問 17.** 定理 3.30 の (i) を仮定して (ii) を示す部分を完成させよ．

○例 **3.12**　$f(x) = x^{2n}$ $(n = 1, 2, \ldots)$, $f(x) = e^x$ は $\mathbf{R}$ 上の凸関数，$f(x) = x \log x$ は $(0, \infty)$ 上の凸関数である．

凸関数に対する上に述べた性質は凹関数に対しても成り立つ．

定義 3.3　関数 f が区間 I 上で**凹**（または**上に凸**）であるとは，すべての $a, b \in I$ $(a < b)$，$a < x < b$ を満たす x に対して

$$f(x) > f(a) + \frac{f(b) - f(a)}{b - a}(x - a)$$

が成り立つことをいう．これは，x を $x = ta + (1-t)b$ と表して，すべての $t \in (0, 1)$ に対して

$$f(ta + (1-t)b) > tf(a) + (1-t)f(b)$$

が成り立つといっても同じである．

f が区間 I 上で凹であるとは，たとえば，以下の図のように，任意の $a, b \in I$ $(a < b)$ に対して $y = f(x)$ のグラフの $a < x < b$ の部分が $(a, f(a)), (b, f(b))$ を結ぶ線分の上方にあるということである．

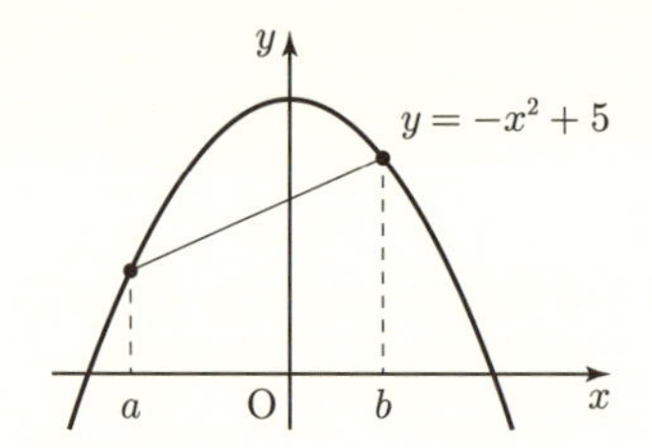

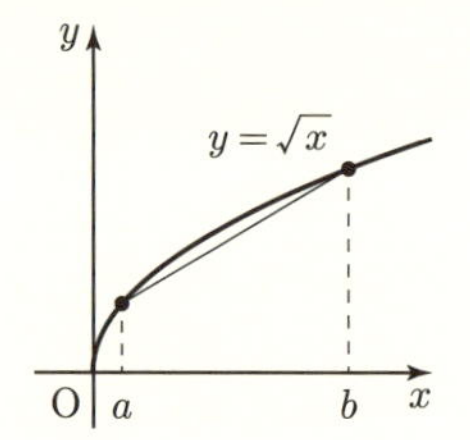

さらに，次が成り立つ．証明は定理 3.30 と同様だから省略する．

定理 3.31　区間 I 上の微分可能な関数 f に対して，次の (i)–(iii) は同値である．

(i) f は I 上で凹，

(ii) f のグラフは I の各点における接線より下方にある，

(iii) f の導関数 f' は I 上で狭義単調減少である．

とくに，$f \in C^2(I)$ で $f''(x) < 0$ $(x \in I)$ であれば，f は I 上で凹である．

ある $\delta > 0$ が存在して，関数 f が区間 $(a - \delta, a)$ 上で凸かつ $(a, a + \delta)$ 上で凹である，または $(a - \delta, a)$ 上で凹かつ $(a, a + \delta)$ 上で凸であるとき，$y = f(x)$

のグラフ上の点 $(a, f(a))$ を**変曲点**という．たとえば，区間 I 上の関数 f が $x = a_1$ で極大となり a_2 で極小 $(a_1, a_2 \in I)$ となるならば，$(a, f(a))$ が変曲点となる a が a_1 と a_2 に間に存在する．また，f が $x = c$ で極値をとったときに，$x > c$ において変曲点をもつ場合もある．

具体例で考える．$f(x) = x^4 - 2x^2 + 1$ とおいて，$y = f(x)$ のグラフを考える．

$$f'(x) = 4x^3 - 4x = 4x(x-1)(x+1)$$

であるから，f の増減表，グラフは次のようになる．

x	$\cdots$	-1	$\cdots$	0	$\cdots$	1	$\cdots$
$f'(x)$	$-$	0	$+$	0	$-$	0	$+$
$f(x)$	↘	0	↗	1	↘	0	↗

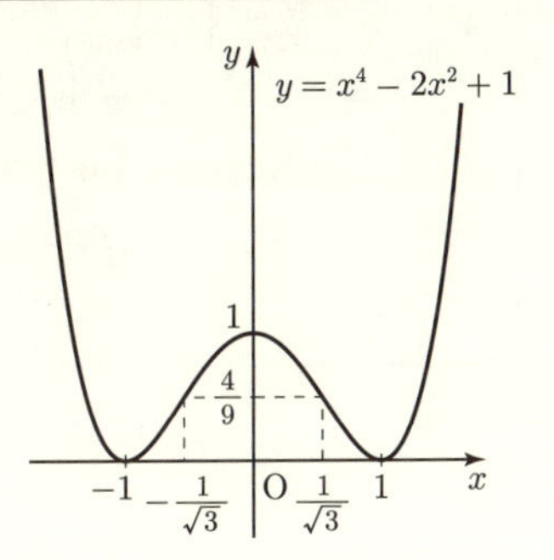

$f''(x) = 4(3x^2 - 1)$ であるから，f は

$$x < -\frac{1}{\sqrt{3}} \text{ で凸,}$$

$$-\frac{1}{\sqrt{3}} < x < \frac{1}{\sqrt{3}} \text{ で凹,}$$

$$x > \frac{1}{\sqrt{3}} \text{ で凸}$$

である．f が極小となる $x = \pm 1$ の近くでは f は凸，極大となる $x = 0$ の近くでは凹であり，その間に変曲点 $(\pm\frac{1}{\sqrt{3}}, \frac{4}{9})$ がある．

◆問 18. (1) $y = \dfrac{x}{x^2+1}$ の増減を調べ，変曲点を求めてグラフを描け．
(2) $t > 0$ として，$f(x) = e^{-\frac{x^2}{2t}}$ とおく．f の変曲点を求めて，$y = f(x)$ のグラフを変曲点も考慮して描け．

3.9 ニュートン法

$f(x) = 0$ を満たす x の近似値を与える方法を述べる．ニュートン法とよばれる方法は，テイラーの定理の簡単な応用で，精度の良い近似を与える．また，関数の凸 (凹) 性も重要な役割を果たす．

f を有界閉区間 $[a, b]$ 上の 2 回微分可能な関数として，

$$f(a) < 0, \quad f(b) > 0, \quad f'(x) > 0 \ (a < x < b)$$

であるとする．f は狭義単調増加関数であり，中間値の定理 (定理 2.6) より $f(\alpha)=0$ を満たす $\alpha\in(a,b)$ がただ一つ存在する．たとえば，$f(x)=x^2-3$ を区間 $[1,2]$ 上で考えると仮定を満たし，$\alpha=\sqrt{3}$ である．

定理 3.32 f を有界閉区間 $[a,b]$ 上の 2 回微分可能な関数として，

$$f(a)<0,\quad f(b)>0,\quad f'(x)>0\ (a<x<b)$$

であるとし，$f''(x)>0\ (a<x<b)$ を仮定する．このとき，$f(a_1)>0$ を満たす $a_1\in(a,b)$ を選んで，漸化式

$$a_{n+1}=a_n-\frac{f(a_n)}{f'(a_n)}\qquad(n=1,2,\ldots)\tag{3.9}$$

によって数列 $\{a_n\}_{n=1}^{\infty}$ を定めると，$\{a_n\}$ は単調減少で $n\to\infty$ のとき $f(x)=0$ の解 α に収束する．

また，$f''(x)<0\ (a<x<b)$ のときは，$f(b_1)<0$ を満たす $b_1\in(a,b)$ を選んで，同じ漸化式により数列 $\{b_n\}$ を定めると，$\{b_n\}$ は単調増加で，$n\to\infty$ のとき α に収束する．

証明. $(a_n,f(a_n))$ における $y=f(x)$ の接線の方程式は

$$y=f(a_n)+f'(a_n)(x-a_n)$$

であり，x 軸との交点の x 座標が a_{n+1} である．

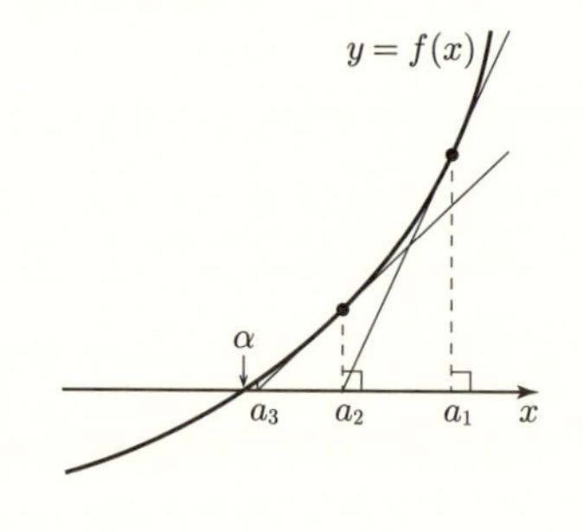

仮定から，f は凸関数であり接線は曲線 $y=f(x)$ の下方にあるので，$\{a_n\}$ は単調減少であり，$a_n>\alpha\ (n=1,2,\ldots)$ である．したがって，$\{a_n\}$ は収束するので，その極限値を α' とする．

漸化式 (3.9) において $n\to\infty$ とした極限を考えると，$f(\alpha')=0$ がわかる．いま，$f(x)=0$ となる x はただ一つだから，$\alpha'=\alpha$ である．

$f''(x)<0$ で f が凹関数のときも，同様である． □

◆**問 19.** 仮定 $f''(x)<0$ のもとで，定理 3.32 を証明せよ．

例題 3.33　$\sqrt{3}$ の近似値をニュートン法により求めよ．

解答． $f(x) = x^2 - 3 \ (1 \leqq x \leqq 2)$ とおくと，定理 3.32 の仮定を満たす．$f'(x) = 2x$ だから，漸化式は

$$a_{n+1} = a_n - \frac{a_n^2 - 3}{2a_n} = \frac{a_n^2 + 3}{2a_n}$$

となる．$a_1 = 2$ として，a_2, a_3, a_4 を求めると，$a_2 = \frac{7}{4} = 1.75$,

$$a_3 = \frac{(\frac{7}{4})^2 + 3}{2 \cdot \frac{7}{4}} = \frac{97}{56} = 1.732142857\ldots,$$

$$a_4 = \frac{(\frac{97}{56})^2 + 3}{2 \cdot \frac{97}{56}} = \frac{18817}{10864} = 1.73205081\ldots$$

となる．なお，$\sqrt{3} = 1.7320508075\ldots$ である．□

証明と同じ記号を用いると，$f''(x) > 0$ の場合，テイラーの定理より

$$0 = f(\alpha) = f(a_n) + f'(a_n)(\alpha - a_n) + \frac{1}{2}f''(c)(\alpha - a_n)^2$$

を満たす $c \in (\alpha, a_n)$ が存在する．よって，

$$\alpha - a_{n+1} = \alpha - a_n + \frac{f(a_n)}{f'(a_n)} = -\frac{1}{2}\frac{f''(c)}{f'(a_n)}(\alpha - a_n)^2$$

であるから，$f''(x) \leqq M \ (a \leqq x \leqq b)$ であれば，

$$|\alpha - a_{n+1}| \leqq \frac{M}{2f'(a_n)}|\alpha - a_n|^2$$

となる．これは，a_n で α を近似したときの誤差 $|\alpha - a_n|$ が 10^{-k} 程度であれば，次のステップの誤差 $|\alpha - a_{n+1}|$ は 10^{-2k} 程度になることを示し，ニュートン法による近似の精度の高さ，収束の速さがわかる．例題 3.33 でみた収束の速さには，このような理論的な裏づけがある．

◆**問 20.**　$\sqrt[3]{2}$ の近似値をニュートン法を用いて求めよ．

第 3 章　章末問題

3.1　次の関数の逆関数とその導関数を求めよ．

(1) $y = x^3 + 1$　　(2) $y = e^{\tan x}$　　(3) $y = \arcsin\left(\dfrac{x}{\sqrt{x^2 + a^2}}\right)$

3.2 $f(x) = x^3 \sin \dfrac{1}{x}$ は，$f(0) = 0$ と定義すると $x = 0$ で微分可能だが，2 回微分可能ではないことを示せ．

3.3 次の極限値を求めよ．ただし，$a, b \neq 0$, $p > 0$ とする．

(1) $\displaystyle\lim_{x \to 0} \frac{\sinh(ax)}{\sinh(bx)}$ (2) $\displaystyle\lim_{x \to 0} \frac{\tan x - \sin x}{x^3}$ (3) $\displaystyle\lim_{x \to +0} \frac{e^{x^2} - 1 - x^2}{x^4}$

(4) $\displaystyle\lim_{x \to 0} \frac{\arcsin x}{x}$ (5) $\displaystyle\lim_{x \to +0} \left(\frac{1}{x} - \frac{1}{\log(1+x)} \right)$ (6) $\displaystyle\lim_{x \to +0} x^p \log x$

(7) $\displaystyle\lim_{x \to \infty} \frac{\log(1+3x)}{\log(5+2x)}$ (8) $\displaystyle\lim_{x \to \infty} \frac{(\log x)^3}{x}$ (9) $\displaystyle\lim_{x \to \infty} x \log\left(\frac{x+4}{x-2} \right)$

3.4 $\sin x, \cos x$ のマクローリン展開を用いて，次の極限値を (可能なら暗算で) 求めよ．

(1) $\displaystyle\lim_{x \to 0} \frac{1 - \cos x}{x \sin x}$ (2) $\displaystyle\lim_{x \to 0} \frac{1}{x} \left(\frac{1}{\sin x} - \frac{1}{x} \right)$ (3) $\displaystyle\lim_{x \to 0} \frac{3 \sin x - \sin 3x}{x^3}$

3.5 $\sin(x^2)$ のマクローリン展開を求めよ．

3.6 (1) $f(x) = e^x$ の $x = 1$ のまわりのテイラー展開を求めよ．

(2) $e^{1.01}$ の近似値を小数第 3 位まで求めよ．なお，e の値は 1 章 (p.19) に与えた．

3.7 (1) すべての $p > 0$ に対して $\displaystyle\lim_{x \to \infty} \frac{x^p}{e^x} = 0$, $\displaystyle\lim_{x \to \infty} \frac{x}{e^{px}} = 0$ が成り立つことを示せ．

(2) $\displaystyle\lim_{x \to +0} x^p \log x = 0$ を $\log x = -t$ とおいて示せ．(例題 3.20(1))

3.8 関数 $f(x) = \begin{cases} e^{-\frac{1}{x}} & (x > 0) \\ 0 & (x \leqq 0) \end{cases}$ が C^∞ 級であることを示せ．(ヒント：$x > 0$ における $f(x)$ のすべての導関数が $x \to +0$ のとき 0 に収束することを示す.) なお，この関数は C^∞ 級ではあるがマクローリン展開できない関数の例である．

3.9 (1) $y = f(x) = e^2(x-1)e^{-x}$ のグラフの概形を描け．

(2) $f(x)$ の $x = 2$ のまわりのテイラー展開の 2 次までの項を $f_2(x)$ とするとき，$y = f_2(x)$ のグラフを (1) のグラフに重ねて描け．

3.10 $f(x) = x^{\frac{1}{x}}$ $(x > 0)$ とおく．

(1) $\displaystyle\lim_{x \to +0} \log f(x)$, $\displaystyle\lim_{x \to \infty} \log f(x)$ を求めよ．

(2) $\displaystyle\lim_{x \to +0} f(x)$, $\displaystyle\lim_{x \to \infty} f(x)$ を求めよ．

(3) 対数微分により $f'(x)$ を求め，$y = f(x)$ のグラフの概形を描け．ただし，凹凸は調べなくてもよい．

3.11 (1) (i)–(iii) の関数のグラフの概形を描け．ただし，凹凸は調べなくてもよい．

(i) $f(x) = \dfrac{\log x}{x}$ $(x > 0)$ (ii) $f(x) = x^2 e^{-x}$ $(x \in \mathbf{R})$

(iii) $f(x) = \log(1 + \sin x)$ $\left(-\dfrac{\pi}{2} < x < \dfrac{3\pi}{2} \right)$

(2) $f(x) = x^2 e^{-x}$ のグラフの概形から変曲点の位置の見当をつけ，変曲点を求めよ．

3.12 次の不等式を証明せよ．

(1) $\sin x < x \quad (x > 0)$　　(2) $\sin x > x - \dfrac{x^3}{6} \quad (x > 0)$

(3) $\sin x \geqq \dfrac{2}{\pi}x \quad \left(0 \leqq x \leqq \dfrac{\pi}{2}\right)$

3.13 (1) f が区間 I 上で凹と仮定する．このとき，$c_1, c_1, \ldots, c_n \geqq 0$ が $c_1 + c_2 + \cdots + c_n = 1$ を満たすならば，$x_1, x_2, \ldots, x_n \in I$ に対して次が成り立つことを示せ：

$$f(c_1x_1 + c_2x_2 + \cdots + c_nx_n) \geqq c_1f(x_1) + c_2f(x_2) + \cdots + c_nf(x_n).$$

(2) (1) を用いて，$x_1, x_2, \ldots, x_n > 0$ に対して

$$\log \frac{x_1 + x_2 + \cdots + x_n}{n} \geqq \frac{1}{n}\bigl(\log x_1 + \log x_2 + \cdots + \log x_n\bigr)$$

が成り立つこと，および

$$\frac{x_1 + x_2 + \cdots + x_n}{n} \geqq \sqrt[n]{x_1x_2\cdots x_n}$$

が成り立つことを示せ．

3.14 (1) $y = f(x) = x^4 - 2x^2 - 1$ のグラフの概形を描け．

(2) $f(\alpha) = 0$ を満たす正数 α はただ一つしかないことを確かめよ．

(3) ニュートン法により α に収束する数列 $\{a_n\}_{n=1}^{\infty}$ を求めよ．

3.15 $P_n(x) = \dfrac{1}{2^n n!}\dfrac{d^n}{dx^n}(x^2 - 1)^n$，$P_0(x) = 1$ で定まる (n 次) 多項式を**ルジャンドルの多項式**という．

(1) $P_1(x), P_2(x), P_3(x)$ を求めよ．

(2) $p_n(x) = (x^2 - 1)^n$ が $(x^2 - 1)p_n'(x) = 2nxp_n(x)$ を満たすことから，ライプニッツの公式 (定理 3.11) を用いて次を示せ：

$$(x^2 - 1)P_n''(x) + 2xP_n'(x) - n(n+1)P_n(x) = 0 \quad (n = 0, 1, \ldots).$$

3.16 $H_n(x) = (-1)^n e^{\frac{x^2}{2}} \dfrac{d^n}{dx^n} e^{-\frac{x^2}{2}}$，$H_0(x) = 1$ によって定まる (n 次) 多項式を**エルミートの多項式**という．

(1) $H_1(x), H_2(x), H_3(x)$ を求めよ．

(2) $H_n'(x) = xH_n(x) - H_{n+1}(x)$ $(n = 0, 1, \ldots)$ を示せ．

(3) t の関数 $f(t) = e^{-\frac{(x-t)^2}{2}}$ のマクローリン展開から，次を示せ：

$$e^{tx - \frac{t^2}{2}} = \sum_{n=0}^{\infty} \frac{H_n(x)}{n!} t^n.$$

(4) (3) の結果の両辺を t で微分することにより，次を示せ：

$$H_{n+1}(x) - xH_n(x) + nH_{n-1}(x) = 0 \quad (n = 1, 2, \ldots).$$

4
積　　分

この章では，1 変数関数の積分とその応用について述べる．多くの場合に定積分の値を求めることが目的であり，不定積分は基本的にはそのためのものであるといってよいが，それだけではない．最後に述べる簡単な微分方程式の解法に関しては，不定積分が役に立つ．

4.1　定積分と不定積分

［1］ 定 積 分

$y = f(x)$ を有界閉区間 $[a, b]$ 上の関数とする．

区間 $[a, b]$ を有限個の点 $a = x_0 < x_1 < x_2 < \cdots < x_{n-1} < x_n = b$ によって分割する．この**分割**を Δ と表し，

$$\Delta : a = x_0 < x_1 < x_2 < \cdots < x_{n-1} < x_n = b$$

と書く．また，小区間 $[x_{j-1}, x_j]$ $(j = 1, 2, ..., n)$ の幅の最大値を Δ の**幅**とよび，$|\Delta|$ と書く：$|\Delta| = \max\limits_{1 \leqq j \leqq n} (x_j - x_{j-1})$．

次に，$\xi_j \in [x_{j-1}, x_j]$ $(j = 1, 2, ..., n)$ を任意に選び

$$S(\Delta; \{\xi_j\}) = \sum_{j=1}^{n} f(\xi_j)(x_j - x_{j-1})$$

とおく．この $S(\Delta; \{\xi_j\})$ を f の**リーマン和**とよぶ．

$|\Delta| \to 0$ のとき，つまり分割を限りなく細かくしたとき，$S(\Delta; \{\xi_j\})$ が収束して，極限値が分割の仕方にも $\{\xi_j\}$ の選び方にもよらない一定の値ならば，この極限値を f の区間 $[a, b]$ 上の**定積分**とよび，

$$\int_a^b f(x)\,dx$$

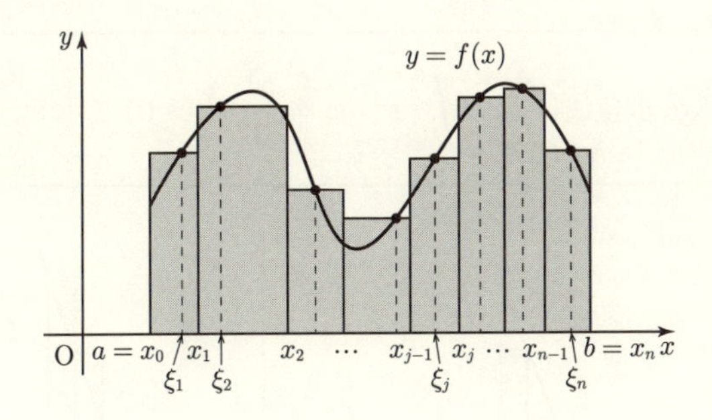

と表す．f を**被積分関数**という．また，f は $[a,b]$ 上**積分可能**であるともいう．

f が連続関数で $f(x) \geqq 0$ の場合を考えると，$f(\xi_j)(x_j - x_{j-1})$ は，横の長さが $(x_j - x_{j-1})$ で縦の長さが $f(\xi_j)$ の細長い長方形の面積である．よって，リーマン和の値は x 軸，$y = f(x)$ のグラフ，および 2 直線 $x = a$, $x = b$ によって囲まれた図形の面積に近いと考えられ，実際，定積分の値がこの図形の面積を与える．f が負であれば，定積分は対応する図形の面積にマイナスを付けた値になる．

次が定積分の基本であるが，証明には関数の一様連続性という性質が必要なので，これは付録で行う．

定理 4.1　f が区間 $[a,b]$ 上の連続関数であれば，$[a,b]$ 上積分可能である．

分割のなかでもっとも簡単なのは区間を n 等分することである．このとき，各分点は

$$x_j = a + \frac{b-a}{n}j \qquad (j = 0, 1, 2, ..., n)$$

と表される．したがって，定理 4.1 より連続関数 f に対して

$$\int_a^b f(x)\,dx = \lim_{n\to\infty} \sum_{j=1}^{n} f(x_j)\frac{b-a}{n}$$

となる．右辺の極限によって積分の値を求める方法を**区分求積法**という．

なお，f が連続関数のときは極限値は $\{\xi_j\}$ の選び方によらないので，ξ_j として小区間の左端をとっても右端をとってもよい：

$$\int_a^b f(x)\,dx = \lim_{n\to\infty} \sum_{j=1}^{n} f(x_{j-1})\frac{b-a}{n} = \lim_{n\to\infty} \sum_{j=1}^{n} f(x_j)\frac{b-a}{n}.$$

例題 4.2 区分求積法により $\displaystyle\int_0^b x^2\,dx = \frac{b^3}{3}$ $(b>0)$ を示せ.

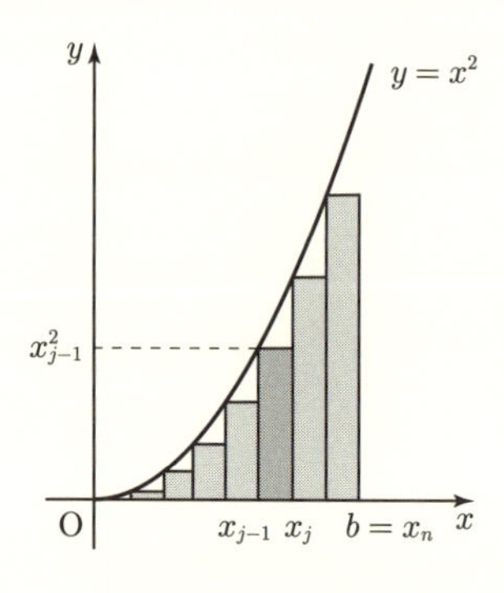

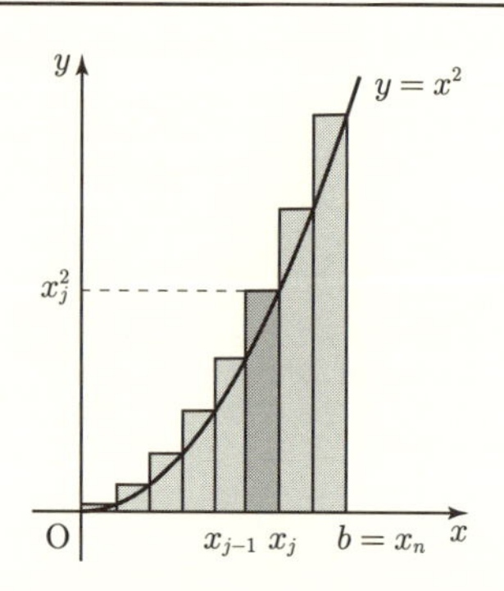

解答. $x_j = \dfrac{j}{n}b$ $(j=0,1,2,\dots,n)$ とおいて，次のいずれかを求める：

$$\lim_{n\to\infty}\sum_{j=1}^n\left(\frac{j-1}{n}b\right)^2\frac{b}{n} \quad \text{または} \quad \lim_{n\to\infty}\sum_{j=1}^n\left(\frac{j}{n}b\right)^2\frac{b}{n}.$$

前者 (上左図) については

$$\lim_{n\to\infty}\sum_{j=1}^n\left(\frac{j-1}{n}b\right)^2\frac{b}{n} = \lim_{n\to\infty}\frac{b^3}{n^3}\sum_{j=1}^n(j-1)^2$$

$$= \lim_{n\to\infty}\frac{b^3}{n^3}\sum_{j=1}^{n-1}j^2 = \lim_{n\to\infty}\frac{b^3}{n^3}\frac{(n-1)n(2n-1)}{6} = \frac{b^3}{3}$$

となる.

後者 (上右図) を用いた場合も，同様である. □

◆**問 1.** 区分求積法により，$\displaystyle\int_0^b x^3\,dx = \frac{b^4}{4}$, $\displaystyle\int_0^b x^4\,dx = \frac{b^5}{5}$ $(b>0)$ を示せ.

定積分の性質をあげる. 直感的に明らかであり，証明は省略する.

定理 4.3 f, g を有界閉区間 $[a,b]$ 上の連続関数とし，$\alpha, \beta \in \mathbf{R}$, $a<c<b$ とする.

(1) $\displaystyle\int_a^b(\alpha f(x)+\beta g(x))\,dx = \alpha\int_a^b f(x)\,dx + \beta\int_a^b g(x)\,dx.$

(2) $\displaystyle\int_a^c f(x)\,dx + \int_c^b f(x)\,dx = \int_a^b f(x)\,dx.$

(3) $f(x) \geqq g(x)$ $(a \leqq x \leqq b)$ ならば，$\displaystyle\int_a^b f(x)\,dx \geqq \int_a^b g(x)\,dx$ が成り立つ．とくに，$f(x) \geqq 0$ であれば，$\displaystyle\int_a^b f(x)\,dx \geqq 0$ が成り立つ．

(4) $\displaystyle\left|\int_a^b f(x)\,dx\right| \leqq \int_a^b |f(x)|\,dx.$

定積分の性質から，次を証明できる．

定理 4.4 (平均値の定理)　f を有界閉区間 $[a, b]$ 上の連続関数とするとき，

$$\frac{1}{b-a}\int_a^b f(x)\,dx = f(c)$$

を満たす $c \in (a, b)$ が存在する．

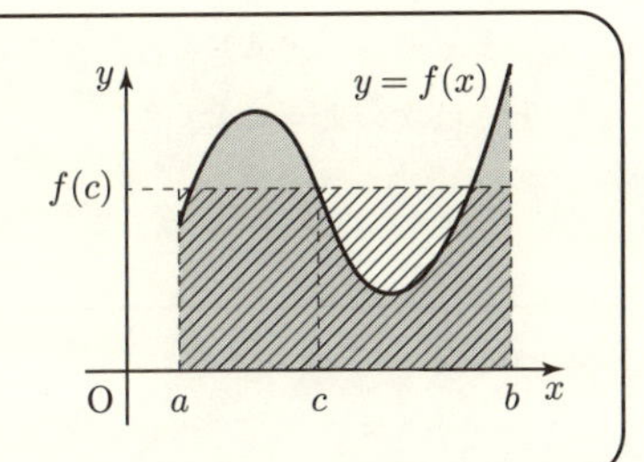

証明.　f の $[a, b]$ 上の最大値を M，最小値を m とすると，

$$m \leqq \frac{1}{b-a}\int_a^b f(x)\,dx \leqq M$$

が成り立つ．$M = m$ であれば，$f(x)$ は恒等的に $M = m$ に等しく，主張は明らかである．よって，$m < M$ のときを考えればよい．

$m < M$ ならば，

$$m < \frac{1}{b-a}\int_a^b f(x)\,dx < M$$

である．いま，x_1, x_2 を $m = f(x_1)$, $M = f(x_2)$ である $[a, b]$ 上の点とする．f を $[x_1, x_2]$ または $[x_2, x_1]$ 上で考えると，中間値の定理 (定理 2.6) より f は $[m, M]$ のすべての値をとる．よって，

$$\frac{1}{b-a}\int_a^b f(x)\,dx = f(c),$$

すなわち

$$\int_a^b f(x)\,dx = (b-a)f(c)$$

を満たす c が x_1 と x_2 の間に存在する．　□

★注意　(1) f を区間 I 上の連続関数として，$a < b$ $(a, b \in I)$ のとき f の $[a, b]$ 上の定積分 $\int_a^b f(x)\,dx$ を考えた．$a > b$ のときも，

$$\int_a^b f(x)\,dx = -\int_b^a f(x)\,dx$$

とおいて，定積分を定義すると便利なことがある．右辺の通常の定積分に対して定理 4.3 が成り立つので，ここで定義した積分する区間が反対の「定積分」に対しても定理 4.3 の基本的な性質は成り立つ．

(2) $a, x \in I$ として f の $[a, x]$ 上の定積分を考えて，新しい x の関数を考えることがよくある．このときは，被積分関数の変数を表す文字を x 以外のものにして，たとえば次のように書く：

$$\int_a^x f(t)\,dt.$$

[2] 不定積分

f を区間 I 上の関数とするとき，I 上で微分可能な関数 F が

$$F'(x) = f(x) \quad (x \in I)$$

を満たすとき，F を f の**原始関数**という．

○例 4.1　(1) $F(x) = \dfrac{1}{n+1}x^{n+1}$ $(n = 0, 1, 2, \ldots)$ は $f(x) = x^n$ の原始関数である．

(2) $a \in \mathbf{R}$ $(a \neq 0)$ に対して $F(x) = \dfrac{1}{a}e^{ax}$ は $f(x) = e^{ax}$ の原始関数である．

(3) $F(x) = -\dfrac{1}{2}\cos(2x)$ は $f(x) = \sin(2x)$ の原始関数である．

(4) $F(x) = \cosh x$ は $f(x) = \sinh x$ の原始関数である．

(5) $F(x) = \arcsin x$ $(-1 < x < 1)$ は $f(x) = \dfrac{1}{\sqrt{1-x^2}}$ の原始関数である．

(6) $F(x) = \arctan x$ $(x \in \mathbf{R})$ は $f(x) = \dfrac{1}{1+x^2}$ の原始関数である．

f が連続関数であれば，その原始関数が存在することを後で示す (定理 4.7)．F が f の原始関数であれば，C を定数とすると

$$(F + C)' = F' = f$$

であり，$F+C$ も f の原始関数である．

逆に，$F, \widetilde{F}$ が f の原始関数であれば，

$$(\widetilde{F}-F)' = \widetilde{F}' - F' = f - f = 0$$

となるから，定理 3.14 より $\widetilde{F}(x) - F(x) = C$ を満たす定数 C が存在する．

この $F+C$ の形の関数をまとめて

$$\int f(x)\,dx$$

と書いて，f の**不定積分**という．つまり，

$$\int f(x)\,dx = F(x) + C.$$

f を**被積分関数**，C を**積分定数**という．

また，原始関数を求めることを，被積分関数を **(不定) 積分**するという．

○例 **4.2**　(1) $p \neq -1$ ならば，$\displaystyle\int x^p\,dx = \frac{1}{p+1}x^{p+1} + C\ (x>0)$.

(2) $x>0$ の範囲で考えると $\displaystyle\int \frac{1}{x}\,dx = \log x + C$.

(3) $a \in \mathbf{R}\ (a \neq 0)$ に対して $\displaystyle\int e^{ax}\,dx = \frac{1}{a}e^{ax} + C$.

(4) $\displaystyle\int \sin(2x)\,dx = -\frac{1}{2}\cos(2x) + C$.

(5) $\displaystyle\int \sinh x\,dx = \cosh x + C$.

★**注意**　$x<0$ のとき，$(\log(-x))' = \dfrac{1}{x}$ だから $\displaystyle\int \frac{1}{x}\,dx = \log(-x) + C$ が成り立つ．(2) とあわせると，次が成り立つ：

$$\int \frac{1}{x}\,dx = \log|x| + C.$$

◆**問 2.**　次の不定積分を求めよ．ただし，$a \neq 0$, $b \in \mathbf{R}$ とする．

(1) $\displaystyle\int x^3 dx$　(2) $\displaystyle\int (x+2)^2\,dx$　(3) $\displaystyle\int \frac{1}{\sqrt{x}}\,dx$　(4) $\displaystyle\int \cos(3x)\,dx$

(5) $\displaystyle\int e^{2x} dx$　(6) $\displaystyle\int \cosh(ax)\,dx$　(7) $\displaystyle\int \frac{1}{x+5}\,dx$　(8) $\displaystyle\int \sin(x+b)\,dx$

上ですでに例としてあげているが，F を f の原始関数，$p, q \in \mathbf{R}$ $(p \neq 0)$ とすると，合成関数の微分の公式より

$$(F(px+q))' = pF'(px+q) = pf(px+q)$$

が成り立つので，$\left(\dfrac{1}{p}F(px+q)\right)' = f(px+q)$ となり，$\dfrac{1}{p}F(px+q)$ は $f(px+q)$ の原始関数である．つまり，

$$\int f(px+q)\,dx = \frac{1}{p}F(px+q) + C$$

となる．後に述べる置換積分の特別な場合ともいえるが，このように容易にわかる．頻繁に現れるので慣れておく必要がある．

○例 4.3　(1) $\displaystyle\int (2x+5)^6\,dx = \frac{1}{2}\cdot\frac{1}{7}(2x+5)^7 + C = \frac{1}{14}(2x+5)^7 + C$ が成り立つ．これは，結論が $(2x+5)^7$ の定数倍であることに注意して，これを微分すると $(2x+5)^6$ にもどるように定数を決めればよい．

(2) $\displaystyle\int \sin^2 x\,dx$ を求める．これは，倍角の公式より次のように計算される：

$$\int \sin^2 x\,dx = \int \frac{1}{2}(1-\cos(2x))\,dx = \frac{1}{2}x - \frac{1}{4}\sin(2x) + C.$$

◆**問 3.**　次の不定積分を求めよ．ただし，$p \neq 0$ とする．(4) は $2^x = e^{(\log 2)x}$ を用いよ．

(1) $\displaystyle\int (px+q)^9\,dx$　(2) $\displaystyle\int \cos(2x+3)\,dx$　(3) $\displaystyle\int \cos^2 x\,dx$　(4) $\displaystyle\int 2^x\,dx$

不定積分の性質を述べて本節を終える．

定理 4.5　f, g の原始関数が存在するとき，次が成り立つ：

$$\int (\alpha f(x) + \beta g(x))\,dx = \alpha\int f(x)\,dx + \beta\int g(x)\,dx \quad (\alpha, \beta \in \mathbf{R}).$$

◆**問 4.**　次の不定積分を求めよ．

(1) $\displaystyle\int \frac{1-x}{x^2}\,dx$　(2) $\displaystyle\int \left(x+\frac{1}{x}\right)^2 dx$　(3) $\displaystyle\int (x^3+1)^2\,dx$

(4) $\displaystyle\int \left(\frac{1}{x+1} - \frac{1}{x+2}\right)dx$　(5) $\displaystyle\int (\cos x + \sin x)^2 dx$　(6) $\displaystyle\int \sin x\cos(2x)\,dx$

4.2　微分積分学の基本定理

定積分と不定積分はまったく異なる概念である．しかし，連続関数が与えられると，原始関数を定積分を用いてつくることができる．これを「微分積分学の基本定理」という．逆に，原始関数を用いると定積分の値を求めることができる．これらの定積分と不定積分の関係を示すことが，本節の目的である．

まず，次を示す．

命題 4.6　f を区間 I 上の連続関数とする．$a \in I$ を固定して，各 $x \in I$ に対して定積分

$$S(x) = \int_a^x f(t)\,dt$$

を考える．このとき，S は I 上の連続関数である．

証明． a と x を真に含む有界閉区間 I' を考えて，$|f|$ の I' 上の最大値を M とする．定積分の性質 (定理 4.3) を用いると，$x' \in I'$ に対して，$x < x'$ ならば

$$|S(x) - S(x')| = \left| \int_a^{x'} f(t)\,dt - \int_a^x f(t)\,dt \right| = \left| \int_x^{x'} f(t)\,dt \right|$$
$$\leqq \int_x^{x'} |f(t)|\,dt \leqq M|x - x'|$$

となる．$x > x'$ のときも同じ不等式が成り立つので，$x' \to x$ のとき $S(x') \to S(x)$ である．□

定理 4.7 (微分積分学の基本定理)　上の命題の仮定のもとで，S は I 上微分可能であり，f の原始関数である．つまり，$S' = f$ が成り立つ．

証明． $x \in I$ とし，$h\,(\neq 0)$ は $|h|$ が十分小とする．このとき，

$$\frac{S(x+h) - S(x)}{h} = \frac{1}{h}\Big(\int_a^{x+h} f(t)\,dt - \int_a^x f(t)\,dt \Big) = \frac{1}{h}\int_x^{x+h} f(t)\,dt$$

が成り立つ．積分の平均値の定理 (定理 4.4) より，右辺が $f(c_h)$ と一致するような c_h が x と $x+h$ の間に存在する．$h \to 0$ のとき c_h は x に収束するので，f の連続性から $f(c_h)$ は $f(x)$ に収束し，次を得る：

$$\lim_{h \to 0} \frac{S(x+h) - S(x)}{h} = f(x).$$

□

★注意　x が I の端点のときは，右極限値または左極限値を考えると，定理と同様の主張が成り立つ．

定理 4.7 によって，連続関数がつねに原始関数をもつことがわかった．逆に，原始関数を用いて定積分の値が求められることを示す．

定理 4.8　f を区間 I 上の連続関数とし，F をその原始関数とする ($F' = f$)．このとき，I の 2 点 a, b に対して，次が成り立つ：

$$\int_a^b f(x)\,dx = F(b) - F(a).$$

証明. $x \in I$ に対して，定理 4.7 と同様

$$S(x) = \int_a^x f(t)\,dt$$

とおく．定理 4.7 より $S' = f = F'$ が成り立つから，$(S - F)' = 0$ であり，

$$S(x) - F(x) = C$$

を満たす定数 C が存在する．$S(a) = 0$ だから，$C = -F(a)$ である．したがって，

$$\int_a^b f(x)\,dx = S(b) = F(b) + C = F(b) - F(a)$$

となる． □

$F(b) - F(a)$ を $\Big[F(x)\Big]_{x=a}^b$ または $\Big[F(x)\Big]_a^b$ と表す習慣である[1)]．

○**例 4.4**　(1) $F(x) = \dfrac{1}{3}x^3$ は $f(x) = x^2$ の原始関数であるから，

$$\int_0^b x^2\,dx = \left[\frac{1}{3}x^3\right]_{x=0}^b = \frac{1}{3}b^3$$

となり，例題 4.2 で求めた値と一致する．

1)　6 章で 2 変数の積分を扱う際の間違いを防ぐために $\Big[F(x)\Big]_{x=a}^b$ のほうを勧める．

(2) $F(x) = -\cos x$ は $f(x) = \sin x$ の原始関数であるから，

$$\int_0^\pi \sin x\,dx = \Big[-\cos x\Big]_{x=0}^{\pi} = -(-1) - (-1) = 2.$$

定理 4.8 において，F の代わりに f を考えると次が成り立つ．

系 4.9 f を区間 I 上の連続微分可能な関数とすると，$a, b \in I$ に対して，次が成り立つ：

$$f(b) - f(a) = \int_a^b f'(x)\,dx.$$

4.3 部分積分・置換積分

本節では，積分の計算に役立つ方法を述べる．それぞれ，関数の積の微分，合成関数の微分に対応している．

[1] 部 分 積 分

f, g を区間 I 上の連続微分可能な (連続な導関数をもつ) 関数とすると，

$$(f(x)g(x))' = f'(x)g(x) + f(x)g'(x)$$

が成り立つ．この等式を

$$f'(x)g(x) = (f(x)g(x))' - f(x)g'(x) \tag{4.1}$$

と書き直して，両辺の不定積分，定積分を考えると次が得られる．

定理 4.10 (部分積分) f, g を区間 I 上の連続微分可能な関数とすると，$a, b \in I$ に対して，次が成り立つ：

$$\int f'(x)g(x)\,dx = f(x)g(x) - \int f(x)g'(x)\,dx,$$

$$\int_a^b f'(x)g(x)\,dx = \Big[f(x)g(x)\Big]_{x=a}^{b} - \int_a^b f(x)g'(x)\,dx.$$

証明. (4.1) の両辺の不定積分を考えて，$f(x)g(x)$ が $(f(x)g(x))'$ の原始関数であるという自明な事実を用いれば，不定積分に関する公式を得る．

定積分は，$a, b \in I$ として (4.1) の両辺の関数の $[a, b]$ 上の定積分を考えて，

$$\int_a^b (f(x)g(x))'\,dx = \Big[f(x)g(x)\Big]_{x=a}^{b}$$

という等式 (系 4.9) を用いればよい． □

例題 4.11 (1) $\displaystyle\int xe^{2x}dx,\ \int_0^1 xe^{2x}dx$ を求めよ．

(2) $\displaystyle\int \log x\,dx,\ \int_1^e \log x\,dx$ を求めよ．

(3) $\displaystyle\int e^x \sin x\,dx$ を求めよ．

解答． (1) $\left(\dfrac{1}{2}e^{2x}\right)' = e^{2x}$ より，

$$\int xe^{2x}dx = \int \left(\frac{1}{2}e^{2x}\right)' x\,dx = \frac{1}{2}e^{2x}x - \int \frac{1}{2}e^{2x}\cdot 1\,dx$$
$$= \frac{1}{2}xe^{2x} - \frac{1}{4}e^{2x} + C$$

となる．これから，定積分は

$$\int_0^1 xe^{2x}dx = \left[\frac{1}{2}xe^{2x} - \frac{1}{4}e^{2x}\right]_{x=0}^{1}$$
$$= \left(\frac{1}{2}e^2 - \frac{1}{4}e^2\right) - \left(-\frac{1}{4}\right) = \frac{1}{4}(e^2+1)$$

となる．もちろん，定積分だけであれば次のように計算すればよい：

$$\int_0^1 xe^{2x}dx = \left[\left(\frac{1}{2}e^{2x}\right)x\right]_{x=0}^{1} - \int_0^1 \frac{1}{2}e^{2x}dx = \frac{1}{4}(e^2+1).$$

(2) $(x)' = 1$ に注意すると，

$$\int \log x\,dx = \int (x)'\log x\,dx = x\log x - \int x\cdot\frac{1}{x}\,dx = x\log x - x + C$$

となる．定積分についても，同様に

$$\int_1^e \log x\,dx = \int_1^e (x)'\log x\,dx = \Big[x\log x\Big]_{x=1}^{e} - \int_1^e x\cdot\frac{1}{x}\,dx$$
$$= e - (e-1) = 1.$$

(3) $I(x) = \displaystyle\int e^x\sin x\,dx$ とおく．部分積分を 2 回繰り返すと，

$$I(x) = \int (e^x)' \sin x\, dx = e^x \sin x - \int e^x \cos x\, dx$$
$$= e^x \sin x - e^x \cos x - \int e^x \sin x\, dx$$

となるので，$I(x) = \dfrac{1}{2}e^x(\sin x - \cos x) + C$ となる． □

◆問 5. 次の不定積分を求めよ．

(1) $\displaystyle\int x \sin x\, dx$　(2) $\displaystyle\int xe^{-2x} dx$　(3) $\displaystyle\int \frac{\log x}{x^2}\, dx$

(4) $\displaystyle\int x^2 \cos x\, dx$　(5) $\displaystyle\int (\log x)^2\, dx$　(6) $\displaystyle\int e^x \cos x\, dx$

◆問 6. 次の定積分の値を求めよ．

(1) $\displaystyle\int_0^1 x(x+1)^4\, dx$　(2) $\displaystyle\int_1^e x^2 \log x\, dx$　(3) $\displaystyle\int_0^\pi x \sin x\, dx$

(4) $\displaystyle\int_0^1 x^2 e^x dx$　(5) $\displaystyle\int_0^1 \frac{x}{(x+1)^3}\, dx$　(6) $\displaystyle\int_0^1 \sqrt{1-x^2}\, dx$

[2] 置換積分 (不定積分)

φ を区間 I 上の連続微分可能な関数とし，f を φ の値域 $\varphi(I)$ を含む区間上の連続関数とする．F を f の原始関数とすると，合成関数 $F(\varphi(t))$ の導関数は (独立変数を t としている)

$$\frac{d}{dt}F(\varphi(t)) = F'(\varphi(t))\varphi'(t) = f(\varphi(t))\varphi'(t)$$

によって与えられる．両辺の不定積分を考えると，$x = \varphi(t)$ とおいて

$$\int f(\varphi(t))\varphi'(t)\, dt = F(\varphi(t)) + C = F(x) + C = \int f(x)\, dx$$

が成り立つことがわかる．

定理 4.12 (置換積分)　変数を $x = \varphi(t)$ によって x から t に変えると，

$$\int f(x)\, dx = \int f(\varphi(t))\varphi'(t)\, dt \tag{4.2}$$

が成り立つ．

(4.2) の右辺に，$x = \varphi(t)$ の微分 (3.1 節参照) $dx = \varphi'(t)\, dt$ が現れる．

f の不定積分がすぐには求まらないが，$\varphi(t)$ をうまく選ぶことによって (4.2) の右辺が計算できる場合がある．なお，$f(x)$ の不定積分は x の関数として書くことが望ましい．しかし，多くの場合，次の小節 [3] で述べる定積分の計算が主要な目的なので，置換した変数 t で表しておいてもよい．

例題 4.13 (1) $\displaystyle\int \sqrt{1-x^2}\,dx$，(2) $\displaystyle\int \frac{1}{2x^2+1}\,dx$ を求めよ．

解答. (1) $x=\varphi(t)=\sin t\ \left(-\dfrac{\pi}{2}<t<\dfrac{\pi}{2}\right)$ とおくと，

$$\begin{aligned}\int \sqrt{1-x^2}\,dx &= \int \sqrt{1-\sin^2 t}\,(\sin t)'\,dt = \int \cos^2 t\,dt \\ &= \int \frac{1}{2}(1+\cos(2t))\,dt = \frac{1}{2}t+\frac{1}{4}\sin(2t)+C\end{aligned}$$

となる．ただし，$t=\arcsin x$ である．
(2) $x=\dfrac{1}{\sqrt{2}}\tan t$ とおくと，$dx=\dfrac{1}{\sqrt{2}\cos^2 t}\,dt$ であり，

$$\begin{aligned}\int \frac{1}{2x^2+1}\,dx &= \int \frac{1}{\tan^2 t+1}\,\frac{1}{\sqrt{2}\cos^2 t}\,dt \\ &= \frac{1}{\sqrt{2}}t+C = \frac{1}{\sqrt{2}}\arctan(\sqrt{2}x)+C.\end{aligned}$$

□

例題 4.14 (1) $\displaystyle\int \sqrt{x^2-1}\,dx$，(2) $\displaystyle\int \frac{1}{\sqrt{x^2+1}}\,dx$ を求めよ．

解答. 双曲線関数 $\sinh t=\dfrac{e^t-e^{-t}}{2}$，$\cosh t=\dfrac{e^t+e^{-t}}{2}$ を用いる．このとき，次が成り立つ：

$$(\sinh t)'=\cosh t,\quad (\cosh t)'=\sinh t,\quad \cosh^2 t-\sinh^2 t=1,$$

$$\sinh^2 t=\frac{1}{2}(\cosh(2t)-1),\quad \cosh^2 t=\frac{1}{2}(\cosh(2t)+1).$$

(1) $x=\cosh t$ によって置換積分をすると，$dx=\sinh t\,dt$ より

$$\begin{aligned}\int \sqrt{x^2-1}\,dx &= \int \sinh^2 t\,dt \\ &= \int \frac{1}{2}(\cosh(2t)-1)\,dt = \frac{1}{4}\sinh(2t)-\frac{1}{2}t+C.\end{aligned}$$

(2) $x = \sinh t$ によって置換積分をすると，

$$\int \frac{1}{\sqrt{x^2+1}}\,dx = t + C$$

となる．いま，$e^t - e^{-t} = 2x$ より，$e^{2t} - 2xe^t - 1 = 0$ であり，

$$e^t = x \pm \sqrt{x^2+1}$$

が成り立つ．$x \to \infty$ のとき $t \to \infty$ だから $e^t = x + \sqrt{x^2+1}$ であり，

$$\int \frac{1}{\sqrt{x^2+1}}\,dx = \log(x + \sqrt{x^2+1}) + C.$$

□

◆**問 7.** 次の不定積分を求めよ．結果は，置換した変数を用いた形でもよい．

(1) $\displaystyle\int \sqrt{4-x^2}\,dx$　(2) $\displaystyle\int \frac{1}{\sqrt{3-x^2}}\,dx$　(3) $\displaystyle\int x^2\sqrt{1-x^2}\,dx$

(4) $\displaystyle\int \sqrt{x^2+1}\,dx$　(5) $\displaystyle\int \frac{1}{\sqrt{4x^2-1}}\,dx$　(6) $\displaystyle\int \sqrt{3x^2-1}\,dx$

定理 4.12 の置換積分の公式を x と t の役割を入れ替えて用いることで，積分の計算ができる場合も多い．

定理 4.15　$\varphi(x) = t$ によって x から t に変数を変えると，次が成り立つ：

$$\int f(\varphi(x))\varphi'(x)\,dx = \int f(t)\,dt.$$

定理 4.15 を用いて積分を計算する際は，関係式 $\varphi(x) = t$ を用いて左辺に x を残すことなく，左辺をすべて変数 t に関する積分に書くことが必要である．単調な関数 φ の逆関数を用いて説明を加えることもできるがここでは省略し，実際の演習問題でみることにする．なお，問題によっては，$dt = \varphi'(x)\,dx$ となる $t = \varphi(x)$ が容易にみつかる場合がある．

例題 4.16　次の不定積分を求めよ．

(1) $\displaystyle\int x(x^2+1)^4\,dx$　(2) $\displaystyle\int x\sqrt{x+1}\,dx$　(3) $\displaystyle\int \frac{1}{e^x+e^{-x}}\,dx$

解答. (1) $t = \varphi(x) = x^2+1$ とおくと，$dt = 2x\,dx$ であり $x\,dx = \dfrac{1}{2}dt$ である．よって，

$$\int x(x^2+1)^4\,dx = \int t^4 \frac{1}{2}\,dt = \frac{1}{10}t^5 + C = \frac{1}{10}(x^2+1)^5 + C.$$

(2) $t = \sqrt{x+1}$ とおくと，$x = t^2 - 1$ であり，$dx = 2t\,dt$ となる．よって，

$$\int x\sqrt{x+1}\,dx = \int (t^2-1)t \cdot 2t\,dt$$
$$= \frac{2}{5}t^5 - \frac{2}{3}t^3 + C = \frac{2}{5}(x+1)^{\frac{5}{2}} - \frac{2}{3}(x+1)^{\frac{3}{2}} + C.$$

(3) $e^x = t$ とおくと，$e^x\,dx = dt$ であり $dx = \dfrac{1}{t}\,dt$ となる．よって，

$$\int \frac{1}{e^x + e^{-x}}\,dx = \int \frac{1}{t + \frac{1}{t}} \frac{1}{t}\,dt = \int \frac{1}{t^2+1}\,dt$$

となる．さらに，$t = \tan\theta$ とおくと $dt = \dfrac{1}{\cos^2\theta}\,d\theta$ であるから

$$\int \frac{1}{e^x + e^{-x}}\,dx = \int \frac{1}{\tan^2\theta + 1} \frac{1}{\cos^2\theta}\,d\theta = \theta + C$$

となる．ただし，$\theta = \arctan(e^x)$ である． □

◆問 8. 次の不定積分を求めよ．(1)–(6) は暗算が望ましい．

(1) $\displaystyle\int (2x-5)^4\,dx$　(2) $\displaystyle\int x^2(x^3+1)^4\,dx$　(3) $\displaystyle\int xe^{-x^2}\,dx$

(4) $\displaystyle\int \frac{x}{x^2+9}\,dx$　(5) $\displaystyle\int \sin^4 x\cos x\,dx$　(6) $\displaystyle\int \cos^2 x\sin x\,dx$

(7) $\displaystyle\int \frac{1}{x\log x}\,dx$　(8) $\displaystyle\int \frac{1}{1+\sqrt{x}}\,dx$　(9) $\displaystyle\int \sqrt{e^x - 1}\,dx$

[3] 置換積分 (定積分)

定理 4.12, 4.15 を用いて不定積分を求めて，端点の値を代入することで定積分の値を求めることができる．しかし，変数を変えているので積分範囲も変わるため，積分範囲の変更も同時に考えながら積分する必要がある．

定理 4.17 $f(x)$ は有界閉区間 $[a,b]$ 上の連続関数，$\varphi(t)$ は有界閉区間 $[\alpha,\beta]$ 上の連続微分可能な関数とし，$a = \varphi(\alpha)$, $b = \varphi(\beta)$ とする．このとき，次が成り立つ：

$$\int_a^b f(x)\,dx = \int_\alpha^\beta f(\varphi(t))\varphi'(t)\,dt.$$

証明. F を f の原始関数とすると，$(F(\varphi(t)))' = f(\varphi(t))\varphi'(t)$ より，

$$\int_\alpha^\beta f(\varphi(t))\varphi'(t)\,dt = \int_\alpha^\beta (F(\varphi(t)))'\,dt$$
$$= \Big[F(\varphi(t))\Big]_{t=\alpha}^{\beta} = \Big[F(x)\Big]_{x=a}^{b} = \int_a^b f(x)\,dx. \qquad \square$$

x	$a \longrightarrow b$
t	$\alpha \longrightarrow \beta$

のような表を書いて，積分区間の対応を確認するとよい．

例題 4.18 (1) $\displaystyle\int_0^1 \sqrt{1-x^2}\,dx$，(2) $\displaystyle\int_0^a \sqrt{1-x^2}\,dx$ $(0 < a < 1)$ を求めよ．

解答. (1) $x = \varphi(t) = \sin t$ $\left(0 \leqq t \leqq \dfrac{\pi}{2}\right)$ とおくと，

x	$0 \longrightarrow 1$
t	$0 \longrightarrow \frac{\pi}{2}$

であり，

$$\int_0^1 \sqrt{1-x^2}\,dx = \int_0^{\frac{\pi}{2}} \cos^2 t\,dt = \int_0^{\frac{\pi}{2}} \frac{1}{2}(1+\cos(2t))\,dt$$
$$= \frac{1}{2}\Big[t + \frac{1}{2}\sin(2t)\Big]_{t=0}^{\frac{\pi}{2}} = \frac{\pi}{4}$$

となる．単位円の面積の $\dfrac{1}{4}$ を求めたことに注意してほしい．

(2) $\arcsin a = \alpha$ とすると，

$$\int_0^a \sqrt{1-x^2}\,dx = \int_0^\alpha \cos^2 t\,dt$$
$$= \frac{\alpha}{2} + \frac{1}{4}\sin(2\alpha) = \frac{\alpha}{2} + \frac{1}{2}\sin\alpha\cos\alpha$$
$$= \frac{1}{2}\arcsin a + \frac{1}{2}a\sqrt{1-a^2}$$

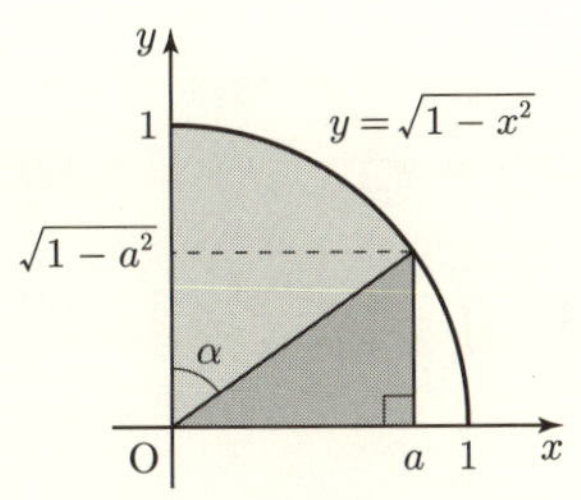

となる．これは，単位円周，x, y 軸および直線 $x = a$ で囲まれた部分の面積を，中心角 α の扇形と直角三角形の面積の和の形に表すことに対応している． $\square$

不定積分と同様，定理 4.17 において t と x の役割を代えると次が得られる．

定理 4.19 関数 $\varphi(x)$ は有界閉区間 $[a, b]$ 上連続微分可能とし，$\alpha = \varphi(a)$, $\beta = \varphi(b)$ とおく．このとき，$[\alpha, \beta]$ または $[\beta, \alpha]$ 上の連続関数 f に対して，次が成り立つ：

$$\int_a^b f(\varphi(x))\varphi'(x)\,dx = \int_\alpha^\beta f(t)\,dt.$$

例題 4.20 次の定積分の値を求めよ．

(1) $\displaystyle\int_0^1 x(x^2+1)^4\,dx$　(2) $\displaystyle\int_0^3 x\sqrt{x+1}\,dx$　(3) $\displaystyle\int_0^{\log\sqrt{3}} \frac{1}{e^x+e^{-x}}\,dx$

解答． 例題 4.16 と同じ置換を用いる．

(1) $\displaystyle\int_0^1 x(x^2+1)^4\,dx = \int_1^2 \frac{1}{2}t^4\,dt = \left[\frac{1}{2}\frac{1}{5}t^5\right]_{t=1}^2 = \frac{31}{10}.$

(2) $\displaystyle\int_0^3 x\sqrt{x+1}\,dx = \int_1^2 (t^2-1)t\cdot 2t\,dt = 2\left[\frac{1}{5}t^5 - \frac{1}{3}t^3\right]_{t=1}^2 = \frac{116}{15}.$

(3) $$\int_0^{\log\sqrt{3}} \frac{1}{e^x+e^{-x}}\,dx = \int_1^{\sqrt{3}} \frac{1}{t+\frac{1}{t}}\frac{1}{t}\,dt = \int_1^{\sqrt{3}} \frac{1}{t^2+1}\,dt$$
$$= \int_{\frac{\pi}{4}}^{\frac{\pi}{3}} \frac{1}{\tan^2\theta+1}\frac{1}{\cos^2\theta}\,d\theta = \int_{\frac{\pi}{4}}^{\frac{\pi}{3}} d\theta = \frac{\pi}{12}.$$ □

◆**問 9．** 次の定積分を求めよ．

(1) $\displaystyle\int_1^3 (2x-5)^4\,dx$　(2) $\displaystyle\int_0^1 x^2(x^3+1)^4\,dx$　(3) $\displaystyle\int_0^1 xe^{-x^2}\,dx$

(4) $\displaystyle\int_0^4 \frac{x}{x^2+9}\,dx$　(5) $\displaystyle\int_0^{\frac{\pi}{2}} \sin^4 x\cos x\,dx$　(6) $\displaystyle\int_0^\pi \cos^2 x\sin x\,dx$

(7) $\displaystyle\int_e^{2e} \frac{1}{x\log x}\,dx$　(8) $\displaystyle\int_1^4 \frac{1}{1+\sqrt{x}}\,dx$　(9) $\displaystyle\int_0^{\log 2} \sqrt{e^x-1}\,dx$

4.4 有理関数の積分

［1］ 有理関数の積分

実数を係数とする x に関する多項式 $P(x), Q(x)$ によって $f(x) = \dfrac{P(x)}{Q(x)}$ で与えられる有理関数の積分を考える．不定積分も同様であるから，ここでは定積分のみを述べる．不定積分に関しては演習問題にとどめる．

基本となる例から述べる．

例題 4.21 次の定積分を求めよ．

(1) $\displaystyle\int_0^1 \frac{1}{(x+1)^m}\,dx \quad (m=1,2,\ldots)$ (2) $\displaystyle\int_0^{\sqrt{3}} \frac{1}{x^2+1}\,dx$

(3) $\displaystyle\int_0^1 \frac{x}{x^2+1}\,dx$

解答． (1) $m=1$ のときは，

$$\int_0^1 \frac{1}{x+1}\,dx = \Big[\log(x+1)\Big]_{x=0}^1 = \log 2.$$

$m=2,3,\ldots$ のときは，

$$\int_0^1 \frac{1}{(x+1)^m}\,dx = \left[\frac{1}{-m+1}(x+1)^{-m+1}\right]_{x=0}^1 = \frac{1}{m-1}\left\{1-\left(\frac{1}{2}\right)^{m-1}\right\}.$$

(2) $x=\tan\theta$ によって置換積分を行うと，$dx = \dfrac{1}{\cos^2\theta}\,d\theta$ であるから

$$\int_0^{\sqrt{3}} \frac{1}{x^2+1}\,dx = \int_0^{\frac{\pi}{3}} \frac{1}{1+\tan^2\theta}\frac{1}{\cos^2\theta}\,d\theta = \frac{\pi}{3}.$$

(3) $t=x^2+1$ によって置換積分を行うと，または $(\log(x^2+1))' = \dfrac{2x}{x^2+1}$ より

$$\int_0^1 \frac{x}{x^2+1}\,dx = \int_0^1 \frac{1}{2}(\log(x^2+1))'dx = \frac{1}{2}\Big[\log(x^2+1)\Big]_{x=0}^1 = \frac{1}{2}\log 2.$$

□

$P(x)$ のほうが $Q(x)$ より次数が高いか等しい場合は，

$$P(x) = s(x)Q(x) + r(x)$$

を満たす多項式または定数 $s(x), r(x)$ で，$r(x)$ の次数は $Q(x)$ より低いものが存在し

$$f(x) = s(x) + \frac{r(x)}{Q(x)}$$

となる．$s(x)$ は多項式だから，$\dfrac{r(x)}{Q(x)}$ の積分だけが問題である．したがって，$P(x)$ のほうが $Q(x)$ よりも次数が低いと仮定してよい．

$Q(x)$ は実数を係数とすると仮定したので，$\alpha + i\beta$ $(\alpha, \beta \in \mathbf{R})$ が $Q(x) = 0$ の根であれば $\alpha - i\beta$ も根になるので，$Q(x) = 0$ の根は実根 $a_1, a_2, ..., a_\ell$ と虚根 $\alpha_1 \pm i\beta_1, \alpha_2 \pm i\beta_2, ..., \alpha_m \pm i\beta_m$ からなる．そして，$Q(x)$ は

$$Q(x) = c(x-a_1)^{p_1} \cdots (x-a_\ell)^{p_\ell}\big((x-\alpha_1)^2+\beta_1^2\big)^{q_1} \cdots \big((x-\alpha_m)^2+\beta_m^2\big)^{q_m}$$

と因数分解することができる．

$Q(x)$ の因数分解より $\dfrac{P(x)}{Q(x)}$ を部分分数に展開することができて，その積分は

$$\int_a^b \frac{1}{(x-a)^p}\,dx \quad \text{または} \quad \int_a^b \frac{\gamma x + \delta}{\big((x-\alpha)^2+\beta^2\big)^q}\,dx$$

の形の積分の計算に帰着される．

以下，例題でこれらのことをみる．

例題 4.22 次の定積分の値を求めよ．

(1) $\displaystyle\int_1^3 \frac{x}{(x+1)(x+3)}\,dx$　　(2) $\displaystyle\int_0^1 \frac{4}{(x+1)^2(x+3)}\,dx$

(3) $\displaystyle\int_0^1 \frac{3}{x^3+1}\,dx$

解答. (1) 定数 p, q を

$$\frac{x}{(x+1)(x+3)} = \frac{p}{x+1} + \frac{q}{x+3}$$

を満たすように定める．これは右辺を通分すると，

$$\frac{p(x+3)+q(x+1)}{(x+1)(x+3)} = \frac{(p+q)x+(3p+q)}{(x+1)(x+3)}$$

となるから，$p+q=1$, $3p+q=0$ より $p = -\dfrac{1}{2}$, $q = \dfrac{3}{2}$ とすればよい．よって，

$$\int_1^3 \frac{x}{(x+1)(x+3)}\,dx = \frac{1}{2}\Big[-\log(x+1)+3\log(x+3)\Big]_{x=1}^3 = \frac{3}{2}\log 3 - 2\log 2$$

となる．

(2) 定数 p, q, r を

$$\frac{4}{(x+1)^2(x+3)} = \frac{p}{(x+1)^2} + \frac{q}{x+1} + \frac{r}{x+3}$$

を満たすように定める．右辺を通分すると，

$$\frac{p(x+3)+q(x+1)(x+3)+r(x+1)^2}{(x+1)^2(x+3)}$$
$$=\frac{(q+r)x^2+(p+4q+2r)x+(3p+3q+r)}{(x+1)^2(x+3)}$$

となることから，$p=2$, $q=-1$, $r=1$ とすればよい．よって，

$$\int_0^1 \frac{4}{(x+1)^2(x+3)}\,dx=\int_0^1\left\{\frac{2}{(x+1)^2}-\frac{1}{x+1}+\frac{1}{x+3}\right\}dx=1-\log\frac{3}{2}.$$

(3) 定数 p,q,r を

$$\frac{3}{x^3+1}=\frac{p}{x+1}+\frac{qx+r}{x^2-x+1}$$

を満たすように定める．$p=1$, $q=-1$, $r=2$ とすればよい．よって，

$$\int_0^1 \frac{3}{x^3+1}\,dx=\int_0^1\frac{1}{x+1}\,dx-\int_0^1\frac{x-2}{x^2-x+1}\,dx$$

となる．右辺の第 1 項は $\log 2$ に等しい．第 2 項については，

$$\int_0^1\frac{x-2}{x^2-x+1}\,dx=\int_0^1\frac{x-2}{(x-\frac{1}{2})^2+\frac{3}{4}}\,dx$$
$$=\int_0^1\frac{x-\frac{1}{2}}{(x-\frac{1}{2})^2+\frac{3}{4}}\,dx-\int_0^1\frac{\frac{3}{2}}{(x-\frac{1}{2})^2+\frac{3}{4}}\,dx$$

と変形する．すると，それぞれの定積分の値が

$$\int_0^1\frac{x-\frac{1}{2}}{(x-\frac{1}{2})^2+\frac{3}{4}}\,dx=\int_{-\frac{1}{2}}^{\frac{1}{2}}\frac{t}{t^2+\frac{3}{4}}\,dt=0,$$
$$\int_0^1\frac{\frac{3}{2}}{(x-\frac{1}{2})^2+\frac{3}{4}}\,dx=\frac{3}{2}\int_{-\frac{\pi}{6}}^{\frac{\pi}{6}}\frac{1}{\frac{3}{4}(\tan^2\theta+1)}\frac{\sqrt{3}}{2}\frac{1}{\cos^2\theta}\,d\theta=\frac{\sqrt{3}\pi}{3}$$

と求まる．ただし，$x-\dfrac{1}{2}=\dfrac{\sqrt{3}}{2}\tan\theta$ とおいて置換積分をした．よって，

$$\int_0^1\frac{3}{x^3+1}\,dx=\log 2+\frac{\sqrt{3}\pi}{3}.$$
□

◆問 10. 次の定積分の値を求めよ．

(1) $\displaystyle\int_3^5\frac{x-3}{x^2-3x+2}\,dx$　　(2) $\displaystyle\int_0^1\frac{2}{(x+1)(x^2+1)}\,dx$　　(3) $\displaystyle\int_0^2\frac{x(x+1)}{x^2+4}\,dx$

◆問 11. 次の不定積分を求めよ．

(1) $\displaystyle\int\frac{1}{x^2-1}\,dx$　　(2) $\displaystyle\int\frac{1}{x^3-1}\,dx$　　(3) $\displaystyle\int\frac{1}{x^4-1}\,dx$

[2] 三角関数の有理関数の積分

三角関数の有理関数の積分を考える．これは，

$$\int \frac{\cos x}{2+\sin x}\,dx = \log(2+\sin x) + C$$

のように容易に求まる場合もあるが，一般的ではない．ここでは，有用な置換積分の方法を2つ述べる．簡単のため，ここでは不定積分のみを考える．

まず，$t = \tan\dfrac{x}{2}$ によって置換積分を行うと，三角関数の有理関数の積分が t についての有理関数の積分に帰着されることを示す．実際，

$$\cos x = 2\cos^2\frac{x}{2} - 1 = \frac{2}{1+\tan^2\frac{x}{2}} - 1 = \frac{2}{1+t^2} - 1 = \frac{1-t^2}{1+t^2},$$

$$\sin x = 2\sin\frac{x}{2}\cos\frac{x}{2} = 2\tan\frac{x}{2}\cos^2\frac{x}{2} = \frac{2t}{1+t^2}$$

であることと，$\left(\tan\dfrac{x}{2}\right)' = \dfrac{1}{2}\dfrac{1}{\cos^2\frac{x}{2}} = \dfrac{1+t^2}{2}$ より $dx = \dfrac{2}{1+t^2}\,dt$ であることを用いると，

$$\int f(\cos x, \sin x)\,dx = \int f\left(\frac{1-t^2}{1+t^2}, \frac{2t}{1+t^2}\right)\frac{2}{1+t^2}\,dt$$

という公式が得られる．

例題 4.23 $\displaystyle\int \frac{\sin x}{1+\sin x}\,dx$ を求めよ．

解答． $t = \tan\dfrac{x}{2}$ による置換積分を行うと，

$$\int \frac{\sin x}{1+\sin x}\,dx = \int\left(1 - \frac{1}{1+\sin x}\right)dx = x - \int \frac{1}{1+\frac{2t}{1+t^2}}\frac{2}{1+t^2}\,dt$$

$$= x - \int \frac{2}{(1+t)^2}\,dt = x + \frac{2}{1+t} + C$$

$$= x + \frac{2}{1+\tan\frac{x}{2}} + C.$$

□

◆**問 12.** 次の不定積分を求めよ．ただし，$|a| < 1$ とする．

(1) $\displaystyle\int \frac{1+\sin x}{\sin x(1+\cos x)}\,dx$ (2) $\displaystyle\int \frac{1}{1-2a\cos x + a^2}\,dx$

$t = \tan x$ による置換積分が有効な場合もある．

例題 4.24 $\displaystyle\int \frac{1}{\sin x \cos x}\,dx$ を求めよ．ただし，積分は区間 $\left(0, \frac{\pi}{2}\right)$ 内で考えているものとする．

解答. $t = \tan x$ とおくと，$\dfrac{1}{\cos^2 x}\,dx = dt$ だから，

$$\int \frac{1}{\sin x \cos x}\,dx = \int \frac{1}{\tan x}\frac{1}{\cos^2 x}\,dx$$
$$= \int \frac{1}{t}\,dt = \log|\tan x| + C = \log(\tan x) + C. \qquad \square$$

◆問 13. 次の不定積分を求めよ．ただし，積分は区間 $\left(0, \frac{\pi}{2}\right)$ 内で考える．

(1) $\displaystyle\int \frac{1}{(\sin x \cos x)^2}\,dx$ (2) $\displaystyle\int \frac{5}{2 + \tan x}\,dx$

★注意 置換積分を行うと，不定積分の表示が一通りでないことがある．たとえば，$\displaystyle\int \sin x \cos x\,dx$ は，$t = \sin x$ によって置換積分すると

$$\int \sin x \cos x\,dx = \int t\,dt = \frac{1}{2}t^2 + C = \frac{1}{2}\sin^2 x + C$$

となるが，倍角の公式を用いると

$$\int \sin x \cos x\,dx = \int \frac{1}{2}\sin(2x)\,dx = -\frac{1}{4}\cos(2x) + C$$

となる．

右辺の関数は，$\cos(2x) = 1 - 2\sin^2 x$ だから，定数 $\frac{1}{4}$ のみ異なる本質的に同じ関数である．

4.5 テイラーの定理

前章において，一般の関数 $y = f(x)$ を，$a \in \mathbf{R}$ を固定して，$x - a$ の多項式で近似するためにテイラーの定理 (定理 3.21, 3.22) を述べた．ここでは，その際に現れる剰余項の積分による表示を示し，その応用を与える．

定理 4.25 f を区間 I 上の無限回微分可能な関数とするとき，I に含まれる任意の 2 点 a, x $(a \neq x)$ に対して次が成り立つ： $n = 0, 1, 2, \ldots$ に対して

$$f(x) = \sum_{k=0}^{n} \frac{f^{(k)}(a)}{k!}(x-a)^k + \frac{1}{n!}\int_a^x (x-t)^n f^{(n+1)}(t)\,dt.$$

証明. 系 4.8 より，

$$f(x) - f(a) = \int_a^x f'(t)\,dt$$

が成り立つ．これから，$n = 0$ のときの主張が得られる．

次に，右辺の積分に部分積分の公式を用いると

$$f(x) - f(a) = \int_a^x f'(t)(-(x-t))'\,dt = f'(a)(x-a) + \int_a^x f''(t)(x-t)\,dt$$

となる．ただし，$(x-t)'$ は t に関する微分である．これから，$n = 1$ のときの主張を得る．

さらに，部分積分の公式を用いると

$$\begin{aligned} f(x) - f(a) - f'(a)(x-a) &= \int_a^x f''(t)\Big(-\frac{1}{2}(x-t)^2\Big)'\,dt \\ &= \frac{1}{2}f''(a)(x-a)^2 + \frac{1}{2}\int_a^x f'''(t)(x-t)^2\,dt \end{aligned}$$

となり，これから $n = 2$ のときの主張を得る．

以下これを続ければよい．数学的帰納法を用いてもよい． □

例題 4.26 (例 3.9) 非負整数ではない $p \in \mathbf{R}$ に対して，次が成り立つことを示せ：

$$(1+x)^p = 1 + \sum_{n=1}^{\infty} \frac{p(p-1)\cdots(p-n+1)}{n!}x^n \quad (|x| < 1).$$

解答. $f(x) = (1+x)^p$ の k 階導関数は

$$f^{(k)}(x) = p(p-1)\cdots(p-k+1)(1+x)^{p-k}$$

であるから，定理 4.25 より，$|x| < 1$ に対して

$$(1+x)^p = 1 + \sum_{k=1}^{n} \frac{p(p-1)\cdots(p-k+1)}{k!}x^k + R_{n+1}(x),$$

$$R_{n+1}(x) = \frac{p(p-1)\cdots(p-n)}{n!}\int_0^x \left(\frac{x-t}{1+t}\right)^n (1+t)^{p-1}\,dt$$

が成り立つ.

$$0 \leqq t \leqq x < 1 \text{ のとき} \quad 0 \leqq \frac{x-t}{1+t} \leqq \frac{x}{1+t} \leqq x,$$

$$-1 < x \leqq t \leqq 0 \text{ のとき} \quad 0 \leqq t-x \leqq -x(1+t)$$

が成り立ち，いずれの場合も $\left|\dfrac{x-t}{1+t}\right| \leqq |x|$ となる．したがって，

$$|R_{n+1}(x)| \leqq \frac{|p(p-1)\cdots(p-n)|}{n!}|x|^n \left|\int_0^x (1+t)^{p-1}\,dt\right|$$

が成り立つ．この右辺を a_n と書くと，積分は n に無関係であり，

$$\frac{a_{n+1}}{a_n} = \frac{|p-n-1|}{n+1}|x| \to |x| \qquad (n \to \infty)$$

となる．よって，$\delta > 0$ を $|x| + \delta < 1$ なる数とすると，十分大きい n に対して $\dfrac{a_{n+1}}{a_n} \leqq |x| + \delta < 1$ が成り立ち，$a_n \to 0$ $(n \to \infty)$ である．したがって，$R_{n+1}(x) \to 0$ となり，結論を得る． □

◆問 14 (1 章の章末問題 1.14 参照)．(1) $x > -1$ に対して，次が成り立つことを示せ：

$$\log(1+x) = x - \frac{x^2}{2} + \frac{x^3}{3} - \frac{x^4}{4} + \cdots + \frac{(-1)^{n-1}}{n}x^n + (-1)^n \int_0^x \frac{(x-t)^n}{(1+t)^{n+1}}\,dt.$$

(2) $0 \leqq x \leqq 1$ に対して，$\left|\displaystyle\int_0^x \frac{(x-t)^n}{(1+t)^{n+1}}\,dt\right| \leqq \dfrac{1}{n+1}$，および次を示せ：

$$1 - \frac{1}{2} + \frac{1}{3} - \frac{1}{4} + \cdots = \log 2.$$

4.6 広義積分

応用上，区間の端点で値が ∞ に発散する関数の積分や，積分区間が $[0, \infty)$ のような無限区間である積分を考える必要がある．これらを**広義積分**という．

[1] 有限区間上の広義積分

次の例で，感じをつかんでほしい．

$f(x) = \dfrac{1}{\sqrt{x}}$ $(x \in (0,1])$ とおく．$\displaystyle\lim_{x \to +0} f(x) = \infty$ である．

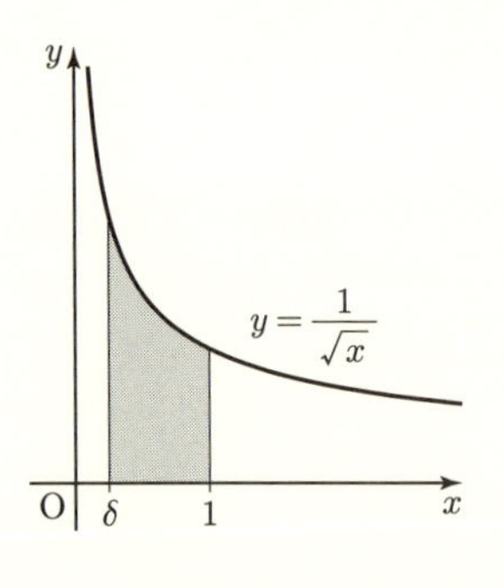

δ を $0<\delta<1$ を満たす定数として，定積分 $\displaystyle\int_\delta^1 \frac{1}{\sqrt{x}}\,dx$ を考えると

$$\int_\delta^1 \frac{1}{\sqrt{x}}\,dx = \Big[2\sqrt{x}\Big]_{x=\delta}^1 = 2(1-\sqrt{\delta})$$

となる．右辺は $\delta\to+0$ とすると 2 に収束し，

$$\lim_{\delta\to+0}\int_\delta^1 \frac{1}{\sqrt{x}}\,dx = 2$$

が成り立つ．これは，関数 $f(x)=\dfrac{1}{\sqrt{x}}$ の値は $x\to+0$ のときに ∞ に発散するが，$[\delta,1]$ 上の積分の値は $\delta\to+0$ のときに収束することを示している．

しかし，いつもこのようなことが成り立つわけではない．実際，$g(x)=\dfrac{1}{x}$ $(x\in(0,1])$ とおくと，$\displaystyle\lim_{x\to+0} g(x)=\infty$ であり，

$$\int_\delta^1 \frac{1}{x}\,dx = -\log\delta$$

となるから，$\delta\to+0$ のとき ∞ に発散する．また，$p>1$ であれば，

$$\lim_{\delta\to+0}\int_\delta^1 \frac{1}{x^p}\,dx = \lim_{\delta\to+0}\left[\frac{1}{1-p}x^{1-p}\right]_{x=\delta}^1 = \lim_{\delta\to+0}\frac{1}{p-1}\left(\frac{1}{\delta^{p-1}}-1\right)=\infty.$$

この例を念頭に，有限区間上の広義積分を考える．

定義 4.1　$a<b$ とする．

(1) $f(x)$ を $(a,b]$ 上の連続関数とし，$x\to a+0$ のとき，$f(x)$ が発散すると仮定する．このとき，極限値

$$\lim_{\delta\to+0}\int_{a+\delta}^b f(x)\,dx$$

が存在するならば，f は $(a,b]$ 上で **(広義) 積分可能**であるといって，極限値を (通常の定積分と同様に) $\displaystyle\int_a^b f(x)\,dx$ と書く．

(2) $f(x)$ を $[a,b)$ 上の連続関数とし，$x\to b-0$ のとき，$f(x)$ が発散すると仮定する．このとき，極限値

$$\lim_{\delta\to+0}\int_a^{b-\delta} f(x)\,dx$$

が存在するならば，f は $[a,b)$ 上で **(広義) 積分可能**であるといい，極限値を (通常の定積分と同様に) $\int_a^b f(x)\,dx$ と書く．

(3) $f(x)$ が有界開区間 (a,b) 上の連続関数で，$x \to a+0$, $x \to b-0$ のときともに発散する場合は，$a<c<b$ として f が $(a,c]$ 上でも $[c,b)$ 上でも積分可能であれば，f は (a,b) 上で**積分可能**であるという．このとき，

$$\int_a^b f(x)\,dx = \int_a^c f(x)\,dx + \int_c^b f(x)\,dx$$

とする．

いずれの場合も，広義積分が収束する，といういい方をすることがある．

○例 **4.5** $p,q>0$ に対して，$B(p,q)$ を

$$B(p,q) = \int_0^1 x^{p-1}(1-x)^{q-1}dx$$

によって定義する．$0<p<1$ または $0<q<1$ のとき右辺の積分は広義積分であるが，積分が収束することが示される (定理 4.29 参照)．$B(p,q)$ を p,q の関数と考えて**ベータ関数**という．

広義積分の値は，

(i) 端点の近くを外した区間上の定積分の値を求め，

(ii) 積分区間を広げる極限操作を行う，

という手順で求めることができる．

例題 4.27 次の広義積分の値を求めよ．

(1) $\int_0^2 \log x\,dx$　　(2) $\int_0^1 \frac{1}{\sqrt{1-x^2}}\,dx$

(3) $\int_1^2 \frac{1}{\sqrt{x^2-1}}\,dx$　　(4) $\int_0^1 \frac{1}{\sqrt{x(1-x)}}\,dx$

解答． (1) $0<a<2$ とすると，

$$\int_a^2 \log x\,dx = \Big[x\log x - x\Big]_{x=a}^2 = 2\log 2 - 2 - a\log a + a$$

である．$a \to +0$ のとき，$a\log a \to 0$ (例題 3.20) であるから

$$\int_0^2 \log x\,dx = \lim_{a\to+0}\int_a^2 \log x\,dx = 2\log 2 - 2.$$

(2) $0<b<1$ に対して $\beta=\arcsin b$ とおき，$x=\sin t$ によって置換積分をすると，

$$\int_0^b \frac{1}{\sqrt{1-x^2}}\,dx = \int_0^\beta \frac{1}{\sqrt{1-\sin^2 t}}\cos t\,dt = \int_0^\beta dt = \beta$$

となる．$b\to 1-0$ のとき $\beta\to\dfrac{\pi}{2}$ だから

$$\int_0^1 \frac{1}{\sqrt{1-x^2}}\,dx = \lim_{b\to1-0}\int_0^b \frac{1}{\sqrt{1-x^2}}\,dx = \frac{\pi}{2}.$$

(3) $x=\cosh t$ とおいて置換積分をする：

x	$1 \longrightarrow 2$
t	$0 \longrightarrow \log(2+\sqrt{3})$

である．$\cosh\alpha = a$ とすると，

$$\int_a^2 \frac{1}{\sqrt{x^2-1}}\,dx = \int_\alpha^{\log(2+\sqrt{3})} \frac{1}{\sqrt{\cosh^2 t-1}}\sinh t\,dt = \log(2+\sqrt{3})-\alpha$$

となる．$a\to 1+0$ のとき $\alpha\to 0$ だから

$$\int_1^2 \frac{1}{\sqrt{x^2-1}}\,dx = \lim_{a\to1-0}\int_a^2 \frac{1}{\sqrt{x^2-1}}\,dx = \log(2+\sqrt{3}).$$

(4) $0<a<b<1$ として，$\alpha,\beta\in(0,\frac{\pi}{2})$ を $\sin^2\alpha=a$, $\sin^2\beta=b$ となるものとする．$x=\sin^2 t$ とおいて置換積分をすると，

$$\int_a^b x^{-\frac{1}{2}}(1-x)^{-\frac{1}{2}}\,dx = \int_\alpha^\beta \frac{1}{\sin t\cos t}2\sin t\cos t\,dt = 2(\beta-\alpha)$$

となる．よって，$a\to+0$, $b\to 1-0$ として，

$$\int_0^1 x^{-\frac{1}{2}}(1-x)^{-\frac{1}{2}}\,dx = \pi.$$

□

★注意　上の例のように，定積分を考えて積分範囲を広げるのが広義積分の基本であるが，少し面倒である．慣れてくると，たとえば例題 4.27(1) であれば，

$$\int_0^1 \log x\,dx = \Big[x\log x - x\Big]_{x=0}^1$$

と定積分のように書いて，

$x=0$ の代入を，極限値 $\displaystyle\lim_{x\to+0}(x\log x - x)$ を求めることと

置き換えると，同じ計算をやっていることになる．

◆**問 15.** 次の広義積分の値を求めよ．ただし，$0<p<1$ とする．

(1) $\displaystyle\int_0^1 \frac{1}{x^p}\,dx$　(2) $\displaystyle\int_0^1 \frac{1}{\sqrt{1-x}}\,dx$　(3) $\displaystyle\int_0^2 \frac{x}{\sqrt{4-x^2}}\,dx$　(4) $\displaystyle\int_0^1 \sqrt{\frac{x}{1-x}}\,dx$

［2］ 無限区間上の広義積分

この場合も例からはじめる．

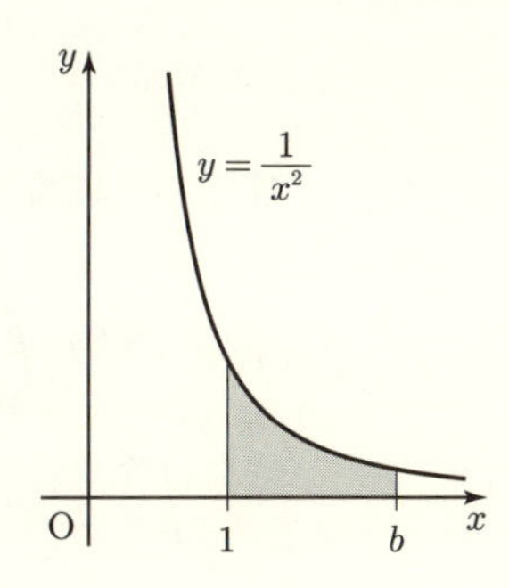

$f(x)=\dfrac{1}{x^2}$ $(x \geqq 1)$ とおく．$b>1$ として定積分 $\displaystyle\int_1^b \frac{1}{x^2}\,dx$ を考えると

$$\int_1^b \frac{1}{x^2}\,dx = \left[-\frac{1}{x}\right]_{x=1}^b = 1-\frac{1}{b}$$

となる．右辺は $b\to\infty$ のとき 1 に収束し，

$$\lim_{b\to\infty}\int_1^b \frac{1}{x^2}\,dx = 1$$

となる．つまり，無限区間 $[1,\infty)$ 上の積分ができていることになる．

しかし，$g(x)=\dfrac{1}{x}$ $(x \geqq 1)$ とおくと，

$$\int_1^b \frac{1}{x}\,dx = \log b \to \infty \quad (b\to\infty)$$

である．また，$0<p<1$ のときも，

$$\lim_{b\to\infty}\int_1^b \frac{1}{x^p}\,dx = \lim_{b\to\infty}\left[\frac{1}{-p+1}x^{-p+1}\right]_{x=1}^b = \lim_{b\to\infty}\frac{1}{1-p}(b^{1-p}-1)=\infty$$

となる．したがって，この場合は，関数の値は $x\to\infty$ のとき 0 に収束するが，$[1,\infty)$ 上の積分は存在しない．

この例を念頭において，無限区間上の積分を考える．

定義 4.2　$c\in\mathbf{R}$ とする．

(1) f が $[c,\infty)$ 上の連続関数のとき，定積分 $\displaystyle\int_c^b f(x)\,dx$ の値が $b\to\infty$ のとき収束すれば，f は $[c,\infty)$ 上 **(広義) 積分可能**といい，極限値を $\displaystyle\int_c^\infty f(x)\,dx$ と書く：

$$\int_c^\infty f(x)\,dx = \lim_{b\to\infty}\int_c^b f(x)\,dx.$$

(2) f が $(-\infty, c]$ 上の連続関数のとき，$\displaystyle\int_a^c f(x)\,dx$ の値が $a \to -\infty$ のとき収束すれば，f は $(-\infty, c]$ 上 **(広義) 積分可能**といい，極限値を $\displaystyle\int_{-\infty}^c f(x)\,dx$ と書く：

$$\int_{-\infty}^c f(x)\,dx = \lim_{a\to-\infty}\int_a^c f(x)\,dx.$$

(3) f が $\mathbf{R}$ 上の連続関数のとき，f が $(-\infty, c]$ 上でも，$[c, \infty)$ 上でも積分可能のとき，f は $\mathbf{R}$ 上**積分可能**であるといって，それぞれの積分の和を $\displaystyle\int_{-\infty}^{\infty} f(x)\,dx$ または $\displaystyle\int_{\mathbf{R}} f(x)\,dx$ と書く：

$$\int_{-\infty}^{\infty} f(x)\,dx = \int_{-\infty}^c f(x)\,dx + \int_c^{\infty} f(x)\,dx.$$

定義 4.2(3) において，c は任意にとってよい．
いずれの場合も，広義積分が収束する，といういい方をすることがある．

★注意　$x \to \infty$ のとき $f(x) \to 0$ であっても，$[c, \infty)$ 上積分可能とは限らない．$f(x) \to 0$ となる「速さ」が問題であり，無限級数の収束 (例題 1.15 参照) と同様である．

○例 **4.6**　$p > 0$ に対して広義積分

$$\Gamma(p) = \int_0^{\infty} x^{p-1}e^{-x}\,dx$$

が収束することがわかる．$\Gamma(p)$ を $p > 0$ の関数と考えて**ガンマ関数**という．次の例題でみるように，$\Gamma(n+1) = n!\ (n = 0, 1, 2, \ldots)$ が成り立つ．

例題 4.28　次の広義積分の値を求めよ．ただし，n は 0 以上の整数とする．

(1) $\displaystyle\int_0^{\infty} \frac{1}{(x+1)(x+2)}\,dx$　　(2) $\displaystyle\int_0^{\infty} \frac{1}{x^2+1}\,dx$

(3) $\displaystyle\int_0^{\infty} x^n e^{-x}\,dx$

解答. (1) 被積分関数を部分分数展開すると，$b>0$ に対して

$$\int_0^b \frac{1}{(x+1)(x+2)}\,dx = \int_0^b \left(\frac{1}{x+1} - \frac{1}{x+2}\right)dx = \log 2 + \log\frac{b+1}{b+2}$$

となる．$b\to\infty$ とすると $\log\dfrac{b+1}{b+2}\to 0$ だから

$$\int_0^\infty \frac{1}{(x+1)(x+2)}\,dx = \lim_{b\to\infty}\int_0^b \frac{1}{(x+1)(x+2)}\,dx = \log 2.$$

(2) $x=\tan t$ によって置換積分をすると，

$$\int_0^b \frac{1}{x^2+1}\,dx = \int_0^{\arctan b} dt = \arctan b$$

となる．$b\to\infty$ のとき $\arctan b\to\frac{\pi}{2}$ だから，

$$\int_0^\infty \frac{1}{x^2+1}\,dx = \frac{\pi}{2}.$$

(3) これは，$\Gamma(n+1)$ を求めている．$n=0$ のときは，

$$\int_0^\infty e^{-x}\,dx = \lim_{b\to\infty}\int_0^b e^{-x}\,dx = \lim_{b\to\infty}(1-e^{-b}) = 1$$

となる．$n=1$ のときは，部分積分により

$$\int_0^b xe^{-x}\,dx = \Big[x(-e^{-x})\Big]_{x=0}^b + \int_0^b e^{-x}\,dx = -be^{-b} + \int_0^b e^{-x}\,dx$$

となる．ロピタルの定理 (定理 3.19) より，$\displaystyle\lim_{b\to\infty} be^{-b} = \lim_{x\to\infty}\frac{x}{e^x} = 0$ であるので，

$$\Gamma(2) = \int_0^\infty xe^{-x}\,dx = 1$$

となる．一般に，$n \geqq 2$ のときも同様に，$b\to\infty$ のとき $b^n e^{-b}\to 0$ だから，

$$\begin{aligned}\int_0^\infty x^n e^{-x}\,dx &= \lim_{b\to\infty}\left(\Big[x^n(-e^{-x})\Big]_{x=0}^b + n\int_0^b x^{n-1}e^{-x}\,dx\right)\\ &= n\int_0^\infty x^{n-1}e^{-x}\,dx\end{aligned}$$

となる．これは $\Gamma(n+1) = n\Gamma(n)$ $(n=1,2,\ldots)$ を意味し，$\Gamma(1)=\Gamma(2)=1$ より $\Gamma(n+1)=n!$ となる．　□

★注意　$[0,\infty)$ 上の広義積分は，$[0,b]$ 上の定積分を考えてその値の $b\to\infty$ とした極限値を求めることで計算される．例題 4.28(1) などはこの方法に従うよりない．しかし，(3) の $n=1$ の場合は

$$\int_0^\infty xe^{-x}\,dx=\Big[-xe^{-x}\Big]_{x=0}^\infty+\int_0^\infty e^{-x}\,dx$$

と書いて，x に ∞ を代入するのではなく，$\lim_{x\to\infty}(xe^{-x})$ を求めると考えれば，同じ計算をしていることになる．

また，(2) であれば，$x=\tan t$ によって区間 $[0,\infty)$ と $[0,\frac{\pi}{2})$ が対応していると考えて

$$\int_0^\infty \frac{1}{x^2+1}\,dx=\int_0^{\frac{\pi}{2}}dt=\frac{\pi}{2}$$

とすればよい．

◆問 16.　次の広義積分の値を求めよ．ただし，$p>1$ とする．

(1) $\displaystyle\int_1^\infty \frac{1}{x^p}\,dx$　(2) $\displaystyle\int_e^\infty \frac{1}{x(\log x)^p}\,dx$　(3) $\displaystyle\int_0^\infty \frac{x}{(x^2+1)^2}\,dx$

(4) $\displaystyle\int_{-\infty}^\infty \frac{1}{x^2+1}\,dx$　(5) $\displaystyle\int_1^\infty \frac{1}{x(x+3)}\,dx$　(6) $\displaystyle\int_{\frac{1}{2}}^\infty \frac{1}{x^3+1}\,dx$

[3]　広義積分の収束・発散の判定

$[0,\infty)$ 上の広義積分についてのみ述べる．有限区間上の広義積分も同様である．

定理 4.29　f,g を $[0,\infty)$ 上の連続関数とし，$0\leqq f(x)\leqq g(x)$ と仮定する．

(1) 広義積分 $\displaystyle\int_0^\infty g(x)\,dx$ が収束するならば，$\displaystyle\int_0^\infty f(x)\,dx$ も収束する．

(2) $\displaystyle\int_0^\infty f(x)\,dx=\infty$ ならば，$\displaystyle\int_0^\infty g(x)\,dx=\infty$ である．

正項級数の収束・発散の判定 (定理 1.14) との類似性に注意してほしい．証明も同様であるから，省略する．

例題 4.30 (ガンマ関数)　$p>0$ に対して広義積分 $\displaystyle\int_0^\infty x^{p-1}e^{-x}\,dx$ が収束することを示せ.

解答. $p \geqq 1$ のとき $y=x^{p-1}e^{-x}$ は $[0,1]$ 上の連続関数だから $\displaystyle\int_0^1 x^{p-1}e^{-x}\,dx$ は通常の定積分である.

$0<p<1$ のとき，広義積分 $\displaystyle\int_0^1 x^{p-1}e^{-x}\,dx$ を考える．$0<x<1$ に対して，$0 \leqq x^{p-1}e^{-x} \leqq x^{p-1}$ であり，$g(x)=x^{p-1}$ は $(0,1]$ 上広義積分可能である (問 15(1)) から，$x^{p-1}e^{-x}$ も $(0,1]$ 上広義積分可能である.

次に，$\displaystyle\int_1^\infty x^{p-1}e^{-x}\,dx$ を考える．すべての $p>0$ に対して $x^{p-1}e^{-\frac{x}{2}} \to 0$ $(x\to\infty)$ であるから

$$M=\max_{x\geqq 1} x^{p-1}e^{-\frac{x}{2}}$$

は有限である．すると，$0 \leqq x^{p-1}e^{-x} \leqq Me^{-\frac{x}{2}}$ であり $Me^{-\frac{x}{2}}$ は $[1,\infty)$ 上積分可能であるから，定理 4.29 より広義積分 $\displaystyle\int_1^\infty x^{p-1}e^{-x}\,dx$ は収束する.

以上から，すべての $p>0$ に対して広義積分 $\displaystyle\int_0^\infty x^{p-1}e^{-x}\,dx$ は収束する. □

◆問 17. 次の広義積分の収束・発散の判定をせよ.
(1) $\displaystyle\int_0^\infty \frac{1}{x^3+1}\,dx$　　(2) $\displaystyle\int_0^\infty \frac{x}{x^3+1}\,dx$　　(3) $\displaystyle\int_0^\infty e^{-x}\sin x\,dx$

◆問 18. (1) $b>1$ に対して $\displaystyle\int_1^b \frac{\sin x}{x}\,dx=\cos(1)-\frac{\cos b}{b}-\int_1^b \frac{\cos x}{x^2}\,dx$ を示せ.
(2) 広義積分 $\displaystyle\int_1^\infty \frac{\sin x}{x}\,dx$ が収束することを示せ.

4.7　曲線の長さ，物体の体積

定積分は，直感的には，平面上の図形の面積を表すと考えることができるが，曲線の長さや物体の体積の計算へ応用することができる．ここでは，基本となる定理を証明なしで述べて，例をいくつかあげる.

[1] 曲線の長さ

定理 4.31　曲線 $y = f(x)$ $(a \leqq x \leqq b)$ の長さ L は，f が連続微分可能であれば次で与えられる：

$$L = \int_a^b \sqrt{1 + f'(x)^2}\, dx = \int_a^b \sqrt{1 + (y')^2}\, dx.$$

証明. 区間 $[a, b]$ の分割，

$$\Delta : a = x_0 < x_1 < x_2 < \cdots < x_n = b$$

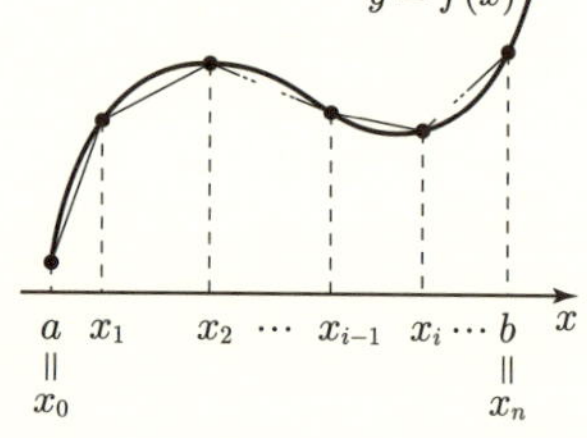

を考える．曲線 $y = f(x)$ 上の点 $(x_i, f(x_i))$ を順に結ぶ折れ線の長さ L_Δ は，

$$L_\Delta = \sum_{i=1}^n \sqrt{(x_i - x_{i-1})^2 + (f(x_i) - f(x_{i-1}))^2}$$

$$= \sum_{i=1}^n \sqrt{1 + \left\{\frac{f(x_i) - f(x_{i-1})}{x_i - x_{i-1}}\right\}^2} \cdot (x_i - x_{i-1})$$

である．平均値の定理より，

$$\frac{f(x_i) - f(x_{i-1})}{x_i - x_{i-1}} = f'(\xi_i)$$

を満たす $\xi_1, \xi_2, \ldots, \xi_n$ が存在するから，

$$L_\Delta = \sum_{i=1}^n \sqrt{1 + f'(\xi_i)^2} \cdot (x_i - x_{i-1})$$

となる．$|\Delta| \to 0$ とすると，定積分の定義から両辺は次に収束する：

$$L = \lim_{|\Delta| \to 0} L_\Delta = \int_a^b \sqrt{1 + f'(x)^2}\, dx. \qquad \square$$

定理 4.32　パラメータ付けされた曲線 $\begin{cases} x = f(t) \\ y = g(t) \end{cases}$ $(\alpha \leqq t \leqq \beta)$ の長さ L は，

$$L = \int_\alpha^\beta \sqrt{f'(t)^2 + g'(t)^2}\, dt = \int_\alpha^\beta \sqrt{(x')^2 + (y')^2}\, dt$$

によって与えられる．

例題 4.33 (1) **懸垂線**(**カテナリー**) $y = \cosh x$ $(-1 \leqq x \leqq 1)$ の長さを求めよ．
(2) **アステロイド** $|x|^{\frac{2}{3}} + |y|^{\frac{2}{3}} = a^{\frac{2}{3}}$ $(a > 0)$ の長さを求めよ．

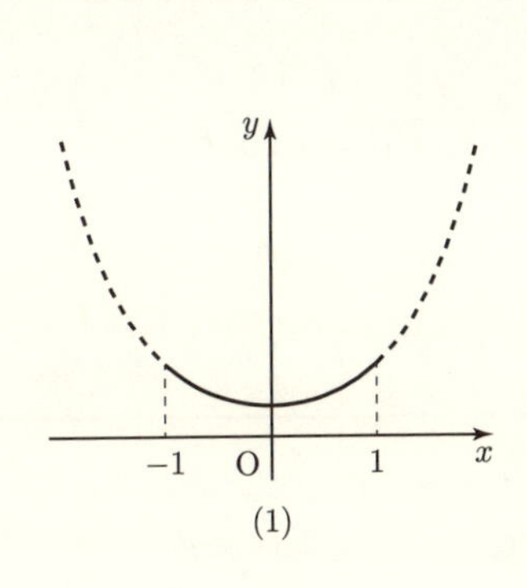

(1)

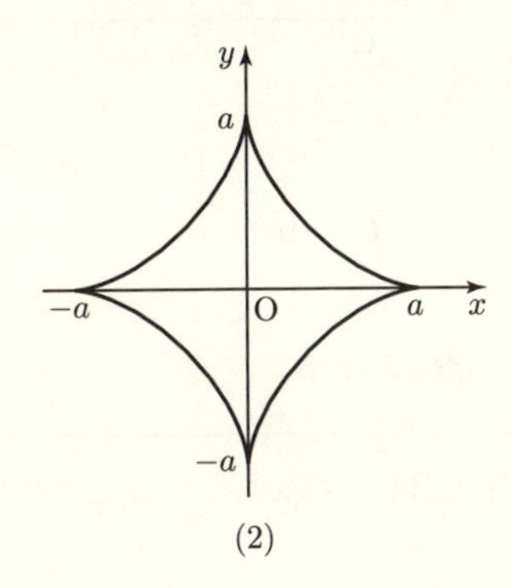

(2)

解答. (1) $y' = \sinh x$ より，

$$\int_{-1}^{1} \sqrt{1 + \sinh^2 x}\, dx = \int_{-1}^{1} \cosh x\, dx = \int_{-1}^{1} \frac{e^x + e^{-x}}{2}\, dx = e - \frac{1}{e}.$$

(2) $x = a\cos^3 t,\ y = a\sin^3 t$ $(0 \leqq t \leqq 2\pi)$ とパラメータ表示をすると，

$$\int_{0}^{2\pi} \sqrt{(-3a\cos^2 t \sin t)^2 + (3a\sin^2 t \cos t)^2}\, dt = 3a \int_{0}^{2\pi} |\sin t \cos t|\, dt$$

$$= 12a \int_{0}^{\frac{\pi}{2}} \sin t \cos t\, dt = 6a. \quad \square$$

◆問 19. 次の曲線の長さを求めよ．ただし，a, b は正の定数とする．

(1) $y = \log x$ $(1 \leqq x \leqq 2)$

(2) **アルキメデスのらせん** $x(\theta) = a\theta\cos\theta,\ y(\theta) = a\theta\sin\theta$ $(0 \leqq \theta \leqq 1)$

(3) **対数らせん** $x(\theta) = ae^{b\theta}\cos\theta,\ y(\theta) = ae^{b\theta}\sin\theta$ $(0 \leqq \theta \leqq 2\pi)$

(4) **サイクロイド** $x = a(t - \sin t),\ y = a(1 - \cos t)$ $(0 \leqq t \leqq 2\pi)$

極座標 (r, θ) を用いると，上の問 19 のアルキメデスのらせんは $r = a\theta$，対数らせんは $r = ae^{b\theta}$ と表すことができる．

中心 $(0, a)$，半径 a の円を x 軸上の正の方向にすべることなく転がしたときに，初め原点にあった点 P の軌跡が**サイクロイド**である．

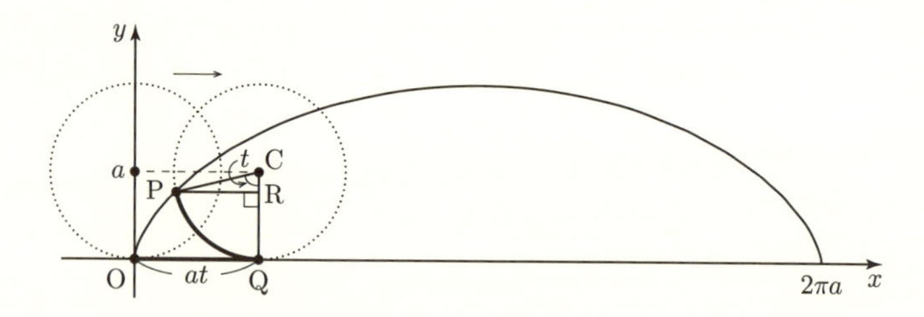

図において，$\overline{\mathrm{OQ}} = \overset{\frown}{\mathrm{PQ}} = at$，$\overline{\mathrm{PR}} = a\sin t$，$\overline{\mathrm{CR}} = a\cos t$ であるから，P の座標は $(a(t - \sin t), a(1 - \cos t))$ である．

［2］ 立体の体積

定理 4.34 図のような xyz 空間における立体の平面 $x = x_0$ による切り口の面積が $S(x_0)$ によって与えられているとする．$S(x)$ が x の連続関数であれば，この立体の $a \leqq x \leqq b$ の部分の体積 V は，

$$V = \int_a^b S(x)\,dx$$

によって与えられる．

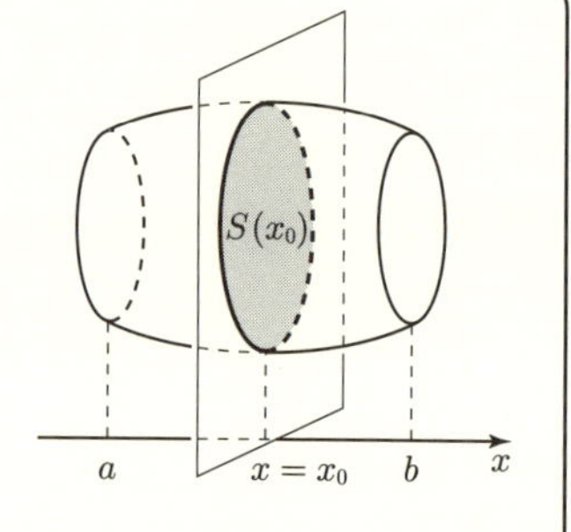

例題 4.35 底面積が S で高さが h の三角錐の体積が $\dfrac{1}{3}Sh$ であることを示せ．

解答. 底面に平行な平面で三角錐を切る．頂点と平面の距離を x $(0 \leqq x \leqq h)$ とすると，切り口の底面と相似な三角形の面積は $\left(\dfrac{x}{h}\right)^2 S$ である．よって体積は，

$$\int_0^h \left(\frac{x}{h}\right)^2 S\,dx = \frac{1}{3}Sh$$

となる． □

◆**問 20.** 底面の半径が r で高さが h の円錐の体積が $\dfrac{1}{3}\pi r^2 h$ であることを示せ．

例題 4.36　$x^2+y^2 \leqq 1$, $x^2+z^2 \leqq 1$ によって定まる 2 つの円柱の共通部分の体積を求めよ．

解答． 直円柱の交わりの中心の平面と平行で x の距離にある平面による切り口を考えると (左図)，1 辺の長さが $2\sqrt{1-x^2}$ の正方形である．したがって，求める体積は $2\displaystyle\int_0^1 (2\sqrt{1-x^2})^2\,dx = \frac{16}{3}$ となる．

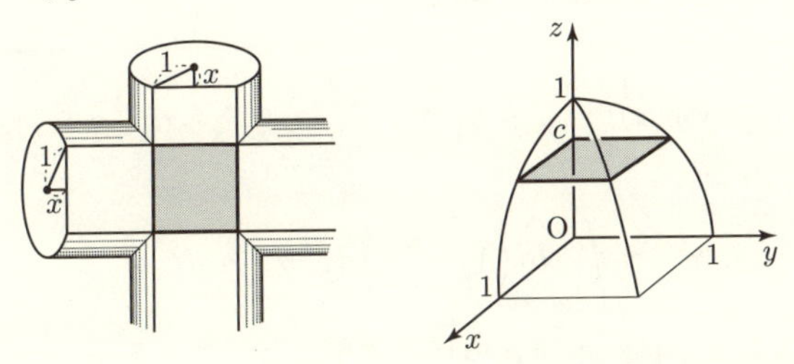

または，右図は考えている立体の $x, y, z \geqq 0$ の部分で，体積は全体の $\dfrac{1}{8}$ である．ここで，xy 平面に平行な平面 $z=c$ で切ると，切り口は 1 辺 $\sqrt{1-c^2}$ の正方形である．したがって，求める体積は

$$8 \times \int_0^1 (\sqrt{1-z^2})^2\,dz = \frac{16}{3}. \qquad \square$$

例題 4.36 は 6 章に述べる重積分を用いると比較的容易に求まる (6 章の章末問題 6.8 参照)．さらに，表面積も計算することができる．

回転体の体積は，定理 4.34 の特別な場合である．

定理 4.37　(1) 連続な曲線 $y=f(x)$, x 軸，および 2 直線 $x=a$, $x=b$ によって囲まれた部分を x 軸のまわりに回転してできる回転体の体積 V は

$$V = \pi\int_a^b y^2\,dx = \pi\int_a^b f(x)^2\,dx$$

によって与えられる．

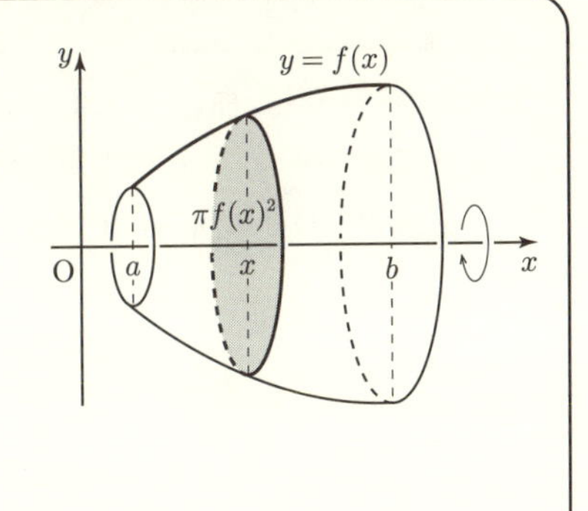

(2) (1) の回転体の側面積 S は次で与えられる：

$$S = 2\pi \int_a^b f(x)\sqrt{1+f'(x)^2}\,dx.$$

例題 4.38　$a, b > 0$ とするとき，楕円 $\dfrac{x^2}{a^2} + \dfrac{y^2}{b^2} = 1$ の内部を x 軸のまわりに回転してできる回転体の体積を求めよ．

解答. $y > 0$ の部分は $0 \leqq y \leqq b\sqrt{1 - \dfrac{x^2}{a^2}}$ で与えられるから，求める回転体の体積は

$$\pi \int_{-a}^{a} b^2\left(1 - \frac{x^2}{a^2}\right)dx = \frac{4}{3}\pi ab^2$$

となる．$a = b$ のときは，半径 a の球の体積になっている．□

◆**問 21.**　(1) 底面の半径が r で高さが h の円錐を回転体と考えて，体積が $\dfrac{1}{3}\pi r^2 h$ であることを示せ．また，側面積を求めよ．

(2) $a > 0$ とするとき，懸垂線 $y = \dfrac{1}{a}\cosh(ax)$ $(-1 \leqq x \leqq 1)$ を x 軸のまわりに回転してできる回転体の体積と側面積を求めよ．

(3) 放物線 $y = 1 - x^2$ と x 軸で囲まれた図形を x 軸のまわりに回転してできる回転体の体積と表面積を求めよ．

(4) 曲線 $y = \log x$ と原点からこの曲線に引いた接線および x 軸で囲まれた図形を x 軸のまわりに回転してできる回転体の体積を求めよ．

曲線を y 軸のまわりに回転してできる立体についても同様である．

定理 4.39　連続な曲線 $x = f(y)$，y 軸および 2 直線 $y = c$, $y = d$ によって囲まれた部分を y 軸のまわりに回転してできる回転体の体積 V は

$$V = \pi \int_c^d x^2\,dy = \pi \int_c^d f(y)^2\,dy$$

によって与えられる．また，側面積 S は

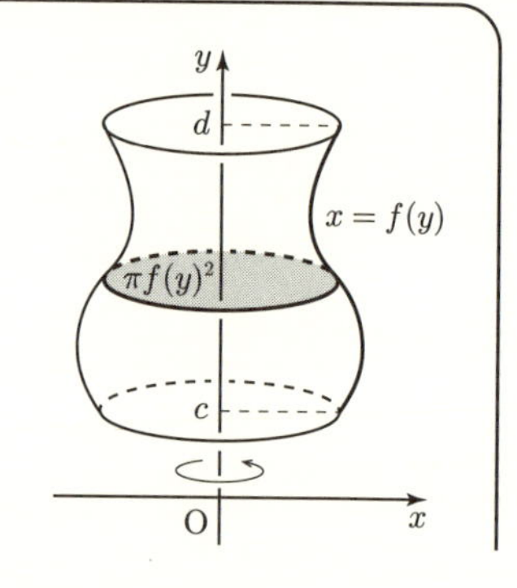

$$S = 2\pi \int_c^d f(y)\sqrt{1 + f'(y)^2}\, dy$$

によって与えられる．

例題 4.40 (1) $t > 0$ のとき，曲線 $y = e^{-x^2}$，y 軸および直線 $y = e^{-t^2}$ で囲まれた部分を y 軸のまわりに回転してできる立体の体積 $V(t)$ を求めよ．

(2) $\lim_{t\to\infty} V(t)$ を求めよ．

解答． (1) 曲線は $x = \sqrt{-\log y}$，$e^{-t^2} \leqq y \leqq 1$ と書けるので，

$$V(t) = \pi \int_{e^{-t^2}}^1 (-\log y)\, dy = \Big[-y\log y + y\Big]_{y=e^{-t^2}}^1$$
$$= (1 - t^2 e^{-t^2} - e^{-t^2})\pi.$$

(2) ロピタルの定理より $\lim_{t\to\infty}(t^2 e^{-t^2}) = 0$ であり，$\lim_{t\to\infty} V(t) = \pi$． □

◆**問 22．** (1) 直線 $y = 2x + 4$ の $-3 \leqq x \leqq 1$ の部分を y 軸のまわりに回転してできる立体の体積を求めよ．

(2) 楕円 $\dfrac{x^2}{a^2} + \dfrac{y^2}{b^2} = 1$ $(a, b > 0)$ を y 軸のまわりに回転してできる立体の体積を求めよ．また，x 軸のまわりに回転してできる立体の体積を求めよ．

4.8 簡単な微分方程式

導関数を含む方程式を**微分方程式**という．多くの物理現象や工学の問題は微分方程式で表される．この節では，積分を用いて解くことのできる微分方程式を 2 種類述べる．

この節では，初学者がイメージをつかみやすいように，独立変数を時間を表すパラメータと考えて t を採用する．したがって，求めたい関数 (**未知関数**という) は t の関数である．

[1] 1 階線形微分方程式

まず，物理学の例からはじめる．

○例 **4.7** 空気中を落下する質量 m の物体を考えて，時刻 t における高さを $x(t)$，速度を $v(t)$ とする．$\dfrac{d}{dt}x(t) = x'(t) = v(t)$ である．

空気抵抗を無視すると，g を重力加速度として，

$$\frac{d^2}{dt^2}x(t) = x''(t) = -g, \quad \frac{d}{dt}v(t) = v'(t) = -g$$

となる．

空気抵抗を考慮する場合は，抵抗の大きさは速度に比例するので，$\mu > 0$ を抵抗の大きさを表す定数とすると $v(t)$ は

$$mv'(t) = -mg - \mu v(t)$$

を満たす．

これらの方程式を解くことにより，$x(t), v(t)$ を求めることができる．

○例 **4.8** 放射性物質の時刻 t における総量を $x(t)$ とする．微小時間 $[t, t+h]$ 内の崩壊した放射性物質の量 $x(t) - x(t+h)$ が $x(t)$ と時間区間の幅 h に比例すると仮定すると，

$$\frac{x(t+h) - x(t)}{h} = -\alpha x(t)$$

となる．ただし，$\alpha > 0$ は崩壊の速さを表す定数である．

$h \to +0$ とすれば，$x(t)$ は $x'(t) = -\alpha x(t)$ を満たすと考えてよい．

一般に，t の関数 $f(t), g(t)$ が与えられたとき，未知関数 $x(t)$ に対する微分方程式

$$x'(t) = f(t)x(t) + g(t) \tag{4.3}$$

を**1階線形微分方程式**という．

「1階」というのは，$x(t)$ とその1次導関数のみを含む方程式であることを意味する．$g(t) = 0$ のとき，$x_1(t), x_2(t)$ がこの方程式の解であれば，$\alpha, \beta \in \mathbf{R}$ に対して $\alpha x_1(t) + \beta x_2(t)$ も解になることから，「線形方程式」という名前がついている．

微分方程式では2種類の問題が代表的で，それぞれに応じて解を考える：

(i) 微分方程式の解を，任意定数を用いてすべて求める，

(ii) ある t の値，たとえば $t = 0$ において，$x(0), x'(0)$ などを与えて，その条件を満たす $x(t)$ を求める．

(i) の問題の解を**一般解**という．(ii) は**初期値問題**という．例 4.7 において，時刻 $t=0$ において高さ h から初速 v_0 で鉛直方向に投げた物体の ($x(0)=h,\ x'(0)=v(0)=v_0$) 時刻 t における高さ $x(t)$ や速度 $v(t)$ を求める問題は典型的な例である．

(4.3) の一般解を求める．

まず，$g(t)=0$ の場合を考える．F を f の原始関数とする ($F'=f$)．(4.3) を

$$x'(t)-f(t)x(t)=0 \tag{4.4}$$

と書き直して両辺に $e^{-F(t)}$ を掛けると

$$e^{-F(t)}x'(t)-e^{-F(t)}f(t)x(t)=\left(e^{-F(t)}x(t)\right)'=0$$

となる．したがって，C を定数として $e^{-F(t)}x(t)=C$，よって，

$$x(t)=Ce^{F(t)}$$

となる．(4.4) は後で述べる変数分離形微分方程式の特別な場合である．

一般の $g(t)$ に対しては，

$$e^{-F(t)}x'(t)-e^{-F(t)}f(t)x(t)=\left(e^{-F(t)}x(t)\right)'=g(t)e^{-F(t)}$$

となるから，$H(t)$ を $g(t)e^{-F(t)}$ の原始関数とすると $e^{-F(t)}x(t)=H(t)$ となり，

$$x(t)=e^{F(t)}H(t)$$

と，不定積分 F,H を求めることにより微分方程式 (4.3) の一般解が得られる．

例題 4.41　m,g,μ を正の定数とし，例 4.7 で空気抵抗を考える場合の，速度 $v(t)$ に対する方程式

$$mv'(t)=-mg-\mu v(t)$$

の $v(0)=c$ を満たす解を求めよ．

解答． (4.3) における $f(t),g(t)$ が定数値の場合である．方程式を

$$v'(t)+\frac{\mu}{m}v(t)=-g$$

と書き直すと，

$$\left(e^{\frac{\mu}{m}t}v(t)\right)'=e^{\frac{\mu}{m}t}v'(t)+\frac{\mu}{m}e^{\frac{\mu}{m}t}v(t)=-ge^{\frac{\mu}{m}t}$$

となる．よって，両辺の $[0,t]$ 上の定積分を考えると，

$$e^{\frac{\mu}{m}t}v(t) - c = -\frac{mg}{\mu}\left(e^{\frac{\mu}{m}t} - 1\right)$$

となる．よって，

$$v(t) = ce^{-\frac{\mu}{m}t} - \frac{mg}{\mu}\left(1 - e^{-\frac{\mu}{m}t}\right)$$

となる． □

◆**問 23.** 次の微分方程式の一般解と，指定された初期条件を満たす解を求めよ．
(1) $x'(t) + 2x(t) = 0, \quad x(0) = 2$
(2) $x'(t) = (2t+1)x(t), \quad x(0) = -1$
(3) $x'(t) + 3x(t) = \sin t, \quad x(0) = 1$

定数変化法　関数 f, g が与えられたとして，ふたたび微分方程式

$$x'(t) - f(t)x(t) = g(t)$$

を考える．

$g(t) = 0$ であれば，F を f の原始関数 (不定積分) とすると

$$x(t) = Ce^{F(t)} \quad (C \text{ は定数})$$

によって解は与えられる．この $g(t) = 0$ のときの方程式を**斉次方程式**という．これに対して，一般の $g(t)$ のときの方程式を**非斉次方程式**という．

非斉次方程式を斉次方程式の解を用いて解く別の方法を述べる．このために定数 C を t の関数 $C(t)$ におきかえて，$x(t) = C(t)e^{F(t)}$ が非斉次方程式の解であるとする．このとき，方程式に代入すると，

$$\begin{aligned} x'(t) - f(t)x(t) &= C(t)F'(t)e^{F(t)} + C'(t)e^{F(t)} - f(t)C(t)e^{F(t)} \\ &= C'(t)e^{F(t)} \end{aligned}$$

となるから，$C(t)$ を

$$C'(t) = g(t)e^{-F(t)}$$

を満たす関数，つまり $g(t)e^{-F(t)}$ の原始関数とすると，$x(t) = C(t)e^{F(t)}$ は非斉次方程式の解となる．

このようにして，斉次方程式の解から非斉次方程式の解を求める方法を**定数変化法**という．

例題 4.42 (例題 4.41) m, g, μ を正の定数とし，例 4.7 で空気抵抗を考える場合の，速度 $v(t)$ に対する方程式

$$mv'(t) = -mg - \mu v(t)$$

の $v(0) = c$ を満たす解を定数変化法を用いて求めよ．

解答． 斉次方程式 $v'(t) + \dfrac{\mu}{m}v(t) = 0$ の解 $v_0(t)$ は $v_0(t) = Ce^{-\frac{\mu}{m}t}$ と書ける．$v(t) = C(t)e^{-\frac{\mu}{m}t}$ とおくと，

$$v'(t) + \frac{\mu}{m}v(t) = C'(t)e^{-\frac{\mu}{m}t}$$

となるから，$C(t)$ を

$$C'(t) = -ge^{\frac{\mu}{m}t}, \quad C(0) = c$$

を満たすように定めれば，非斉次方程式の初期値問題の解が得られる．実際，

$$C(t) = c - g\int_0^t e^{\frac{\mu}{m}s}\,ds = c - \frac{gm}{\mu}\left(e^{\frac{\mu}{m}t} - 1\right)$$

となる． □

[2] 変数分離形微分方程式

例 4.8 における方程式は

$$\frac{x'(t)}{x(t)} = -\alpha$$

と書ける．$x(t) > 0$ である解を考えると $(\log x(t))' = -\alpha$ であり

$$\log x(t) = -\alpha t + C'$$

となる．C' は積分定数である．$x(t) = e^{C'}e^{-\alpha t}$ より，上の微分方程式の解は，$e^{C'}$ をあらためて C と書けば，

$$x(t) = Ce^{-\alpha t} \qquad (\text{ただし，} C > 0)$$

と表される．

一般に，関数 $f(x), g(t)$ が与えられたときに，

$$x'(t) = f(x(t))g(t)$$

という形の未知関数 $x(t)$ に対する微分方程式を**変数分離形**という．

変数分離形の方程式も積分を用いて解ける．実際，

$$\frac{x'(t)}{f(x(t))} = g(t)$$

と $x(t)$ を左辺に移して，両辺の積分を考える．G を g の原始関数とすると

$$\int \frac{x'(t)}{f(x(t))}\,dt = G(t)$$

となる．したがって，$\widetilde{F}$ を $\dfrac{1}{f(x)}$ の原始関数とすると $(\widetilde{F}'(x) = \dfrac{1}{f(x)})$,

$$\widetilde{F}(x(t)) = G(t)$$

となる．よって，$\widetilde{F}$ の逆関数を考えれば，変数分離形微分方程式の一般解が求まる．

例題 4.43 (1) a を正の定数とするとき，$x'(t) = ax(t)$ の一般解を求めよ．

(2) さらに，b, K が $b < K$ を満たす正定数のとき，次の初期値問題を解け：

$$x'(t) = a(K - x(t))x(t), \quad x(0) = b.$$

(3) (2) の解に対して $\displaystyle\lim_{t\to\infty} x(t) = K$ を示せ．

解答． (1) $\dfrac{x'(t)}{x(t)} = a$ の両辺を t に関して積分すると，$\log|x(t)| = at + C'$ (C' は定数) となる．よって，$x(t) = \pm e^{at+C'}$ となり，あらためて C を定数として，$x(t) = Ce^{at}$ が一般解である．

(2) 方程式を書き換えると，

$$\frac{x'(t)}{x(t)(K - x(t))} = \frac{1}{K}\Big(\frac{x'(t)}{x(t)} + \frac{x'(t)}{K - x(t)}\Big) = a$$

が成り立つ．$t > 0$ が十分小なら $0 < x(t) < K$ であることに注意して両辺を積分すると，$x(0) = b$ より

$$\log x(t) - \log(K - x(t)) = aKt + \log b - \log(K - b)$$

となる．これから，$\dfrac{x(t)}{K - x(t)} = \dfrac{b}{K - b}e^{aKt}$ となり，すべての t に対して解が

次で与えられることがわかる：

$$x(t) = \frac{bKe^{aKt}}{(K-b)+be^{aKt}}.$$

(3) (2) で与えた解の形から，$\lim_{t\to\infty} x(t) = K$.　□

例題 4.44　$x'(t) = x(t)+1$ の単調増加な解を求めよ．

解答． まず，$\dfrac{x'(t)}{x(t)+1} = 1$ と書き直す．すると，$x'(t) > 0$ より

$$(\log(x(t)+1))' = 1, \quad \text{よって} \quad \log(x(t)+1) = t + C'$$

となり，$e^{C'}$ をあらためて C と書いて

$$x(t) = Ce^t - 1 \quad (\text{ただし，} C > 0)$$

となる．　□

◆問 24.　次の微分方程式の一般解と，指定された初期条件を満たす解を求めよ．ただし，解は $x(t) > 0$ を満たす t の範囲で考えることとする．

(1) $x'(t) = t^2 x(t), \quad x(0) = 2$

(2) $x'(t) = tx(t)^2, \quad x(0) = 1$

(3) $x'(t) = e^{-x(t)}, \quad x(0) = 1$

◆問 25.　$x'(t) = x(t)^2 - x(t) - 2$ の一般解を求めよ．ただし，$x(t) > 2$ とする．

第 4 章　章末問題

4.1　次の不定積分を求めよ．

(1) $\displaystyle\int \sin^3 x \cos x\, dx$　(2) $\displaystyle\int \cos^3 x\, dx$　(3) $\displaystyle\int \sqrt{x}\log x\, dx$

(4) $\displaystyle\int x\sin^2 x\, dx$　(5) $\displaystyle\int \frac{x^2}{(1-x)^3}\, dx$　(6) $\displaystyle\int \frac{x+1}{(3x-1)^2}\, dx$

(7) $\displaystyle\int \frac{x^3}{(x^2+1)^2}\, dx$　(8) $\displaystyle\int \frac{x^3}{x^2+1}\, dx$

4.2　次の定積分，広義積分の値を求めよ．ただし，n は正の整数とする．

(1) $\displaystyle\int_1^e x^n \log x\, dx$　(2) $\displaystyle\int_0^\pi x\cos^2 x\, dx$　(3) $\displaystyle\int_0^e (\log x)^2\, dx$

(4) $\displaystyle\int_0^1 x(x^2+1)^n\, dx$　(5) $\displaystyle\int_0^{\frac{\pi}{2}} \sin^3 x\, dx$　(6) $\displaystyle\int_0^{\sqrt{3}} \frac{x}{1+x^2}\, dx$

(7) $\displaystyle\int_0^{\sqrt{3}} \frac{1}{1+x^2}\,dx$　(8) $\displaystyle\int_1^{2} \frac{1}{x^2-x-6}\,dx$　(9) $\displaystyle\int_0^{\infty} \frac{1}{x^2+2x+2}\,dx$

(10) $\displaystyle\int_1^{\infty} \frac{1}{x(x^2+1)}\,dx$　(11) $\displaystyle\int_0^{\frac{\pi}{2}} \frac{1}{2+\cos x}\,dx$　(12) $\displaystyle\int_0^{\frac{\pi}{4}} \frac{1}{3-2\cos^2 x}\,dx$

(ヒント：(11) は $t=\tan\dfrac{x}{2}$，(12) は $t=\tan x$ とおいて置換積分を行う.)

4.3 次の極限値を求めよ.

(1) $\displaystyle\lim_{n\to\infty}\frac{1}{n}\sum_{k=1}^{n}\sqrt{\frac{k}{n}}$　(2) $\displaystyle\lim_{n\to\infty}\frac{1}{n}\sum_{k=1}^{n}\sqrt{\frac{n}{k}}$

(3) $\displaystyle\lim_{n\to\infty}\sum_{k=1}^{n}\frac{1}{n+k}$　(4) $\displaystyle\lim_{n\to\infty}\sum_{k=1}^{n}\frac{1}{\sqrt{n^2+k^2}}$

4.4 m, n を整数とするとき，次の定積分の値を求めよ.

(1) $\displaystyle\int_0^{2\pi}\sin(mx)\sin(nx)\,dx$　(2) $\displaystyle\int_0^{2\pi}\cos(mx)\cos(nx)\,dx$

(3) $\displaystyle\int_0^{2\pi}\sin(mx)\cos(nx)\,dx$

4.5 $f(x)=\dfrac{1}{x^p}$ $(x>0)$ はすべての $p>0$ に対して $(0,\infty)$ 上積分可能でないことを示せ.

4.6 f, g を区間 $(0,1]$ 上の連続関数とし，$0 \leqq f(x) \leqq g(x)$ かつ $\displaystyle\lim_{x\to+0} f(x)=0$ と仮定する．このとき，広義積分 $\displaystyle\int_0^1 g(x)\,dx$ が収束するならば，$\displaystyle\int_0^1 f(x)\,dx$ も収束する．このことを用いて，$f(x)=x^{p-1}(1-x)^{q-1}$ は p, $q>0$ であれば $(0,1)$ 上積分可能であることを示せ.

4.7 a, b を 0 でない実数として，I, J を次の積分で定める：

$$I=\int_0^{\infty} e^{-ax}\sin(bx)\,dx,\quad J=\int_0^{\infty} e^{-ax}\cos(bx)\,dx.$$

(1) 部分積分により，$I=\dfrac{b}{a}J$, $J=\dfrac{1}{a}-\dfrac{b}{a}I$ を示せ.

(2) I, J を求めよ.

(3) 次の不定積分を求めよ.

$$\int e^{-ax}\sin(bx)\,dx,\quad \int e^{-ax}\cos x\,dx.$$

4.8 $\displaystyle\int_0^1 (1+x)^n\,dx$ $(n=1,2,\ldots)$ を求めることにより次を示せ：

$${}_n\mathrm{C}_0+\frac{1}{2}\,{}_n\mathrm{C}_1+\frac{1}{3}\,{}_n\mathrm{C}_2+\cdots+\frac{1}{n+1}\,{}_n\mathrm{C}_n=\frac{2^{n+1}-1}{n+1}.$$

4.9 $I_n = \displaystyle\int_0^{\frac{\pi}{2}} \sin^n x\, dx$ とおく．

(1) I_1, I_2 を求めよ．

(2) $I_n = \dfrac{n-1}{n} I_{n-2}$ $(n \geqq 3)$ を示し，次の等式を示せ：

$$\int_0^{\frac{\pi}{2}} \sin^n x\, dx = \begin{cases} \dfrac{(n-1)(n-3)\cdots 3\cdot 1}{n(n-2)\cdots 4\cdot 2}\dfrac{\pi}{2} & (n \text{ が } 2 \text{ 以上の偶数のとき}), \\ \dfrac{(n-1)(n-3)\cdots 4\cdot 2}{n(n-2)\cdots 3\cdot 1} & (n \text{ が } 3 \text{ 以上の奇数のとき}). \end{cases}$$

(3) $\displaystyle\int_0^1 (1-t^2)^n\, dt$ を求めよ．

4.10 $I_n = \displaystyle\int_1^e (\log x)^n\, dx$ に対して，$I_n = e - nI_{n-1}$ が成り立つことを示せ．

4.11 (1) ベータ関数 $B(p,q)$ $(p,q > 0)$ に対して次の (i), (ii) を示せ：

(i) $B(m,n) = \dfrac{(m-1)!(n-1)!}{(m+n-1)!}$　$(m,n = 1,2,...)$,

(ii) $B(p,q) = \displaystyle\int_0^{\infty} \frac{t^{q-1}}{(1+t)^{p+q}}\, dt.$

(2) $a < b$ に対して，$\displaystyle\int_a^b (b-x)^m (x-a)^n\, dx$ $(m,n = 1,2,...)$ を求めよ．

4.12 (1) $a > 1$ とする．$\tan\dfrac{x}{2} = t$ による置換積分を用いて次を示せ：

$$\int_0^{\pi} \frac{1}{a - \cos x}\, dx = \frac{\pi}{\sqrt{a^2-1}}.$$

(2) (1) の等式の両辺を a で微分することにより，$\displaystyle\int_0^{\pi} \frac{1}{(2-\cos x)^2}\, dx$ の値を求めよ．

4.13 $p > -1$ とし，$I(a) = \displaystyle\int_0^1 x^{p+a}\, dx = \frac{1}{p+a+1}$ $(a > -p-1)$ とおく．$I(a)$ を a に関して微分することにより $\displaystyle\int_0^1 x^p (\log x)^m\, dx$ $(m = 1,2,...)$ を求めよ．

4.14 (1) $a > 0$ のとき，$J(a) = \displaystyle\int_0^{\frac{\pi}{2}} \frac{2a}{a^2 + \tan^2 x}\, dx$ を求めよ．

(2) $I(a) = \displaystyle\int_0^{\frac{\pi}{2}} \log(a^2\cos^2 x + \sin^2 x)\, dx$ とおく．$I'(a) = J(a)$ に注意して $I(a)$ を求めよ．

5
偏微分と応用

この章では，多変数関数の微分法とその応用について解説する．3 変数以上のときは 2 変数のときと大きな違いはないので，本書では主として 2 変数の場合のみを扱う．基本は，2 つの変数の一方を固定して定数と考えて他方の変数に関して微分する「偏微分」である．さらに，全微分などの 1 変数の場合にはない考え方についてもふれ，応用として極値問題について解説する．

5.1 多変数関数

D を xy 平面 $\mathbf{R}^2 = \{(x, y) \mid x, y \in \mathbf{R}\}$ の集合とする．$\mathbf{R}^2$ 全体や円や長方形など曲線で囲まれた集合を考えればよい．D の各点 (x, y) に対して実数 $f(x, y)$ が定まっているとき，f を D 上の **(2 変数) 関数**という．

D を f の**定義域**という．さらに，f のとる値の全体

$$f(D) = \{z = f(x, y) \mid (x, y) \in D\}$$

を f の**値域**という．

○例 **5.1** (1) $z = f(x, y) = x - 2y + 3$ は，$\mathbf{R}^2$ 上で定義された関数である．
(2) $z = f(x, y) = \sqrt{4 - x^2 - y^2}$ とおくと，f は原点中心，半径 2 の円板 $\{(x, y) \mid x^2 + y^2 \leqq 4\}$ を定義域とする関数である．

2 変数関数と同様に，3 変数関数や一般に n 変数関数を考えることができる．これらをまとめて，**多変数関数**という．

2 変数関数 $z = f(x, y)$ に対して，点 (x, y) が定義域を動くとき，空間内の点 $(x, y, z) = (x, y, f(x, y))$ の全体を f の**グラフ**という．

例 5.1(1) については，$-x+2y+z=3$ より，この関数のグラフは，法線ベクトルが $\begin{pmatrix} -1 \\ 2 \\ 1 \end{pmatrix}$ で，点 $(-3,0,0)$ を通る平面を表す．

例 5.1(2) については，$x^2+y^2+z^2=4$, $z \geqq 0$ より，関数のグラフは原点を中心とする半径 2 の球面の $z \geqq 0$ の部分である．

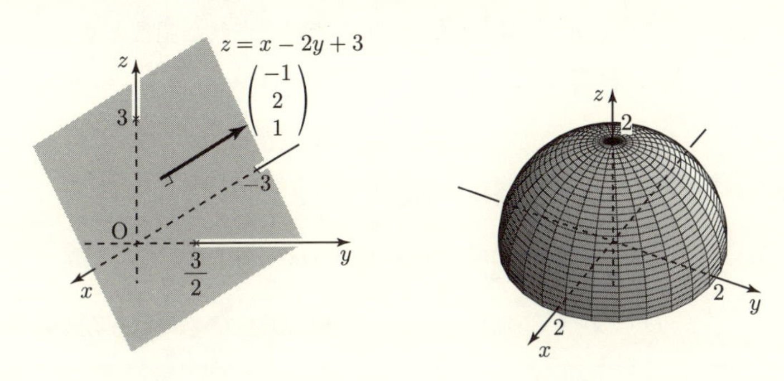

このように，2 変数関数 $z=f(x,y)$ のグラフは xyz 空間内の曲面を表すので，曲面 $z=f(x,y)$ といういい方もする．いくつか例をあげる．

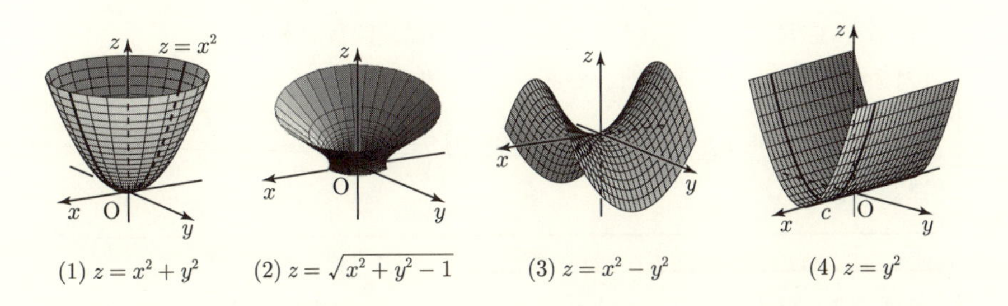

(1) $z=x^2+y^2$　(2) $z=\sqrt{x^2+y^2-1}$　(3) $z=x^2-y^2$　(4) $z=y^2$

(1) は**回転放物面**とよばれ，xz 平面上の放物線 $z=x^2$ を z 軸のまわりに回転させてできる．平面 $z=r^2$ $(r>0)$ で切って得られる曲線 (等高線) は，半径 r の円周である．

(2) は **1 葉双曲面**とよばれる曲面の $z>0$ の部分を表す．

(3) は**双曲放物面**とよばれる．一方の方向には増加，他方には減少である．

(4) は x について定数で，平面 $x=c$ で切った切り口 (グラフの太線) は放物線 $z=y^2$ である．

5.2 2変数関数の連続性

$\mathbf{R}^2$ 内の点列 $\{(x_n, y_n)\}_{n=1}^{\infty}$ が点 (a,b) に近づく (収束する) とき，つまり

$$(x_n - a)^2 + (y_n - b)^2 \to 0 \quad (n \to \infty)$$

のとき，$(x_n, y_n) \to (a,b)$ $(n \to \infty)$ と書く．

定義 5.1 $z = f(x,y)$ を $\mathbf{R}^2$ の集合 D 上で定義された関数とする．D に含まれ，$(a,b) \in D$ に収束するすべての点列 $\{(x_n, y_n)\}_{n=1}^{\infty}$ に対して，

$$|f(x_n, y_n) - f(a,b)| \to 0 \quad (n \to \infty)$$

となるとき，f は (a,b) で**連続**であるという．このとき，

$$\lim_{(x,y)\to(a,b)} f(x,y) = f(a,b)$$

と書く．f が D のすべての点で連続のとき，D 上で連続であるという．

1変数関数の場合と同様，次が成り立つ．

定理 5.1 $f(x,y)$, $g(x,y)$ を $\mathbf{R}^2$ の集合 D 上の連続関数とする．
(1) $\alpha, \beta \in \mathbf{R}$ に対して $\alpha f + \beta g$ も D 上の連続関数である．
(2) 積 fg も D 上の連続関数である．
(3) すべての $(x,y) \in D$ に対して $g(x,y) \neq 0$ であれば，商 $\dfrac{f}{g}$ も D 上の連続関数である．

定理 5.2 D を有界閉集合とすると，D 上の連続関数は D 上で最大値，最小値をもつ．

定理 5.3 $f(x,y)$ を集合 D 上の連続関数とし，$\varphi(z)$ を f の値域 $f(D)$ を含む $\mathbf{R}$ の集合上の連続関数とする．このとき，$\varphi(f(x,y))$ は D 上の連続関数である．

$f(x,y)$ が点 (a,b) で連続であるためには，(a,b) に収束する点列 $\{(x_n, y_n)\}_{n=1}^{\infty}$ すべてに対して実数列 $\{f(x_n, y_n)\}_{n=1}^{\infty}$ が収束することが必要である．よって，

1 変数のときと比べて，点列の収束の仕方に自由度が増すため注意が必要である．

例題 5.4 2 変数関数

$$f(x,y) = \begin{cases} \dfrac{xy}{x^2+y^2} & ((x,y) \neq (0,0)), \\ 0 & ((x,y) = (0,0)) \end{cases}$$

が点 $(0,0)$ で連続ではないことを示せ．

解答. f の値は原点以外の x 軸および y 軸上では 0 だから，$x_n \to 0$, $y_n \to 0$ であれば,

$$\lim_{n\to\infty} f(x_n, 0) = \lim_{n\to\infty} f(0, y_n) = 0$$

である．

一方, 直線 $y = x$ 上を $(0,0)$ に近づく点列 $\left\{(x_n, x_n)\right\}_{n=1}^{\infty}$ に対して $f(x_n, x_n) = \dfrac{1}{2}$ だから

$$\lim_{n\to\infty} f(x_n, x_n) = \frac{1}{2}$$

である．一般に, 直線 $y = kx$ $(k \in \mathbf{R})$ 上を $(0,0)$ に近づく点列 $\left\{(x_n, kx_n)\right\}_{n=1}^{\infty}$ に対して

$$\lim_{n\to\infty} f(x_n, kx_n) = \frac{k^2}{1+k^2}$$

である．

したがって，$f(0,0)$ をどのように定義しても f は $(0,0)$ で連続ではない． □

5.3 偏導関数

$f(x,y)$ を $\mathbf{R}^2$ の集合 D 上の関数とする．D 内の点 (a,b) に対し，$y = b$ と固定して x のみの関数 $f(x,b)$ を考える．この (1 変数) 関数が $x = a$ において微分可能のとき，$f(x,y)$ は x に関して (a,b) で**偏微分可能**といい，その微分係数を

$$\frac{\partial f}{\partial x}(a,b), \qquad \frac{\partial}{\partial x} f(a,b), \qquad f_x(a,b)$$

などと表し，$f(x,y)$ の (a,b) における x に関する**偏微分係数**という：

$$\frac{\partial f}{\partial x}(a,b) = f_x(a,b) = \lim_{h\to 0}\frac{f(a+h,b)-f(a,b)}{h}.$$

同様に，$x=a$ と固定したとき，y のみの関数 $f(a,y)$ が $y=b$ において微分可能であれば，$f(x,y)$ は y に関して (a,b) で**偏微分可能**といい，その微分係数を

$$\frac{\partial f}{\partial y}(a,b), \qquad \frac{\partial}{\partial y}f(a,b), \qquad f_y(a,b)$$

などと表し，$f(x,y)$ の (a,b) における y に関する偏微分係数という：

$$\frac{\partial f}{\partial y}(a,b) = f_y(a,b) = \lim_{k\to 0}\frac{f(a,b+k)-f(a,b)}{k}.$$

$f(x,y)$ が D のすべての点で偏微分可能のとき，D 上偏微分可能であるという．このとき，(x,y) に対して $f_x(x,y), f_y(x,y)$ を対応させる 2 変数関数が得られる．それぞれ，$f(x,y)$ の x,y に関する**偏導関数**という．

例題 5.5　$f(x,y)=e^{2x}\sin(3y)$ の偏導関数を求めよ．

解答. x に関する偏導関数を求めるには，y を定数とみなして x について微分すればよく，$f_x(x,y)=2e^{2x}\sin(3y)$ となる．

一方，y に関する偏導関数を求めるには，x を定数とみなして y について微分すればよく，$f_y(x,y)=3e^{2x}\cos(3y)$ となる． □

偏微分は，一方を定数とみなして微分するのだから，その定義，性質についてとくに新しいことはない．対数微分も同様に行う．

例題 5.6　$f(x,y)=x^y$ $(x>0,\ y\in\mathbf{R})$ の偏導関数を求めよ．

解答. $\log f(x,y) = y\log x$ であるから，両辺を x で偏微分すると，

$$\frac{f_x(x,y)}{f(x,y)} = \frac{y}{x}$$

となり，$f_x(x,y) = \dfrac{y}{x}f(x,y) = yx^{y-1}$ となる．

y に関する偏導関数は，$\dfrac{f_y(x,y)}{f(x,y)} = \log x$ より $f_y(x,y) = x^y\log x$ となる． □

◆**問 1.** 次の関数の x, y に関する偏導関数を求めよ.

(1) $f(x,y) = 5x - 4y + xy$　　(2) $f(x,y) = 4x^3 + 2x^2y - 3y^3$

(3) $f(x,y) = \log \dfrac{y}{x}$　　(4) $f(x,y) = \dfrac{2x-y}{x+y}$

(5) $f(x,y) = \arctan\left(\dfrac{y}{x}\right)$　　(6) $f(x,y) = (x+y)e^{3y}$

1 変数関数 $f(x)$ については, $x = a$ における微分係数 $f'(a)$ は曲線 $y = f(x)$ の $x = a$ における接線の傾きであった. 2 変数関数の偏微分係数も同様に考えることができる.

$y = b$ と固定して, 平面 $y = b$ 上の曲線 $z = f(x,b)$ を考える (下の左図参照). この曲線の $x = a$ における接線の傾きが $f_x(a,b)$ であり, 空間 $\mathbf{R}^3$ で考えると, この接線の方向ベクトルは $\begin{pmatrix} 1 \\ 0 \\ f_x(a,b) \end{pmatrix}$ である.

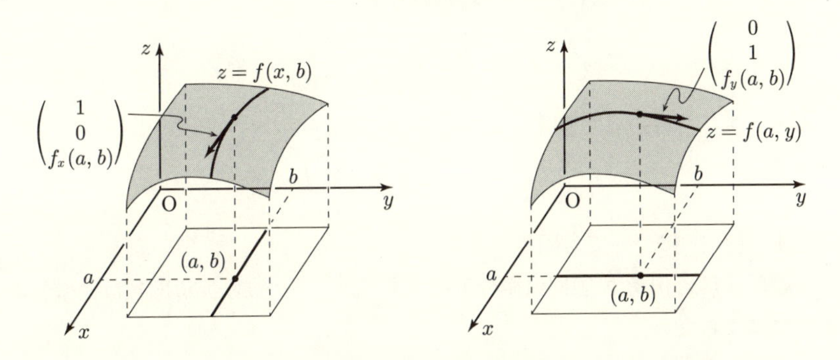

同様に, $x = a$ と固定して, 平面 $x = a$ 上の曲線 $z = f(a,y)$ を考える (上の右図参照). この曲線の $y = b$ における接線の傾きが $f_y(a,b)$ であり, 空間 $\mathbf{R}^3$ で考えるとこの接線の方向ベクトルは $\begin{pmatrix} 0 \\ 1 \\ f_y(a,b) \end{pmatrix}$ である.

さらに, 2 変数関数の場合は接平面を考えることになる. これについては, 5.7 節で述べる.

5.4 高階偏導関数

関数 $f(x,y)$ の偏導関数 $f_x(x,y), f_y(x,y)$ がまた偏微分可能であれば，2 階偏導関数 $(f_x)_x, (f_x)_y, (f_y)_x, (f_y)_y$ が定義される．さらに高階の偏導関数も同様に定義される．

○例 **5.2** $f(x,y)=x^4-2x^2y+y^3$ とおくと，$f_x=4x^3-4xy, f_y=-2x^2+3y^2$ であり，

$$(f_x)_x=12x^2-4y, \quad (f_x)_y=-4x, \quad (f_y)_x=-4x, \quad (f_y)_y=6y.$$

$(f_x)_y, (f_y)_x$ について，一般に次が成り立つ．

定理 5.7 $(f_x)_y, (f_y)_x$ がともに連続関数であれば，これらは一致する．

このことから，$(f_x)_y(x,y)=(f_y)_x(x,y)$ を

$$f_{xy}(x,y) \qquad \text{または} \qquad \frac{\partial^2 f}{\partial x \partial y}(x,y)$$

と表す．また，$(f_x)_x(x,y)$ は

$$f_{xx}(x,y) \qquad \text{または} \qquad \frac{\partial^2 f}{\partial x^2}(x,y)$$

と表す．$(f_y)_y$ についても同様である．

一般に，$f(x,y)$ が無限回偏微分可能であれば，その高階偏導関数は偏微分の順序にはよらない．

◆**問 2.** 次の関数に対して，f_{xx}, f_{xy}, f_{yy} を求めよ．
(1) $f(x,y)=4x^3+2x^2y-3y^3$ (2) $f(x,y)=(x+y)e^{3y}$

定理 5.7 の証明. $|h|, |k|$ は十分小さいとして

$$\Delta=\{f(x+h,y+k)-f(x+h,y)\}-\{f(x,y+k)-f(x,y)\}$$

とおく．y を固定して $\varphi(x)=f(x,y+k)-f(x,y)$ とおくと，

$$\Delta=\varphi(x+h)-\varphi(x)$$

となるから，平均値の定理 (定理 3.13) より

$$\Delta=\varphi'(x+\theta_1 h)h=(f_x(x+\theta_1 h,y+k)-f_x(x+\theta_1 h,y))h$$

を満たす θ_1 $(0 < \theta_1 < 1)$ が存在する．右辺を y の関数と考えて平均値の定理を用いると，

$$\Delta = (f_x)_y(x + \theta_1 h, y + \theta_2 k)hk$$

を満たす θ_2 $(0 < \theta_2 < 1)$ が存在する．仮定より $(f_x)_y$ は連続だから，

$$(f_x)_y(x, y) = \lim_{(h,k)\to(0,0)} \frac{\Delta}{hk}$$

が成り立つ．

一方，$\psi(y) = f(x + h, y) - f(x, y)$ とおくと，

$$\begin{aligned}\Delta &= \{f(x + h, y + k) - f(x, y + k)\} - \{f(x + h, y) - f(x, y)\} \\ &= \psi(y + k) - \psi(y)\end{aligned}$$

となるから，$\psi'(y) = f_y(x + h, y) - f_y(x, y)$ より，上と同様に平均値の定理を二回用いると，

$$(f_y)_x(x, y) = \lim_{(h,k)\to(0,0)} \frac{\Delta}{hk}$$

となり，$(f_x)_y = (f_y)_x$ が示される． □

5.5 合成関数の微分 (連鎖律)

1 変数関数の微分積分と同様，2 変数関数についても合成関数は重要である．次の 3 つのタイプの合成関数の微分を考える．

(1) 2 変数関数 $u = f(x, y)$ と 1 変数関数 $z = g(u)$ の合成関数：

$$z(x, y) = g(f(x, y)).$$

(2) 2 変数関数 $z = f(x, y)$ と 1 変数関数 $x = \phi(t)$, $y = \psi(t)$ の合成関数：

$$z(t) = f(\phi(t), \psi(t)).$$

(3) 2 変数関数 $z = f(x, y)$ と 2 変数関数 $x = \phi(u, v)$, $y = \psi(u, v)$ の合成関数：

$$z(u, v) = f(\phi(u, v), \psi(u, v)).$$

(1) の場合，偏微分は一方の変数を定数とみなして微分するので，1 変数の場合と同じで次のようになる：

$$\frac{\partial}{\partial x}g(f(x,y)) = g'(f(x,y))f_x(x,y),$$
$$\frac{\partial}{\partial y}g(f(x,y)) = g'(f(x,y))f_y(x,y).$$

(3) については，u についての偏微分は v を定数とみなして微分するので，(2) と同じである．

したがって，(2) の場合が重要である．(3) についても結果を後で述べる．

定理 5.8 (連鎖律)　2 変数関数 $z = f(x,y)$ と 1 変数関数 $x = \phi(t)$，$y = \psi(t)$ の合成関数 $z(t) = f(\phi(t),\psi(t))$ に対して，次が成り立つ：

$$\frac{d}{dt}f(\phi(t),\psi(t)) = f_x(\phi(t),\psi(t))\phi'(t) + f_y(\phi(t),\psi(t))\psi'(t).$$

1 変数関数 $g(x)$ と $x = \phi(t)$ の合成関数 $g(\phi(t))$ に対して

$$\frac{d}{dt}g(\phi(t)) = g'(\phi(t))\phi'(t)$$

である．定理は，$f(\phi(t),\psi(t))$ を微分するには，x, y それぞれの方向にこの合成関数の微分を行って，その和をとればよいことを示している．

証明. $|h|$ が十分小として，

$$\Delta x = \phi(t+h) - \phi(t), \qquad \Delta y = \psi(t+h) - \psi(t)$$

とおき，t に関して微分するために

$$\begin{aligned}
&f(\phi(t+h),\psi(t+h)) - f(\phi(t),\psi(t)) \\
&\quad = f(\phi(t)+\Delta x, \psi(t)+\Delta y) - f(\phi(t),\psi(t)) \\
&\quad = \left\{f(\phi(t)+\Delta x, \psi(t)+\Delta y) - f(\phi(t), \psi(t)+\Delta y)\right\} \\
&\qquad + \left\{f(\phi(t), \psi(t)+\Delta y) - f(\phi(t),\psi(t))\right\}
\end{aligned}$$

と書く．平均値の定理を右辺の各項に対して用いると，

$$\begin{aligned}
&f(\phi(t+h),\psi(t+h)) - f(\phi(t),\psi(t)) \\
&\quad = \frac{\partial f}{\partial x}(\phi(t)+\theta_1\Delta x, \psi(t)+\Delta y)\Delta x + \frac{\partial f}{\partial y}(\phi(t), \psi(t)+\theta_2\Delta y)\Delta y
\end{aligned}$$

を満たす θ_1, θ_2 $(0 < \theta_1, \theta_2 < 1)$ が存在することがわかる．

したがって，

$$\begin{aligned}&\frac{f(\phi(t+h),\psi(t+h))-f(\phi(t),\psi(t))}{h}\\&\quad=\frac{\partial f}{\partial x}(\phi(t)+\theta_1\Delta x,\psi(t)+\Delta y)\frac{\phi(t+h)-\phi(t)}{h}\\&\qquad+\frac{\partial f}{\partial y}(\phi(t),\psi(t)+\theta_2\Delta y)\frac{\psi(t+h)-\psi(t)}{h}\end{aligned}$$

となるから，f_x, f_y の連続性より，両辺の $h \to 0$ とした極限を考えると $\Delta x, \Delta y \to 0$ より次を得る：

$$\begin{aligned}&\lim_{h\to 0}\frac{f(\phi(t+h),\psi(t+h))-f(\phi(t),\psi(t))}{h}\\&\quad=f_x(\phi(t),\psi(t))\phi'(t)+f_y(\phi(t),\psi(t))\psi'(t).\end{aligned}$$ □

◆**問 3.** $f(x,y)=x^2-2xy+3y^2,\ \phi(t)=2t+3,\ \psi(t)=t^2$ とおく．

(1) $\dfrac{d}{dt}f(\phi(t),\psi(t))$ を連鎖律を用いて求めよ．

(2) $f(\phi(t),\psi(t))=(2t+3)^2-2(2t+3)t^2+3(t^2)^2$ を直接 t で微分して，(1) の結果と一致することを確かめよ．

◆**問 4.** $f(x,y)$ を偏微分可能な関数とする．

(1) $a,b\in\mathbf{R}$ に対し $z(t)=f(a+ht,b+kt)$ とおくとき，$z'(t)$ を求めよ．

(2) $z(t)=f(\sin t,\cos t)$ とおくとき，$z'(t)$ を求めよ．

定理 5.9 (平均値の定理) 集合 D 上の関数 $f(x,y)$ は連続な偏導関数をもつと仮定する．$(a,b),(x,y)$ およびこの 2 点を結ぶ線分が D に含まれているならば，

$$f(x,y)-f(a,b)=f_x(\xi,\eta)(x-a)+f_y(\xi,\eta)(y-b)$$

を満たす点 (ξ,η) $((\xi,\eta)\neq(a,b),(x,y))$ がこの線分上に存在する．

◆**問 5.** $x(t)=a+(x-a)t,\ y(t)=b+(y-b)t,\ F(t)=f(x(t),y(t))$ とおき，1 変数関数に対する平均値の定理 (定理 3.13) を用いて，定理 5.9 の証明を与えよ．

定理 5.10 (連鎖律) 2 変数関数 $z=f(x,y)$ と 2 変数関数 $x=\phi(u,v)$, $y=\psi(u,v)$ の合成関数 $z(u,v)=f(\phi(u,v),\psi(u,v))$ に対して，

$$\frac{\partial}{\partial u}f(\phi(u,v),\psi(u,v)) = f_x(\phi(u,v)),\psi(u,v))\phi_u(u,v) \\ + f_y(\phi(u,v),\psi(u,v))\psi_u(u,v),$$

$$\frac{\partial}{\partial v}f(\phi(u,v),\psi(u,v)) = f_x(\phi(u,v)),\psi(u,v))\phi_v(u,v) \\ + f_y(\phi(u,v),\psi(u,v))\psi_v(u,v).$$

証明は定理 5.8 を用いればよい．

○**例 5.3 極座標** $x = r\cos\theta, y = r\sin\theta$ $(r \geqq 0,\ 0 \leqq \theta < 2\pi)$ を用いて，$f(x,y)$ との合成関数 $f(r\cos\theta, r\sin\theta)$ を考えると，

$$\frac{\partial}{\partial r}f(r\cos\theta, r\sin\theta) = f_x(r\cos\theta, r\sin\theta)\cos\theta + f_y(r\cos\theta, r\sin\theta)\sin\theta,$$

$$\frac{\partial}{\partial \theta}f(r\cos\theta, r\sin\theta) = -f_x(r\cos\theta, r\sin\theta)r\sin\theta + f_y(r\cos\theta, r\sin\theta)r\cos\theta.$$

◆**問 6.** (1) $\dfrac{\partial^2}{\partial r^2}f(r\cos\theta, r\sin\theta)$, $\dfrac{\partial^2}{\partial \theta^2}f(r\cos\theta, r\sin\theta)$ を求めよ．

(2) $\dfrac{\partial^2}{\partial x^2}f + \dfrac{\partial^2}{\partial y^2}f = \dfrac{\partial^2}{\partial r^2}f + \dfrac{1}{r}\dfrac{\partial}{\partial r}f + \dfrac{1}{r^2}\dfrac{\partial^2}{\partial \theta^2}f$ を示せ．

5.6 テイラーの定理

本節では，2 変数関数に対するテイラーの定理を述べる．考え方は 1 変数のときと同じで，点 (x,y) が (a,b) に近いときに，$f(x,y)$ の値を $x-a$, $y-b$ の多項式で近似するということである．

f は何回でも偏微分可能であると仮定し，記号を短くするために

$$h = x-a, \quad k = y-b$$

とおいて，

$$F(t) = f(a+ht, b+kt) \quad (0 \leqq t \leqq 1)$$

によって F を定める．$F(0) = f(a,b)$, $F(1) = f(x,y)$ である．

1 変数関数に対するテイラーの定理 (定理 3.21) より

$$F(t) = F(0)+F'(0)t+\frac{F''(0)}{2!}t^2+\cdots+\frac{F^{(n)}(0)}{n!}t^n+\frac{1}{(n+1)!}F^{(n+1)}(\theta_t)t^{n+1}$$

を満たす θ_t $(0 < \theta_t < t)$ が存在する．とくに，$t=1$ のときを考えると，

$$f(x,y)=f(a,b)+F'(0)+\frac{F''(0)}{2!}+\cdots+\frac{F^{(n)}(0)}{n!}+\frac{1}{(n+1)!}F^{(n+1)}(\theta)$$

を満たす θ $(0<\theta<1)$ が存在する．

連鎖律 (定理 5.8) により

$$F'(t)=f_x(a+ht,b+kt)h+f_y(a+ht,b+kt)k,$$
$$F'(0)=f_x(a,b)h+f_y(a,b)k$$

となる．さらに，

$$F''(t)=\big\{(f_x)_x(a+ht,b+kt)h+(f_x)_y(a+ht,b+kt)k\big\}h \\ +\big\{(f_y)_x(a+ht,b+kt)h+(f_y)_y(a+ht,b+kt)k\big\}k$$

である．$(f_x)_y=(f_y)_x$ だから (定理 5.7)，

$$F''(t)=f_{xx}(a+ht,b+kt)h^2+2f_{xy}(a+ht,b+kt)hk \\ +f_{yy}(a+ht,b+kt)k^2 \qquad (5.1)$$

となり，

$$F''(0)=f_{xx}(a,b)h^2+2f_{xy}(a,b)hk+f_{yy}(a,b)k^2$$

が得られる．

したがって，

$$f(a+h,b+k)=f(a,b)+f_x(a,b)h+f_y(a,b)k \\ +\frac{1}{2}\big\{f_{xx}(a,b)h^2+2f_{xy}(a,b)hk+f_{yy}(a,b)k^2\big\}+\frac{1}{3!}F^{(3)}(\theta)$$

を満たす θ が存在する．

二項定理を念頭におくと，一般に

$$F^{(j)}(t)=\sum_{i=0}^{j}{}_j\mathrm{C}_i\frac{\partial^j f}{\partial x^i\partial y^{j-i}}(a+ht,b+kt)h^ik^{j-i},$$
$$F^{(j)}(0)=\sum_{i=0}^{j}{}_j\mathrm{C}_i\frac{\partial^j f}{\partial x^i\partial y^{j-i}}(a,b)h^ik^{j-i}$$

となることが示される．

◆**問 7.** (5.1) の両辺を微分して，次を示せ：

$$F^{(3)}(t)=f_{xxx}(a+ht,b+kt)h^3+3f_{xxy}(a+ht,b+kt)h^2k \\ +3f_{xyy}(a+ht,b+kt)hk^2+f_{yyy}(a+ht,b+kt)k^3.$$

F という関数を用いずにテイラーの定理を述べるために，関数を関数に移す「作用素」という概念を導入する．ここでは，$h, k \in \mathbf{R}$ として，

$$f(x,y) \quad \text{に対して} \quad h\frac{\partial}{\partial x}f(x,y) + k\frac{\partial}{\partial y}f(x,y) \quad \text{を対応させる}$$

作用素を $L = h\dfrac{\partial}{\partial x} + k\dfrac{\partial}{\partial y}$ とおく：

$$(Lf)(x,y) = h\frac{\partial}{\partial x}f(x,y) + k\frac{\partial}{\partial y}f(x,y).$$

したがって，

$$F'(0) = (Lf)(a,b)$$

である．

この作用素 L を 2 回施すと，

$$\begin{aligned} L^2 f &= L\Big(h\frac{\partial f}{\partial x} + k\frac{\partial f}{\partial y}\Big) \\ &= h\frac{\partial}{\partial x}\Big(h\frac{\partial f}{\partial x} + k\frac{\partial f}{\partial y}\Big) + k\frac{\partial}{\partial y}\Big(h\frac{\partial f}{\partial x} + k\frac{\partial f}{\partial y}\Big) \\ &= h^2 f_{xx} + 2hk f_{xy} + k^2 f_{yy} \end{aligned}$$

となり，上の $F(t)$ に対して

$$F''(0) = (L^2 f)(a,b)$$

となる．

一般に，$F^{(j)}(0) = (L^j f)(a,b)$ であり，テイラーの定理は次のように述べることができる．

定理 5.11 f を何回でも微分できる 2 変数関数とし，(a,b) をその定義域の点とする．$h = x - a$, $k = y - b$ とおき，L を上で定めた作用素とすると，

$$\begin{aligned} f(x,y) = f(a,b) + (Lf)(a,b) &+ \frac{1}{2!}(L^2 f)(a,b) \\ &+ \cdots + \frac{1}{n!}(L^n f)(a,b) + R_{n+1}, \end{aligned} \tag{5.2}$$

$$R_{n+1} = \frac{1}{(n+1)!}(L^{n+1} f)(a + \theta h, b + \theta k)$$

を満たす θ $(0 < \theta < 1)$ が存在する．

(5.2) を $f(x,y)$ の点 (a,b) における **n 次までのテイラー展開**といい，R_{n+1} を**剰余項**という．

$(a,b)=(0,0)$ のときは，**マクローリン展開**とよぶ．

例題 5.12 $f(x,y)=(x+y)e^{x-y}$ の 2 次までのマクローリン展開を求めよ．

解答． まず，$f(0,0)=0$ である．さらに，

$$f_x = e^{x-y}+(x+y)e^{x-y}, \quad f_y = e^{x-y}-(x+y)e^{x-y},$$

$$f_{xx} = 2e^{x-y}+(x+y)e^{x-y}, \quad f_{xy} = -(x+y)e^{x-y},$$

$$f_{yy} = -2e^{x-y}+(x+y)e^{x-y}$$

より，

$$f_x(0,0)=f_y(0,0)=1, \quad f_{xx}(0,0)=2, \quad f_{xy}(0,0)=0, \quad f_{yy}(0,0)=-2$$

となる．したがって，

$$f(x,y)=(x+y)+(x^2-y^2)+R_3$$

となる．ただし，R_3 は剰余項である． □

◆**問 8．** 次の関数の 2 次までのマクローリン展開を求めよ．ただし，剰余項は R_3 と書いておけばよい．

(1) $f(x,y)=e^x\cos y$ (2) $f(x,y)=e^{x+y}\log(1+y)$

(3) $f(x,y)=(1+x+3y)^3$

定理 5.13 定理 5.11 の仮定のもとで，さらにすべての (x,y) に対して

$$\frac{1}{n!}(L^n f)(x,y)\to 0 \quad (n\to\infty)$$

が成り立つとすると，f は

$$f(x,y)=f(a,b)+(Lf)(a,b)+\frac{1}{2!}(L^2f)(a,b)+\cdots+\frac{1}{n!}(L^nf)(a,b)+\cdots$$

と無限級数に展開される．

5.7 接平面・全微分

本節では，テイラー展開の 1 次の項に着目する．

［1］ 接 平 面

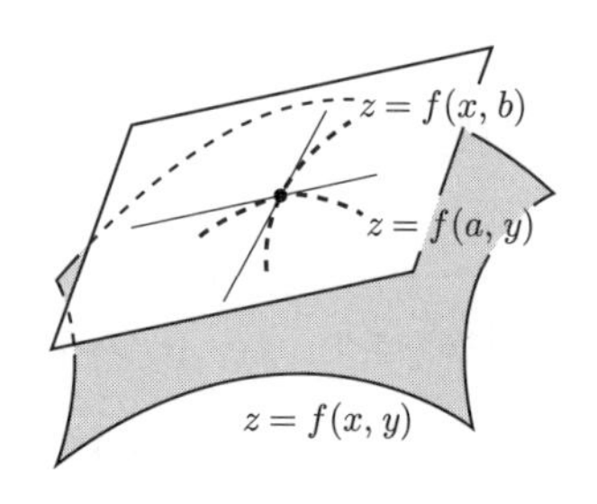

1 変数関数のグラフである曲線 $y=g(x)$ の接線を考えたように，曲面 $z=f(x,y)$ の接平面を考える．平面 $y=b$ 上の曲線 $z=f(x,b)$ の $x=a$ における接線，平面 $x=a$ 上の曲線 $z=f(a,y)$ の $y=b$ における接線は接平面上にあり，接平面はこれらの接線で決まる．これらの接線の方向ベクトルは，5.3 節で述べたように，$\begin{pmatrix} 1 \\ 0 \\ f_x(a,b) \end{pmatrix}$, $\begin{pmatrix} 0 \\ 1 \\ f_y(a,b) \end{pmatrix}$ である．ベクトル $\begin{pmatrix} f_x(a,b) \\ f_y(a,b) \\ -1 \end{pmatrix}$ は，これらと直交し接平面の法線ベクトルである．接平面は点 $(a,b,f(a,b))$ を通るので，その方程式は

$$f_x(a,b)(x-a)+f_y(a,b)(y-b)-(z-f(a,b))=0$$

または，

$$z=f_x(a,b)(x-a)+f_y(a,b)(y-b)+f(a,b)$$

となる．

2 変数関数 $f(x,y)$ に対してテイラーの定理を適用し，1 次までの項を考えると

$$f(x,y)=f(a,b)+f_x(a,b)(x-a)+f_y(a,b)(y-b)+R_2$$

となる．右辺の (剰余項) R_2 を除いた 1 次式で定義される関数

$$z=f(a,b)+f_x(a,b)(x-a)+f_y(a,b)(y-b)$$

は，接平面の方程式と一致する．

例題 5.14 楕円面 $z=f(x,y)=\sqrt{1-\dfrac{x^2}{4}-\dfrac{y^2}{9}}$ 上の点 $\left(1,\sqrt{3},\frac{\sqrt{15}}{6}\right)$ における接平面の方程式を求めよ．

解答． $f_x(x,y)=\dfrac{-\frac{x}{2}}{2z}=-\dfrac{x}{4z},\qquad f_y(x,y)=\dfrac{-\frac{2y}{9}}{2z}=-\dfrac{y}{9z}$

となるから，$f_x(1,\sqrt{3}) = -\dfrac{\sqrt{15}}{10}$，$f_y(1,\sqrt{3}) = -\dfrac{2\sqrt{5}}{15}$ である．よって，

$$z = -\frac{\sqrt{15}}{10}(x-1) - \frac{2\sqrt{5}}{15}(y-\sqrt{3}) + \frac{\sqrt{15}}{6}. \qquad \square$$

◆**問 9.** (1) 球面 $z = \sqrt{1-x^2-y^2}$ 上の点 $\left(\frac{1}{2}, \frac{1}{2}, \frac{1}{\sqrt{2}}\right)$ における接平面の方程式を求めよ．

(2) 曲面 $z = \sin x + \sin y + \sin(x+y)$ の点 $(0,0,0)$ における接平面の方程式を求めよ．

[2] 全微分

定義 5.2 2 変数関数 $f(x,y)$ が点 (a,b) において**全微分可能**であるとは，

$$\lim_{(x,y)\to(a,b)} \frac{f(x,y) - f(a,b) - A(x-a) - B(y-b)}{\sqrt{(x-a)^2+(y-b)^2}} = 0$$

を満たす実数 A, B が存在することをいう．(a,b) において微分可能ともいう．

また，集合 D 上で定義された関数 $f(x,y)$ が，D の各点で全微分可能なとき f は D 上で微分可能であるという．

(a,b) と (x,y) における f の値の差を df，x,y の変化量 $x-a$，$y-b$ をそれぞれ dx, dy と書くと，全微分可能であるとは，df が $A\,dx + B\,dy$ にほぼ等しいということである．

定理 5.15 f が D 上偏微分可能で偏導関数 f_x, f_y が連続であれば，f は D 上全微分可能であり，

$$\lim_{(x,y)\to(a,b)} \frac{f(x,y) - f(a,b) - f_x(a,b)(x-a) - f_y(a,b)(y-b)}{\sqrt{(x-a)^2+(y-b)^2}} = 0$$

が成り立つ．

証明. $x-a=h$，$y-b=k$ とおく．平均値の定理 (定理 3.13) から，

$$\begin{aligned} f(x,y) - f(a,b) &= f(a+h, b+k) - f(a,b) \\ &= \bigl\{f(a+h,b+k) - f(a,b+k)\bigr\} + \bigl\{f(a,b+k) - f(a,b)\bigr\} \end{aligned}$$

$$= f_x(a+\theta_1 h, b+k)h + f_y(a, b+\theta_2 k)k$$

を満たす θ_1, θ_2 $(0 < \theta_1, \theta_2 < 1)$ が存在する．さらに，

$f(x,y) - f(a,b) = f_x(a,b)h + f_y(a,b)k + \Delta(h,k)$,

$\Delta(h,k) = \bigl\{f_x(a+\theta_1 h, b+k) - f_x(a,b)\bigr\}h + \bigl\{f_y(a, b+\theta_2 k) - f_y(a,b)\bigr\}k$

と書く．$r = \sqrt{(x-a)^2+(y-b)^2}$ とおくと，$\dfrac{|h|}{r} \leqq 1$, $\dfrac{|k|}{r} \leqq 1$ であるから

$$\frac{|\Delta(h,k)|}{r} \leqq |f_x(a+\theta_1 h, b+k) - f_x(a,b)| + |f_y(a, b+\theta_2 k) - f_y(a,b)|$$

が成り立つ．仮定より，右辺は $r \to 0$，つまり $h, k \to 0$ のとき 0 に収束する．したがって，次を得る：

$$\lim_{(x,y)\to(a,b)} \frac{f(x,y) - f(a,b) - f_x(a,b)(x-a) - f_y(a,b)(y-b)}{r} = 0.$$

□

この定理から，f が連続な偏導関数をもつとき

$$f_x(a,b)\,dx + f_y(a,b)\,dy$$

を点 (a,b) における**全微分**とよび，これを $df(a,b)$ と表す．

★注意　微分においては関数の値の微小な変化を考えるので，全微分は自然な概念である．偏微分のみでは十分でないことを例を用いて述べる．

このために，$f(x,y) = \begin{cases} \dfrac{xy}{x^2+y^2} & ((x,y) \neq (0,0)) \\ 0 & ((x,y) = (0,0)) \end{cases}$ とおく．

$$\lim_{h\to 0} \frac{f(h,0) - f(0,0)}{h} = 0, \qquad \lim_{k\to 0} \frac{f(0,k) - f(0,0)}{k} = 0$$

より，f は点 $(0,0)$ において偏微分可能で $f_x(0,0) = 0, f_y(0,0) = 0$ である．

しかし，$f(x,y)$ は $(0,0)$ で連続ではない (例題 5.4)．1 変数関数の場合，連続でない関数の微分を考えることはない．つまり，偏微分は 1 変数関数の微分の拡張にはなっておらず，全微分を考える必要があるのである．

◆問 10.　$f(x,y) = x^y$ $(x > 0,\ y \in \mathbf{R})$ とおく．

(1) f の点 $(2,1)$ における全微分を求めよ．

(2) $2.02^{1.03}$ の近似値を求めよ．ただし，$\log 2 = 0.693$ として計算せよ．

$f(x,y)$ を点 (a,b) の近くで定義された関数とする．このとき，(a,b) を通る直線 $\begin{pmatrix} x \\ y \end{pmatrix} = \begin{pmatrix} a \\ b \end{pmatrix} + t\begin{pmatrix} h \\ k \end{pmatrix}$ に沿って $(x,y) \to (a,b)$ としたとき，つまり $t \to 0$ としたとき，極限

$$\lim_{t\to 0} \frac{f(a+th, b+tk) - f(a,b)}{t}$$

が存在するならば f は $\begin{pmatrix} h \\ k \end{pmatrix}$ 方向に**方向微分可能**であるといって，この極限を $\begin{pmatrix} h \\ k \end{pmatrix}$ 方向の**方向微分**という．方向微分は，テイラーの定理を述べる際に用いた微分作用素と同じものである．

定理 5.16 $f(x,y)$ が点 (a,b) の近くで連続な偏導関数をもてば，f は (a,b) においてすべての方向に方向微分可能で，$\begin{pmatrix} h \\ k \end{pmatrix}$ 方向の方向微分は

$$\frac{\partial f}{\partial x}(a,b)h + \frac{\partial f}{\partial y}(a,b)k$$

によって与えられる．

5.8 極値問題

2 変数関数 $z = f(x,y)$ が点 (a,b) において**極大値**をもつとは，(a,b) の近くの (a,b) 以外のすべての (x,y) に対して

$$f(a,b) > f(x,y)$$

となることである．つまり，$f(a,b)$ が (a,b) の近くでは唯一の最大値となっていることをいう．逆の不等式が成り立つとき，**極小値**をもつという．$f(x,y)$ が極大値または極小値をもつとき，**極値**をもつという．

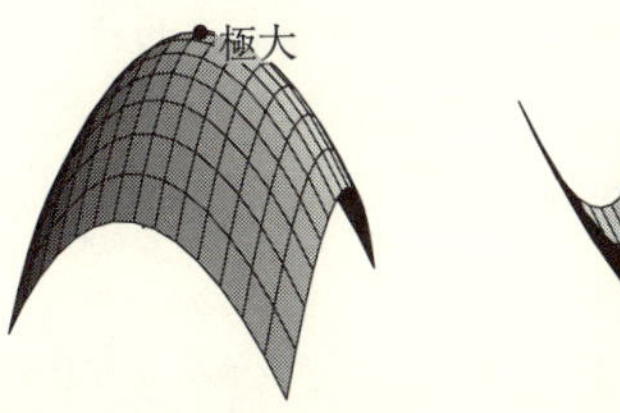

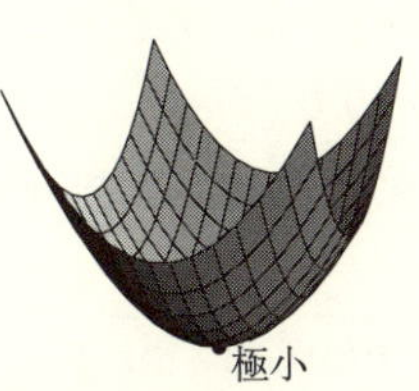

1 変数関数 $y=f(x)$ が $x=a$ において極値をもつならば，$x=a$ における接線は x 軸に平行で $f'(a)=0$ となる．2 変数関数の場合，$z=f(x,y)$ が点 (a,b) において極値をもつならば，接平面は xy 平面に平行でなければならない．

定理 5.17 2 変数関数 $z=f(x,y)$ が点 (a,b) において極値をもつならば，

$$f_x(a,b)=0 \quad \text{かつ} \quad f_y(a,b)=0.$$

$f_x(a,b)=0$ かつ $f_y(a,b)=0$ を満たす点 (a,b) を f の**停留点**，または**臨界点**という．停留点は極値をもつ点の候補である．停留点において極値をもつとは限らないのは 1 変数関数と同様である[1]が，さらに次の例のような場合もある．

○**例 5.4** $f(x,y)=x^2-y^2$ は点 $(0,0)$ を停留点にもつ．しかし，

$$|x|>|y| \text{ ならば } f(x,y)>0,$$

$$|x|<|y| \text{ ならば } f(x,y)<0$$

であり，f は $(0,0)$ において極値はもたない．

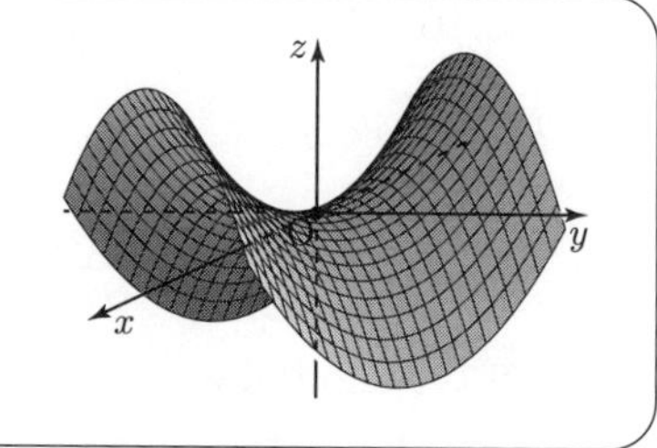

この例のような停留点を，**鞍**(あん)**点**という．

$z=f(x,y)$ の停留点 (a,b) における 2 次までのテイラー展開を考えると，

$$f(a+h,b+k)=f(a,b)+\frac{1}{2}\left\{f_{xx}(a,b)h^2+2f_{xy}(a,b)hk+f_{yy}(a,b)k^2\right\}+R_3$$

となる．これから，$|h|,|k|$ が十分小のとき $((h,k)\neq(0,0))$ につねに

$$f_{xx}(a,b)h^2+2f_{xy}(a,b)hk+f_{yy}(a,b)k^2<0 \tag{5.3}$$

が成り立つならば，f は (a,b) において極大値をもつことがやはり 1 変数のときと同様にわかる (定理 3.26 参照)．また，(5.3) において逆の不等式が成り立つならば，f が (a,b) において極小値をもつ．

極値は停留点の近くでの関数 $f(x,y)$ の挙動をみるわけだが，(5.3) は符号の判定をすればよいので，$|h|,|k|$ が十分小さいときに (5.3) が成り立つことは，すべての h,k に対して (5.3) が成り立つことと同値である．

---

1) $f(x)=x^3$ は $f'(0)=0$ を満たすが，f は単調増加であり $x=0$ で極値はもたない．

したがって，次の極値の判定条件を得る．

定理 5.18 2変数関数 $z = f(x, y)$ が，$(x, y) = (a, b)$ のとき

$$f_x(a, b) = 0 \quad かつ \quad f_y(a, b) = 0$$

を満たすと仮定し，$A, B, C, \Delta(h, k)$ を次で定める：

$$A = f_{xx}(a, b), \quad B = f_{xy}(a, b), \quad C = f_{yy}(a, b)$$

$$\Delta(h, k) = Ah^2 + 2Bhk + Ck^2.$$

(1) すべての $(h, k) \neq (0, 0)$ に対して $\Delta(h, k) < 0$ であれば，f は点 (a, b) において極大値をもつ．

(2) すべての $(h, k) \neq (0, 0)$ に対して $\Delta(h, k) > 0$ であれば，f は点 (a, b) において極小値をもつ．

(3) $\Delta(h_1, k_1) > 0$ を満たす (h_1, k_1)，$\Delta(h_2, k_2) < 0$ を満たす (h_2, k_2) がともに存在するならば，点 (a, b) は f の鞍点である．

例題 5.19 $f(x, y) = x^3 + 8y^3 - 12xy$ の極値を求めよ．

解答． まず，

$$f_x(x, y) = 3(x^2 - 4y), \quad f_y(x, y) = 12(2y^2 - x)$$

から，連立方程式 $f_x(x, y) = 0, f_y(x, y) = 0$ を解く．

$x = 2y^2$ を $x^2 - 4y = 0$ に代入すると，$4y^4 - 4y = 4y(y^3 - 1) = 0$ となるので，f は $(0, 0), (2, 1)$ を停留点にもつ．また，2階偏導関数は

$$f_{xx}(x, y) = 6x, \quad f_{xy}(x, y) = -12, \quad f_{yy}(x, y) = 48y.$$

(i) $(x, y) = (0, 0)$ のとき．

$$f_{xx}(0, 0) = 0, \quad f_{xy}(0, 0) = -12, \quad f_{yy}(0, 0) = 0$$

である．$\Delta(h, k) = -24hk$ は，正にも負にもなりうるので，$(0, 0)$ は f の鞍点である．

(ii) $(x, y) = (2, 1)$ のとき．

$$f_{xx}(2, 1) = 12, \quad f_{xy}(2, 1) = -12, \quad f_{yy}(2, 1) = 48$$

である．平方完成すると，

$$\Delta(h,k) = 12h^2 - 24hk + 48k^2 = 12(h-k)^2 + 36k^2$$

となり，$(h,k) \neq (0,0)$ であれば $\Delta(h,k) > 0$ である．したがって，$f(x,y)$ は $(2,1)$ において極小値 -8 をもつ． □

◆**問 11.** 次の関数の停留点と極値を求めよ．ただし，(4) は $x,y>0$ とする．

(1) $f(x,y) = x^3 + y^3 - 3xy$　　(2) $f(x,y) = (x^2+y^2)^2 - 8(x^2-y^2)$

(3) $f(x,y) = (x+y)e^{-x^2-y^2}$　　(4) $f(x,y) = xy + \dfrac{4}{x} + \dfrac{2}{y}$

◆**問 12.** 辺の長さの和が一定の直方体のうちで体積が最大になるものは何か．

極値問題を解くには，例題 5.19 のように

(1) 停留点を求める，

(2) 停留点における 2 次の項の ($\Delta(h,k)$ の) 正負の判定をする．

テイラー展開を念頭において，このように判定するのがよいと思われるが，次のように判定することもできる．

定理 5.20　2 変数関数 $z = f(x,y)$ が，$(x,y) = (a,b)$ のとき

$$f_x(a,b) = 0 \quad かつ \quad f_y(a,b) = 0$$

を満たすと仮定し，A, B, C を次で定める：

$$A = f_{xx}(a,b), \quad B = f_{xy}(a,b), \quad C = f_{yy}(a,b).$$

(1) $A<0,\ B^2 - AC < 0$ のとき，f は点 (a,b) で極大値をもつ．

(2) $A>0,\ B^2 - AC < 0$ のとき，f は点 (a,b) で極小値をもつ．

(3) $B^2 - AC > 0$ のとき，点 (a,b) は f の鞍点である．

定理 5.18, 5.20 (1)–(3) 以外の場合は，さまざまなことが起こりうるので本書ではふれない．テイラーの定理を用いて個別に考察するのがよい．

証明. 平方完成をすると，$A \neq 0$ のとき次が成り立つ：

$$\Delta(h,k) = Ah^2 + 2Bhk + Ck^2 = A\left(h + \frac{B}{A}k\right)^2 + \frac{AC - B^2}{A}k^2.$$

(1) $A<0,\ \dfrac{AC-B^2}{A} < 0$ より $\Delta(h,k) < 0,\ (h,k) \neq (0,0)$ である．

(2) $A>0,\ \dfrac{AC-B^2}{A} > 0$ より $\Delta(h,k) > 0,\ (h,k) \neq (0,0)$ である．

(3) のとき，$A \neq 0$ であれば A と $\dfrac{AC-B^2}{A}$ の符号が異なるので (a,b) は f の鞍点である．$A=0$ であれば，$B \neq 0$ であり $2Bhk+Ck^2=k(2Bh+Ck)$ は正にも負にもなりうるので，やはり (a,b) は f の鞍点である． □

$\boldsymbol{h}=\begin{pmatrix} h \\ k \end{pmatrix}$，$\Lambda=\begin{pmatrix} A & B \\ B & C \end{pmatrix}$ とおくと，$\Delta(h,k)$ を

$$\Delta(h,k)=\boldsymbol{h}\cdot\Lambda\boldsymbol{h}$$

と表すことができる．ただし，$\boldsymbol{a}=\begin{pmatrix} a_1 \\ a_2 \end{pmatrix}$，$\boldsymbol{b}=\begin{pmatrix} b_1 \\ b_2 \end{pmatrix}$ に対して $\boldsymbol{a}\cdot\boldsymbol{b}=a_1b_1+a_2b_2$ は $\mathbf{R}^2$ 上の内積である．対称行列 Λ の固有値 λ_1,λ_2 は実数で，直交行列 P が存在して（${}^tP$ を P の転置行列とすると ${}^tP=P^{-1}$），

$$P\Lambda{}^tP=\begin{pmatrix} \lambda_1 & 0 \\ 0 & \lambda_2 \end{pmatrix} \quad (D \text{ と書く})$$

と対角化できるので，$\boldsymbol{h}'=P\boldsymbol{h}=\begin{pmatrix} h' \\ k' \end{pmatrix}$ とおくと

$$\Delta(h,k)=\boldsymbol{h}\cdot({}^tPDP\boldsymbol{h})=(P\boldsymbol{h})\cdot(DP\boldsymbol{h})=\lambda_1(h')^2+\lambda_2(k')^2$$

となる．

これから次を得る．

定理 5.21 2変数関数 $z=f(x,y)$ が，$(x,y)=(a,b)$ のとき

$$f_x(a,b)=0 \quad \text{かつ} \quad f_y(a,b)=0$$

を満たすと仮定し，2次行列 Λ を次で定める：

$$\Lambda=\begin{pmatrix} A & B \\ B & C \end{pmatrix}, \quad A=f_{xx}(a,b), \quad B=f_{xy}(a,b), \quad C=f_{yy}(a,b).$$

(1) Λ の固有値がともに負ならば，f は点 (a,b) において極大値をもつ．
(2) Λ の固有値がともに正ならば，f は点 (a,b) において極小値をもつ．
(3) Λ が正と負の固有値をもてば，点 (a,b) は f の鞍点である．

n 変数関数の極値問題もほぼ同様である．定理 5.21 の拡張のみ主張を与える．

定理 5.22 n 変数関数 $f(x_1, x_2, ..., x_n)$ が $\boldsymbol{a} = (a_1, a_2, ..., a_n)$ において

$$\frac{\partial f}{\partial x_i}(a_1, a_2, ..., a_n) = 0 \quad (i = 1, 2, ..., n)$$

を満たすと仮定する．Λ を

$$\Lambda = \left(\frac{\partial^2 f}{\partial x_i \partial x_j}(a_1, a_2, ..., a_n)\right)_{i,j=1,2,...,n}$$

によって与えられる n 次対称行列とすると，次が成り立つ：

(1) Λ の固有値がすべて負ならば，f は $\boldsymbol{a}$ において極大値をもつ．

(2) Λ の固有値がすべて正ならば，f は $\boldsymbol{a}$ において極小値をもつ．

(3) Λ の固有値がすべて 0 でなくて，正と負の固有値をともにもつならば，$\boldsymbol{a}$ は f の鞍点である．

5.9 陰関数とその微分

$f(x, y)$ を連続な偏導関数をもつ 2 変数関数とする．$f(x, y(x)) = 0$ を満たす x の関数 $y = y(x)$ が存在するとき，$y(x)$ を $f(x, y) = 0$ が定める**陰関数**という．

たとえば，原点中心，半径 r の円周上の点 (x, y) は $f(x, y) = x^2 + y^2 - r^2 = 0$ を満たし，$y \geqq 0$ の部分は $y = y(x) = \sqrt{r^2 - x^2}$ によって与えられる．この関数は $|x| < r$ ならば微分可能である．しかし，$x = \pm r$ の近くでは $x^2 + y^2 - r^2 = 0$ から y を x の関数としてただ一つ定めることができない．

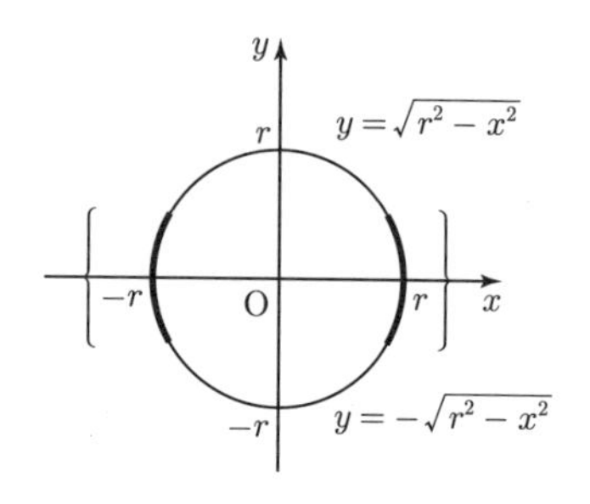

したがって，陰関数を考えるときは，陰関数が存在するか，存在するならば導関数はどのように計算されるかが重要である．

$y = y(x)$ が $f(x, y) = 0$ の定める陰関数で微分可能とする．$f(x, y(x)) = 0$ の両辺を x で微分すると，連鎖律 (定理 5.8) より

$$f_x(x, y(x)) + f_y(x, y(x))y'(x) = 0 \tag{5.4}$$

が成り立つ．よって，$f_y(x, y(x)) \neq 0$ ならば，$y'(x) = -\dfrac{f_x(x, y(x))}{f_y(x, y(x))}$ となる．

上の $f(x, y) = x^2 + y^2 - r^2$ の場合であれば，$(x, y) = (r, 0), (-r, 0)$ において $f_y(x, y) = 2y$ は 0 となる．

これらのことから，$f_y(a, b) = 0$ を満たす点 (a, b) は避けるほうがよいと考えられる．実際，次が成り立つ．証明は省略する．

定理 5.23 (陰関数定理) 2 変数関数 $f(x, y)$ は集合 D 上で連続な偏導関数をもつと仮定する．$(a, b) \in D$ において $f(a, b) = 0$, $f_y(a, b) \neq 0$ が成り立つならば，$x = a$ を含む開区間 I 上で定義された $f(x, y(x)) = 0$ を満たす微分可能な関数 $y = y(x)$ がただ一つ存在する．このとき，y の導関数は次で与えられる：

$$y'(x) = -\frac{f_x(x, y(x))}{f_y(x, y(x))} \qquad (x \in I).$$

例題 5.24 楕円 $\dfrac{x^2}{a^2} + \dfrac{y^2}{b^2} = 1$ 上の点 (x_0, y_0) における接線の方程式が，$\dfrac{x_0 x}{a^2} + \dfrac{y_0 y}{b^2} = 1$ によって与えられることを示せ．

解答． $y_0 = 0$ のとき，接線の方程式は $x = a$ または $x = -a$ によって与えられる．よって $y_0 \neq 0$ のときを考えればよい．

$f(x, y) = \dfrac{x^2}{a^2} + \dfrac{y^2}{b^2} - 1$ とおくと，$y_0 \neq 0$ のとき $f_y(x_0, y_0) = \dfrac{2y_0}{b^2} \neq 0$ である．よって，陰関数定理より $x = x_0$ の近くで定義された陰関数 $y = y(x)$ が存在し，

$$y'(x_0) = -\frac{2x_0}{a^2} \cdot \frac{b^2}{2y_0} = -\frac{b^2 x_0}{a^2 y_0}$$

である．したがって，(x_0, y_0) における接線の方程式は

$$y = -\frac{b^2 x_0}{a^2 y_0}(x - x_0) + y_0$$

となる．$\dfrac{x_0^2}{a^2} + \dfrac{y_0^2}{b^2} = 1$ を用いて整理すると，結論を得る． □

陰関数 y の 2 次導関数も同様である．実際，(5.4) の両辺を x で微分すると，

$$f_{xx}(x,y(x)) + f_{xy}(x,y(x))y'(x)$$
$$+ \{f_{xy}(x,y(x)) + f_{yy}(x,y(x))y'(x)\}y'(x) + f_y(x,y(x))y''(x) = 0$$

となることから $y''(x)$ が求まる．

例題 5.25 $x^2 + 2xy + 4y^2 = 3$ の定める陰関数を $y = y(x)$ とする．
(1) $y'(x)$ を x, y を用いて表せ．
(2) $y'(x) = 0$ を満たす x をすべて求めよ．
(3) (2) で求めた x に対し，$y''(x)$ の値を求めよ．

解答． (1) 与式の両辺を x で微分すると，$2x + 2(xy' + y) + 8yy' = 0$ となり，

$$y' = -\frac{x+y}{x+4y}.$$

(2) $y' = 0$ となるのは $y = -x$ のときで，これを与式に代入すると $3x^2 = 3$ となり $x = \pm 1$, $y = \mp 1$ (複号同順) となる．与式の左辺を $f(x,y)$ とおくと，$f_y(x,y) = 2x + 8y$ であり，これらの点で 0 でないので $x = \pm 1$ の近くで陰関数が定まる．
(3) (1) で得た等式 $x + y + (x + 4y)y' = 0$ の両辺を x で微分すると，

$$1 + y'(x) + (1 + 4y'(x))y'(x) + (x + 4y(x))y''(x) = 0$$

となる．

$x = 1$ においては，$y(1) = -1, y'(1) = 0$ だから $y''(1) = \dfrac{1}{3} > 0$ となり，陰関数が $x = 1$ において極小値 -1 をもつことがわかる (定理 3.26(4) 参照)．

同様に，$x = -1$ においては $y''(-1) = -\dfrac{1}{3} < 0$ であり，陰関数は $x = -1$ において極大値 1 をもつ． □

◆**問 13.** $x^3 + y^3 - 3xy = 0$ の定める陰関数を $y = y(x)$ とする．
(1) $y'(x) = 0$ を満たす x をすべて求めよ．
(2) (1) で求めた x に対し，$y''(x)$ の値を求めよ．
(3) $y = y(x)$ の極値を求めよ．

5.10 条件付き極値問題

(x,y) が $g(x,y)=0$ という形の条件を満たしながら動くときに，2 変数関数 $f(x,y)$ の極値を求める問題を**条件付き極値問題**という．

例題 5.26 (x,y) が単位円周 $x^2+y^2=1$ 上を動くときの，$f(x,y)=xy$ の最大値，最小値を求める．

次が基本定理である．

定理 5.27 条件 $g(x,y)=0$ のもとで，$f(x,y)$ が点 (a,b) において極値をとると仮定する．このとき，$g_x(a,b)\neq 0$ または $g_y(a,b)\neq 0$ であれば，

$$\begin{cases} f_x(a,b)+\lambda g_x(a,b)=0, \\ f_y(a,b)+\lambda g_y(a,b)=0 \end{cases}$$

を満たす定数 λ が存在する．

$f(x,y)=c$ を満たす (x,y) の全体 (等高線) が c を動かすと図の色の薄い曲線のようになっていて，図の中心にいくほど f の値は大きいとする．実線で $g(x,y)=0$ の定める (x,y) 全体を表し，その上で $f(x,y)$ の値を考える．等高線を曲線 $g(x,y)=0$ が横切っている点の前後では $f(x,y)$ の値が増加または減少し，極値をとる点 (a,b) においては曲線と等高線が接していること，接線が一致することが読みとれる．

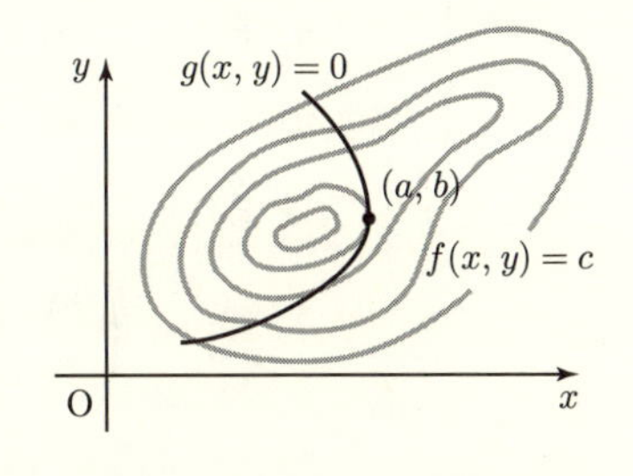

定理の直感的な意味は，

$$\frac{f_x(a,b)}{f_y(a,b)}=\frac{g_x(a,b)}{g_y(a,b)}$$

であり，これは $f(x,y)=f(a,b)$ と $g(x,y)=0$ の定める陰関数のグラフの接線が一致することを示している．

証明. まず，$g_y(a,b)\neq 0$ の場合を考える．λ を

$$f_y(a,b)+\lambda g_y(a,b)=0$$

を満たす定数として，$f_x(a,b)+\lambda g_x(a,b)=0$ を示す．

$g_y(a,b)\neq 0$ より，$x=a$ の近くで定義された $g(x,y)=0$ の定める陰関数 $y=\varphi(x)$ がただ一つ存在する．

いま，x の関数 $f(x,\varphi(x))$ が $x=a$ で極値をとるので，$\varphi(a)=b$ より

$$\left.\frac{d}{dx}f(x,\varphi(x))\right|_{x=a}=f_x(a,b)+f_y(a,b)\varphi'(a)=0$$

となる．また，$g(x,\varphi(x))=0$ の両辺を微分すると，

$$g_x(a,b)+g_y(a,b)\varphi'(a)=0$$

となる．よって，

$$f_x(a,b)+\lambda g_x(a,b)=-\Big\{f_y(a,b)+\lambda g_y(a,b)\Big\}\varphi'(a)=0$$

が成り立つ．

$g_x(a,b)\neq 0$ の場合は，$y=b$ の近くで定義された $g(x,y)=0$ の陰関数 $x=\psi(y)$ を考えれば，x と y を入れ替えた同じ議論から証明できる． □

例題 5.26 の解答. $g(x,y)=x^2+y^2-1$ とおく．

$$\begin{cases}f_x(x,y)+\lambda g_x(x,y)=0,\\ f_y(x,y)+\lambda g_y(x,y)=0\end{cases}\quad\text{つまり，}\quad\begin{cases}y+2\lambda x=0,\\ x+2\lambda y=0\end{cases}$$

を満たす x,y,λ を求める．x,y の方程式と考えると，

$$\begin{pmatrix}2\lambda & 1\\ 1 & 2\lambda\end{pmatrix}\begin{pmatrix}x\\ y\end{pmatrix}=\begin{pmatrix}0\\ 0\end{pmatrix}$$

であるが，$x^2+y^2=1$ より $(x,y)\neq(0,0)$ であり，$\begin{pmatrix}2\lambda & 1\\ 1 & 2\lambda\end{pmatrix}$ は正則ではない．したがって，$4\lambda^2-1=0$ である．

(i) $\lambda=\frac{1}{2}$ のとき．方程式を満たすのは，$(x,y)=\pm\Big(\frac{1}{\sqrt{2}},-\frac{1}{\sqrt{2}}\Big)$ のときで，このとき $xy=-\frac{1}{2}$．

(ii) $\lambda=-\frac{1}{2}$ のとき．方程式を満たすのは，$(x,y)=\pm\Big(\frac{1}{\sqrt{2}},\frac{1}{\sqrt{2}}\Big)$ のときで，このとき $xy=\frac{1}{2}$．

有界閉集合上の連続関数を考えているので，最小値，および最大値が存在する．さらに，最大値，最小値をとる点はこれらのいずれかであるので，(i) のとき最小値 $-\frac{1}{2}$，(ii) のとき最大値 $\frac{1}{2}$ をとる． □

λ を**ラグランジュの未定乗数**という．例でみたように，条件付き極値問題を解くには，3 変数関数 $F(x,y,\lambda)$ を

$$F(x,y,\lambda)=f(x,y)-\lambda g(x,y)$$

で定めるとき，

$$F_x(a,b,\lambda_0)=F_y(a,b,\lambda_0)=F_\lambda(a,b,\lambda_0)$$

を満たす (a,b,λ_0) を求めることになる．このようにして条件付き極値を求める方法を**ラグランジュの未定乗数法**という．

なお，例題 5.26 においては，円周上の点を $(\cos\theta,\sin\theta)$ と表せば，

$$h(\theta)=\cos\theta\times\sin\theta=\frac{1}{2}\sin(2\theta)$$

の最大値，最小値を求めればよい．このように，条件 $g(x,y)=0$ の定める曲線がパラメータ表示されるときは 1 変数関数の極値問題に帰着される．

◆問 14. (1) 条件 $x^2+2y^2=2$ のもとで，$xy, x+y$ の最大値，最小値を求めよ．
(2) 条件 $x^2+4y^2+2xy-4=0$ のもとで，$xy, x+y$ の最大値，最小値を求めよ．

◆問 15. 円周 $x^2+y^2=4$ 上の点で点 $(4,2)$ にもっとも近い点およびもっとも遠い点を，ラグランジュの未定乗数法を用いて求めよ．また，それぞれのときの 2 点間の距離を求めよ．

第 5 章　章末問題

5.1 k を正の定数とし，曲面 $z=\dfrac{k}{xy}$ $(x,y>0)$ を考える．この曲面上の点 (a,b,c), $c=\dfrac{k}{ab}$ における接平面の方程式を求めよ．また，この接平面と xy 平面，yz 平面，zx 平面によって囲まれた三角錐の体積を求めよ．

5.2 2 変数関数 $f(x,y)$ が 1 変数関数 g を用いて $f(x,y)=g\left(\dfrac{y}{x}\right)$ と表されているならば，$xf_x(x,y)+yf_y(x,y)=0$ が成り立つことを示せ．

5.3 $x=r\cos\theta$, $y=r\sin\theta$ $(r\geqq 0,\ 0\leqq\theta<2\pi)$ とおくとき，次を示せ．
(1) $xf_y-yf_x=0$ が成り立つならば，$f(r\cos\theta,r\sin\theta)$ は r のみの関数である．
(2) $xf_x+yf_y=0$ が成り立つならば，$f(r\cos\theta,r\sin\theta)$ は θ のみの関数である．

5.4 2 変数関数 $f(x,y)$ に対して $\Delta f=\dfrac{\partial^2 f}{\partial x^2}+\dfrac{\partial^2 f}{\partial y^2}$ とおく．次の関数 $f(x,y)$ に対して Δf を求めよ．この Δ を**ラプラス作用素**という．
(1) $f(x,y)=e^{ax}\sin(by)$　　(2) $f(x,y)=\log(x^2+y^2)$
(3) $f(x,y)=\arctan\left(\dfrac{y}{x}\right)$

5.5 Δ を問 5.4 で定義したラプラス作用素とする．$f(x,y)$ が $\Delta f=0$ を満たすならば，$g(x,y)=xf_x(x,y)+yf_y(x,y)$ も $\Delta g=0$ を満たすことを示せ．

5.6 (t,x) $(t>0,\ x\in\mathbf{R})$ の関数 $u(t,x)=\dfrac{1}{\sqrt{t}}e^{-\frac{x^2}{2t}}$ が熱方程式 $\dfrac{\partial u}{\partial t}=\dfrac{1}{2}\dfrac{\partial^2 u}{\partial x^2}$ を満たすことを示せ．

5.7 2 変数関数 $f(x,y)$ に対して，

$$x=e^u\cos\theta,\quad y=e^u\sin\theta\quad (u\in\mathbf{R},\ 0\leqq\theta<2\pi)$$

とおいて，$z=f(e^u\cos\theta,e^u\sin\theta)$ を考える．このとき，次を示せ：

$$z_{uu}+z_{\theta\theta}=(x^2+y^2)(f_{xx}+f_{yy}).$$

5.8 (1) $f(x,y)=y^x$ $(y>0,\ x\in\mathbf{R})$ の点 $(2,3)$ における 1 次までのテイラー展開を求めよ．

(2) $3.01^{2.02}$ の近似値を求めよ．ただし，$\log 3=1.099$ として計算せよ．

5.9 次の関数の 2 次までのマクローリン展開を求めよ．

(1) $f(x,y)=(1-x+2y^2)^4$　　(2) $f(x,y)=\log(1-x+2y)$

5.10 次の関数の極値を求めよ．

(1) $f(x,y)=3x^2-xy+\dfrac{1}{4}y^2-4y$　　(2) $f(x,y)=4xy-x^4-y^4$

(3) $f(x,y)=(2x^2+y^2)e^{-x^2-y^2}$

(4) $f(x,y)=\log x+\log y+\log(1-x-y)$ $(0<x<1,\ 0<y<1,\ x+y<1)$

(5) $f(x,y)=\sin x+\sin y+\cos(x+y)$ $(0\leqq x\leqq\pi,\ 0\leqq y\leqq\pi)$

5.11 3 辺の長さ x,y,z の和が一定 ($2s$ とする) の三角形のうちで面積 S が最大となるのは正三角形であることを，ヘロンの公式 $S=\sqrt{s(s-x)(s-y)(s-z)}$ を用いて示せ．

5.12 体積が一定 (正の定数 a に対し a^3 とする) の直方体のうちで，表面積が最小の直方体は何か．

5.13 半径 a の円に内接する三角形のうちで，面積最大のものは何か．

5.14 平面上に n 個の点 $\mathrm{A}_k(a_k,b_k)$ $(k=1,2,\ldots,n)$ が与えられているとき，点 $\mathrm{P}(x,y)$ との距離の 2 乗の和 $\overline{\mathrm{PA}_1}^2+\overline{\mathrm{PA}_2}^2+\cdots+\overline{\mathrm{PA}_n}^2$ を最小にする点 P の座標を求めよ．

5.15 平面上に n 個の点 $\mathrm{B}_k(\xi_k,\eta_k)$ $(k=1,2,\ldots,n)$ が与えられているとき，

$$f(a,b)=\sum_{k=1}^{n}\Bigl\{\eta_k-(a\xi_k+b)\Bigr\}^2$$

を最小にする点 $(\widehat{a},\widehat{b})$ が $\widehat{a}=\dfrac{S_{\xi\eta}}{S_{\xi\xi}}$, $\widehat{b}=\overline{\eta}-\widehat{a}\overline{\xi}$ によって与えられることを示せ．ただし，$\xi_1,\ldots,\xi_n$ のうち少なくとも 2 つは異なるとし，$\overline{\xi}$, $\overline{\eta}$, $S_{\xi\xi}$, $S_{\xi\eta}$ は次で与えられる：

$$\overline{\xi} = \frac{1}{n}\sum_{k=1}^{n}\xi_k, \quad \overline{\eta} = \frac{1}{n}\sum_{k=1}^{n}\eta_k,$$

$$S_{\xi\xi} = \frac{1}{n}\sum_{k=1}^{n}(\xi_k - \overline{\xi})^2, \quad S_{\xi\eta} = \frac{1}{n}\sum_{k=1}^{n}(\xi_k - \overline{\xi})(\eta_k - \overline{\eta}).$$

5.16 条件 $x^2 + y^2 = 1$ のもとで，次の関数 $f(x, y)$ の最大値と最小値を求めよ．

(1) $f(x, y) = x^2 + 3y^2$

(2) $f(x, y) = x^2 + 4xy - 2y^2$

(3) $f(x, y) = x^3 + y^3$

5.17 (1) 平面上の点 $\mathrm{P}(p, q)$ と直線 $\ell : x + y = 5$ との距離は $\dfrac{|p + q - 5|}{\sqrt{2}}$ であることを示せ．

(2) 楕円 $x^2 + 4y^2 = 4$ 上の点と直線 ℓ との距離の最大値と最小値を求めよ．

6
重 積 分

この章では，2 変数関数の積分 (重積分) について解説する．重積分の値は 1 変数の定積分を繰り返して得られる．この累次積分とよばれる方法とともに，応用として立体の体積や曲面の面積の計算法について述べる．最後に，3 重積分にもふれる．

6.1　2 重 積 分

R を長方形 $[a,b] \times [c,d]$，すなわち

$$R = [a,b] \times [c,d] = \{(x,y) \mid a \leqq x \leqq y,\ c \leqq y \leqq d\}$$

とし，$f(x,y)$ を R 上の関数とする．1 変数関数と同様，**リーマン和**を考える．

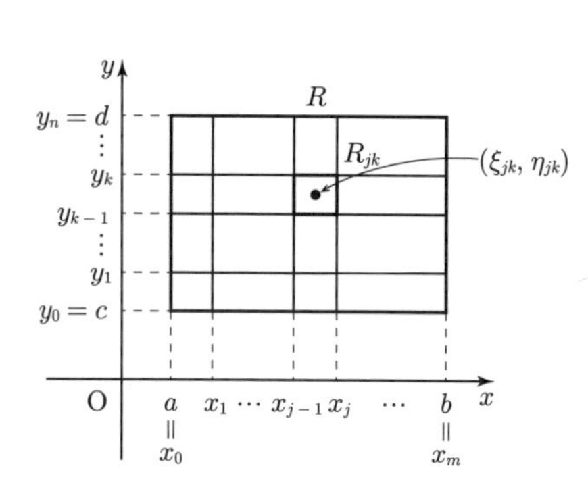

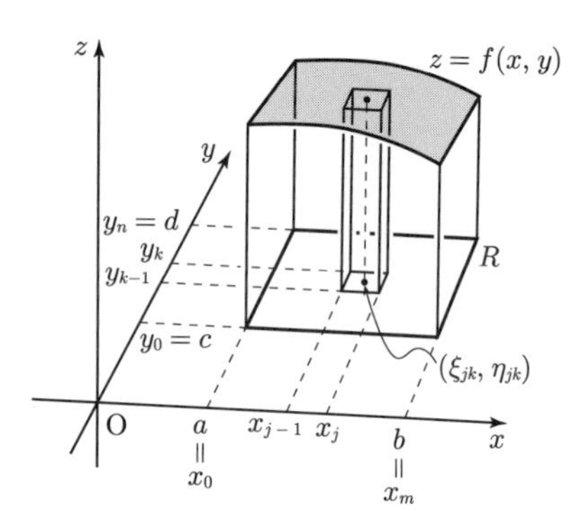

$[a,b]$ の分割 $a = x_0 < x_1 < \cdots < x_m = b$, $[c,d]$ の分割 $c = y_0 < y_1 < \cdots < y_n = d$ によって R を mn 個の長方形 $R_{jk} = [x_{j-1}, x_j] \times [y_{k-1}, y_k]$ に分割する (上左図)．この分割を Δ と表し，

$$\|\Delta\| = \max\{x_j - x_{j-1}, y_k - y_{k-1} \mid j = 1,2,...,m,\ k = 1,2,...,n\}$$

とおく．

このとき，(ξ_{jk}, η_{jk}) を R_{jk} 内の点とし，リーマン和 $S(\Delta)$ を

$$S(\Delta) = \sum_{j=1}^{m} \sum_{k=1}^{n} f(\xi_{jk}, \eta_{jk})(x_j - x_{j-1})(y_k - y_{k-1})$$

によって定義する．

$\|\Delta\| \to 0$ のとき，つまり R の分割を細かくするとき，$S(\Delta)$ が分割の仕方や (ξ_{jk}, η_{jk}) のとり方によらない一定の値に収束するならば，f は R 上 **(重) 積分可能**であるという．その極限値を

$$\iint_R f(x,y)\,dxdy \quad \text{または} \quad \iint_{a \leqq x \leqq b,\, c \leqq y \leqq d} f(x,y)\,dxdy$$

と表し，f の R 上の**重積分**とよぶ．

$f(x,y) \geqq 0$ であれば，R の上に点 (x,y) における高さが $f(x,y)$ の物体があると考えると，重積分の値はこの物体の体積を表す．

○**例 6.1** $r > 0$ として，$R = [-r, r] \times [-r, r]$,

$$f(x,y) = \begin{cases} \sqrt{r^2 - x^2 - y^2} & (x^2 + y^2 \leqq r^2), \\ 0 & (\text{その他}) \end{cases}$$

とする．このとき，f の R 上の重積分は，半径 r の球の体積の $\dfrac{1}{2}$ であり，

$$\iint_R f(x,y)\,dxdy = \frac{2}{3}\pi r^3$$

が成り立つ．

一般に，D を平面上の有界な閉集合とする．f を D 上の関数とするとき，R を D を含む長方形とし R 上の関数 $\widetilde{f}$ を

$$\widetilde{f}(x,y) = \begin{cases} f(x,y) & ((x,y) \in D), \\ 0 & ((x,y) \notin D) \end{cases}$$

によって定める．$\widetilde{f}(x,y)$ が R 上積分可能であれば f は D 上**積分可能**であるといい，$f(x,y)$ の D 上の重積分を

$$\iint_D f(x,y)\,dxdy = \iint_R \widetilde{f}(x,y)\,dxdy$$

によって定義する．重積分の値が R の選び方によらないことは明らかであろう．

D を有界閉集合とするとき，恒等的に 1 である関数 $f(x,y) = 1$ $((x,y) \in D)$ が D 上積分可能であれば，D は**面積確定**であるという．以下で扱う集合 D に対しては

$$\iint_D 1\,dxdy = \iint_D dxdy$$

は，D の通常の意味の面積と一致する．

次の定理が基本である．

定理 6.1 面積確定の有界閉集合上の連続関数は，その上で積分可能である．

重積分の性質として，次が成り立つ．証明は，定理 6.1 ともども省略する．

定理 6.2 2 変数関数 $f(x,y), g(x,y)$ を面積確定の有界閉集合 D 上の連続関数とする．

(1) f と g の和，差も D 上積分可能であり，次が成り立つ：

$$\iint_D \Big\{f(x,y) \pm g(x,y)\Big\}\,dxdy = \iint_D f(x,y)\,dxdy \pm \iint_D g(x,y)\,dxdy.$$

(2) c を定数とすると，次が成り立つ：

$$\iint_D cf(x,y)\,dxdy = c\iint_D f(x,y)\,dxdy.$$

(3) $f(x,y) \geqq g(x,y)$ $((x,y) \in D)$ のとき，次が成り立つ：

$$\iint_D f(x,y)\,dxdy \geqq \iint_D g(x,y)\,dxdy.$$

(4) $\displaystyle \left|\iint_D f(x,y)\,dxdy\right| \leqq \iint_D |f(x,y)|\,dxdy.$

(5) (**平均値の定理**) $|D|$ を D の面積とすると，

$$\iint_D f(x,y)\,dxdy = f(a,b)|D|$$

を満たす $(a,b) \in D$ が存在する．

(6) D が 2 つの面積確定集合 D_1, D_2 によって分割され，$D_1 \cap D_2$ が D_1, D_2 の境界のみからなるならば，

$$\iint_D f(x,y)\,dxdy = \iint_{D_1} f(x,y)\,dxdy + \iint_{D_2} f(x,y)\,dxdy.$$

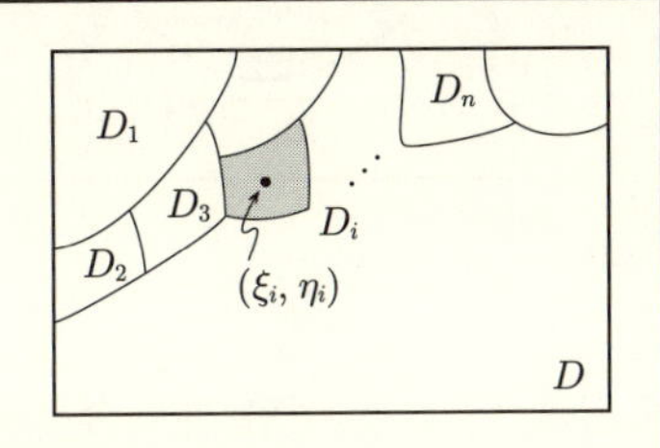

★注意　上の重積分の定義のために，積分領域の長方形 D を座標軸に平行な辺をもつ小さな長方形に分割してリーマン和を考えたが，右の図のように，任意の小さな面積確定の領域 D_i $(i = 1, 2, ..., n)$ に分割し，D_i に属する点 (ξ_i, η_i) を選んでも，リーマン和 $\sum_{i=1}^{n} f(\xi_i, \eta_i)|D_i|$ を考えることができる．f が重積分可能であれば，D_i の直径 $\max\{|x - x'| \mid x, x' \in D_i\}$ の最大値 d を 0 に近づけると，次が証明できる：

$$\lim_{d\to 0} \sum_{i=1}^{n} f(\xi_i, \eta_i)|D_i| = \iint_D f(x,y)\,dxdy.$$

積分領域を簡単に表示できるときは，長方形の場合と同様，積分記号の下に領域を表す不等式などを書くことがある．たとえば，D が

$$D = \{(x,y) \mid 0 \leqq y \leqq x \leqq 1\}$$

であれば，$\iint_D f(x,y)\,dxdy$　を　$\iint_{0\leqq y\leqq x\leqq 1} f(x,y)\,dxdy$ と書く．

6.2 累次積分

重積分は 1 変数の定積分を二回行うことで値を求めることができる．これを**累次積分**という．その第一歩は，積分領域 D を次のたて線集合，横線集合のいずれかに表すことである．

x の連続関数 $g_1(x), g_2(x)$ $(g_1(x) \leqq g_2(x)$ とする$)$ によって

$$D = \{(x,y) \mid a \leqq x \leqq b,\ g_1(x) \leqq y \leqq g_2(x)\} \tag{6.1}$$

の形に表される面積確定集合を**たて線集合**という．

また，y の連続関数 $h_1(y), h_2(y)$ $(h_1(y) \leqq h_2(y)$ とする$)$ によって

$$D = \{(x,y) \mid c \leqq y \leqq d,\ h_1(y) \leqq x \leqq h_2(y)\} \tag{6.2}$$

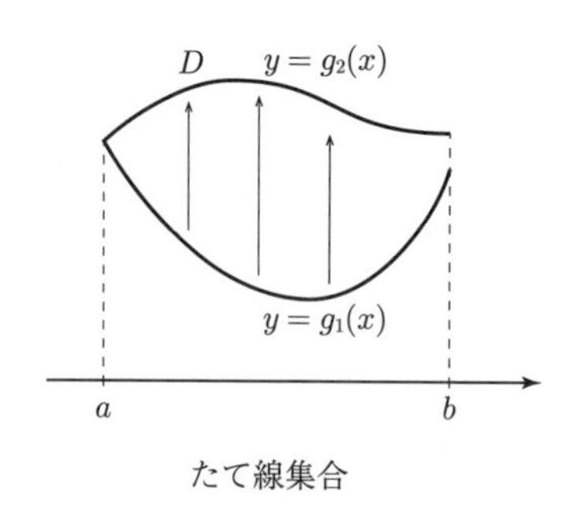

たて線集合

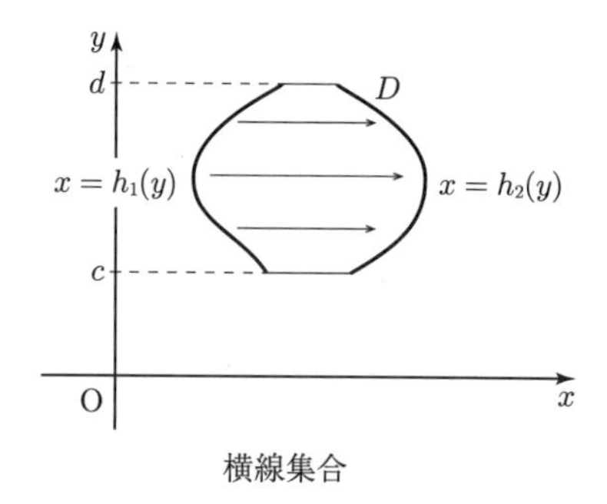

横線集合

の形に表される面積確定集合を**横線集合**という．

以後は，たて線集合，横線集合，およびこれらの和集合で表される面積確定集合上の重積分のみを考えることとする．

○例 **6.2** 次の 3 つの集合を考える．

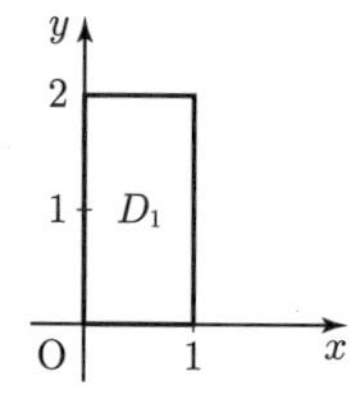

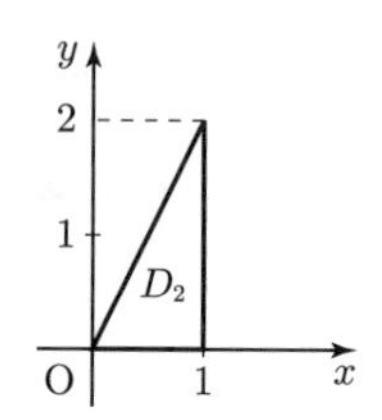

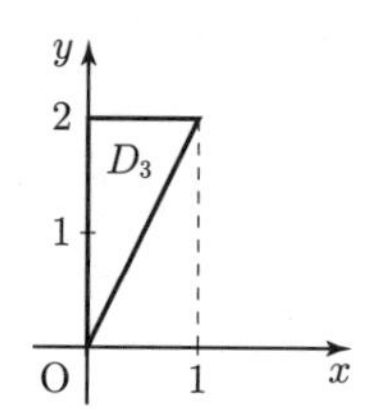

長方形 $D_1 = \{(x, y) \mid 0 \leqq x \leqq 1,\ 0 \leqq y \leqq 2\}$ は，たて線集合とも，横線集合とも考えることができる．以下の D_2, D_3 も同様に，たて線集合とも横線集合とも考えることができる：

$$D_2 = \{(x, y) \mid 0 \leqq x \leqq 1,\ 0 \leqq y \leqq 2x\}$$
$$= \left\{(x, y) \mid 0 \leqq y \leqq 2,\ \frac{1}{2}y \leqq x \leqq 1\right\},$$
$$D_3 = \{(x, y) \mid 0 \leqq x \leqq 1,\ 2x \leqq y \leqq 2\}$$
$$= \left\{(x, y) \mid 0 \leqq y \leqq 2,\ 0 \leqq x \leqq \frac{1}{2}y\right\}.$$

◆**問 1.** 次の集合を図示し，たて線集合，横線集合の形に表せ．

(1) $\{(x, y) \mid x \geqq 0,\ y \geqq 0,\ x + y \leqq 1\}$ (2) $\{(x, y) \mid 0 \leqq x \leqq y \leqq 1\}$

(3) $\{(x, y) \mid 1 \leqq y \leqq x \leqq e\}$ (4) 直線 $y = x$ と放物線 $y = x^2$ で囲まれた部分

(5) 直線 $y = x$ と放物線 $y = \sqrt{x}$ で囲まれた部分

定理 6.3 (累次積分) (1) D を (6.1) で与えられるたて線集合とすると，次が成り立つ：

$$\iint_D f(x,y)\,dxdy = \int_a^b \left\{ \int_{g_1(x)}^{g_2(x)} f(x,y)\,dy \right\} dx.$$

(2) D を (6.2) で与えられる横線集合とすると，次が成り立つ：

$$\iint_D f(x,y)\,dxdy = \int_c^d \left\{ \int_{h_1(y)}^{h_2(y)} f(x,y)\,dx \right\} dy.$$

$f(x,y) \geqq 0$ のときは，累次積分を次のように直感的に理解できる．

D がたて線集合の場合，x の関数 $\displaystyle\int_{g_1(x)}^{g_2(x)} f(x,y)\,dy$ は立体を yz 平面に平行な平面で切った切り口の面積を表し，それを a から b まで積分すると立体の体積，つまり重積分の値が得られるということである (定理 4.34).

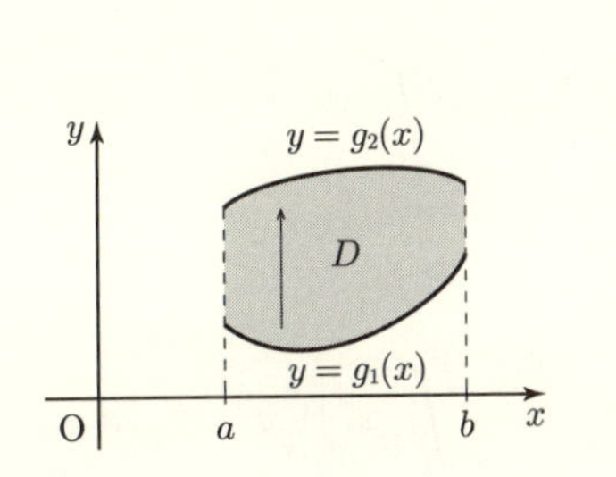

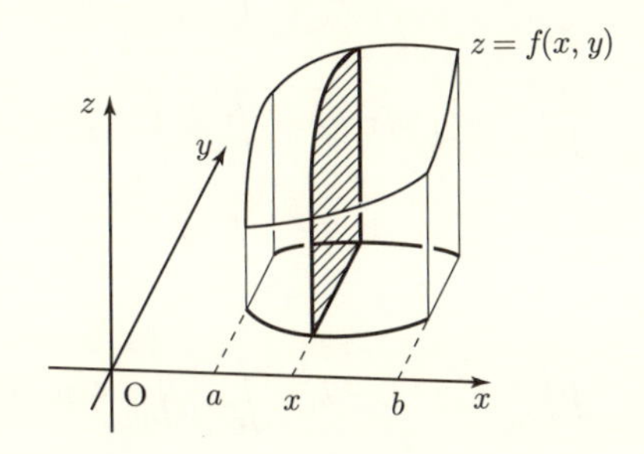

D が横線集合の場合，y の関数 $\displaystyle\int_{h_1(y)}^{h_2(y)} f(x,y)\,dx$ は立体を xz 平面に平行な平面で切った切り口の面積を表し，それを c から d まで積分すると立体の体積，つまり重積分の値が得られるということである．

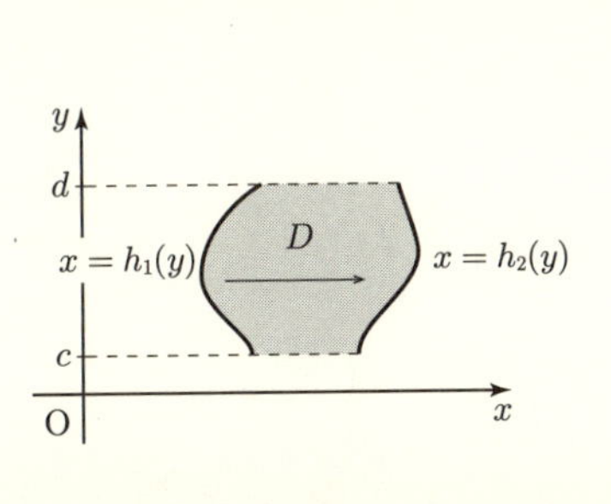

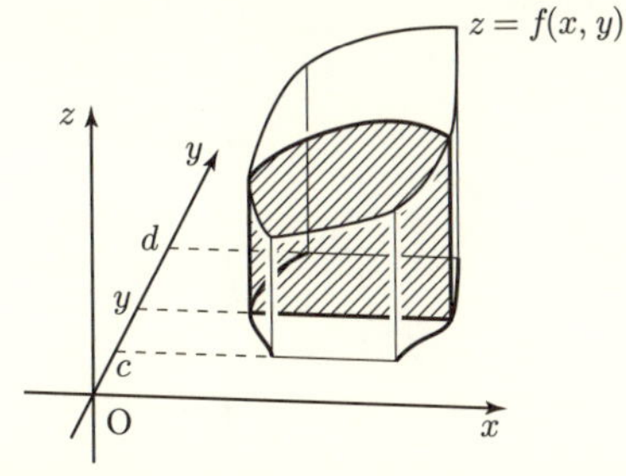

なお，本書では用いないが，

$$\int_a^b \left\{ \int_{g_1(x)}^{g_2(x)} f(x,y)\,dy \right\} dx \quad \text{を} \quad \int_a^b dx \int_{g_1(x)}^{g_2(x)} f(x,y)\,dy,$$

$$\int_c^d \left\{ \int_{h_1(y)}^{h_2(y)} f(x,y)\,dx \right\} dy \quad \text{を} \quad \int_c^d dy \int_{h_1(y)}^{h_2(y)} f(x,y)\,dx$$

と書くことも多い．

例題 6.4 D_1, D_2, D_3 を例 6.2 の集合とするとき，それぞれの集合上の $f(x,y) = x^2y^4$ の重積分の値を求めよ．

解答. たて線集合と考えると，

$$\iint_{D_1} x^2y^4\,dxdy = \int_0^1 \left\{ \int_0^2 x^2y^4\,dy \right\} dx = \int_0^1 x^2 \left[\frac{1}{5}y^5 \right]_{y=0}^2 dx$$

$$= \int_0^1 \frac{2^5}{5}x^2\,dx = \frac{32}{15},$$

$$\iint_{D_2} x^2y^4\,dxdy = \int_0^1 \left\{ \int_0^{2x} x^2y^4\,dy \right\} dx = \int_0^1 x^2 \left[\frac{1}{5}y^5 \right]_{y=0}^{2x} dx$$

$$= \int_0^1 \frac{1}{5}x^2(2x)^5\,dx = \frac{4}{5},$$

$$\iint_{D_3} x^2y^4\,dxdy = \int_0^1 \left\{ \int_{2x}^2 x^2y^4\,dy \right\} dx = \int_0^1 x^2 \left[\frac{1}{5}y^5 \right]_{y=2x}^2 dx$$

$$= \int_0^1 \frac{1}{5}x^2\Bigl(2^5 - (2x)^5\Bigr)dx = \frac{4}{3}. \quad (\text{少し面倒})$$

一方，横線集合と考えると，

$$\iint_{D_1} x^2y^4\,dxdy = \int_0^2 \left\{ \int_0^1 x^2y^4\,dx \right\} dy = \int_0^2 y^4 \left[\frac{1}{3}x^3 \right]_{x=0}^1 dy$$

$$= \int_0^2 \frac{1}{3}y^4\,dy = \frac{32}{15},$$

$$\iint_{D_2} x^2y^4\,dxdy = \int_0^2 \left\{ \int_{\frac{y}{2}}^1 x^2y^4\,dx \right\} dy = \int_0^2 y^4 \left[\frac{1}{3}x^3 \right]_{x=\frac{y}{2}}^1 dy$$

$$= \int_0^2 \frac{1}{3}y^4\left(1 - \left(\frac{y}{2}\right)^3\right)dy = \frac{4}{5}, \quad (\text{少し面倒})$$

$$\iint_{D_3} x^2y^4\,dxdy = \int_0^2 \left\{\int_0^{\frac{y}{2}} x^2y^4\,dy\right\}dx = \int_0^2 y^4\left[\frac{1}{3}x^3\right]_{x=0}^{\frac{y}{2}} dy$$
$$= \int_0^2 \frac{1}{3}y^4\left(\frac{y}{2}\right)^3 dy = \frac{4}{3}. \qquad \square$$

D_1 上の積分でみたように，積分の領域が長方形 $[a,b]\times[c,d]$ で，被積分関数が x の関数 $f_1(x)$ と y の関数 $f_2(y)$ の積 $f_1(x)f_2(y)$ のとき，重積分の値は，

$$\iint_{[a,b]\times[c,d]} f_1(x)f_2(y)\,dxdy = \left(\int_a^b f_1(x)\,dx\right)\left(\int_c^d f_2(y)\,dy\right)$$

となる．つまり，1 変数関数 f_1, f_2 の定積分の積になる．

◆問 2. 次の重積分の値を求めよ．

(1) $\displaystyle\iint_D x^2y\,dxdy,\quad D=[0,1]\times[2,4]$

(2) $\displaystyle\iint_D (1+x+2y)\,dxdy,\ D=[1,2]\times[0,2]$

(3) $\displaystyle\iint_D \sin(x+y)\,dxdy,\quad D=\left[0,\tfrac{\pi}{2}\right]\times\left[0,\tfrac{\pi}{2}\right]$

◆問 3. 次の重積分の積分領域 D を図示して，たて線集合および横線集合の形に表し，2 通りの方法で重積分の値を求めよ．

(1) $\displaystyle\iint_D (x+y)\,dxdy,\quad D=\{(x,y)\mid x\geqq 0,\ y\geqq 0,\ x+y\leqq 1\}$

(2) $\displaystyle\iint_D (x+y)\,dxdy,\quad D=\left\{(x,y)\mid x\geqq 0,\ y\geqq 0,\ x+\frac{y}{3}\leqq 1\right\}$

(3) $\displaystyle\iint_D \cos(x+y)\,dxdy,\ D=\left\{(x,y)\mid x\geqq 0,\ y\geqq 0,\ x+y\leqq \tfrac{\pi}{2}\right\}$

集合の表し方にはさまざまな表現がある．その場合でも，たて線集合または横線集合の形に表して重積分の計算を行う．

例題 6.5 (1) D_1 を直線 $y=x$ と放物線 $y=x^2$ によって囲まれた部分とするとき，$\displaystyle\iint_{D_1}(x+y)\,dxdy$ の値を求めよ．

(2) D_2 を直線 $y=x$, $y=-x$ および $y=\dfrac{\pi}{2}$ で囲まれた部分とするとき，$\displaystyle\iint_{D_2}\cos(x+y)\,dxdy$ の値を求めよ．

解答. (1) D_1 をたて線集合 $D_1 = \{(x, y) \mid 0 \leqq x \leqq 1,\ x^2 \leqq y \leqq x\}$ と考えると，

$$\iint_{D_1} (x+y)\,dxdy = \int_0^1 \left\{ \int_{x^2}^{x} (x+y)\,dy \right\} dx = \int_0^1 \left[\frac{1}{2}(x+y)^2 \right]_{y=x^2}^{x} dx$$
$$= \int_0^1 \frac{1}{2}\Big((2x)^2 - (x+x^2)^2 \Big)\,dx = \frac{3}{20}.$$

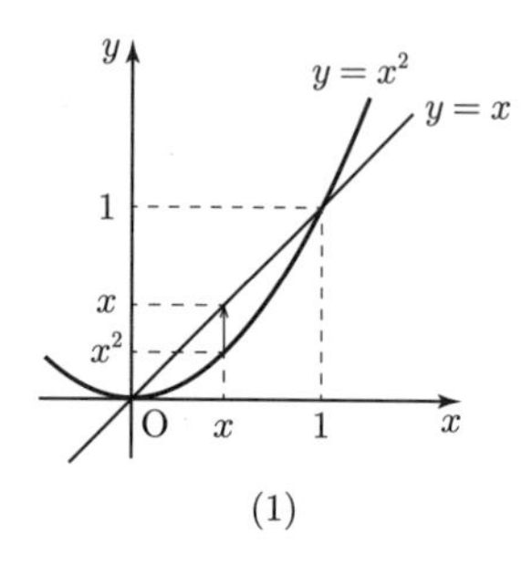

(1)

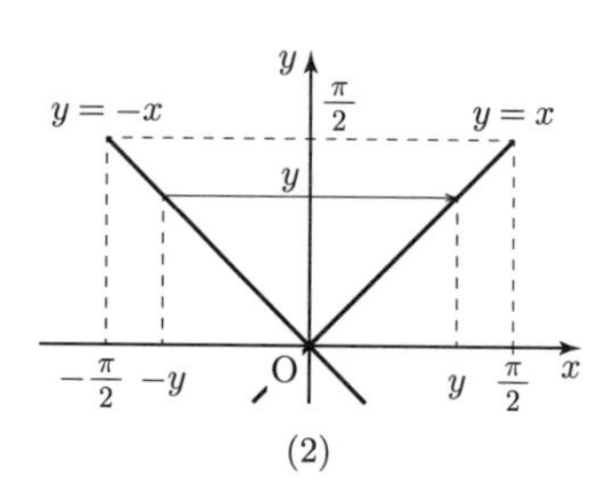

(2)

(2) D_2 を横線集合 $D_2 = \left\{(x, y) \mid 0 \leqq y \leqq \frac{\pi}{2},\ -y \leqq x \leqq y\right\}$ と考えると，

$$\iint_{D_2} \cos(x+y)\,dxdy = \int_0^{\frac{\pi}{2}} \left\{ \int_{-y}^{y} \cos(x+y)\,dx \right\} dy$$
$$= \int_0^{\frac{\pi}{2}} \Big[\sin(x+y) \Big]_{x=-y}^{y} dy = \int_0^{\frac{\pi}{2}} \sin(2y)\,dy = 1. \qquad \square$$

◆**問 4.** 積分領域を図示し，たて線集合または横線集合の形に表して累次積分を行うことにより重積分の値を求めよ．

(1) $\displaystyle\iint_{D_1} x^2 y\,dxdy$，$D_1$ は放物線 $y = x^2 - 1$ と x 軸で囲まれた部分．

(2) $\displaystyle\iint_{D_2} xe^y dxdy$，$D_2$ は曲線 $y = \log x$，直線 $x = e$，x 軸で囲まれた部分．

(3) $\displaystyle\iint_{D_3} y^2 dxdy$，$D_3$ は直線 $y = x$，$y = -x$，$x = 1$ で囲まれた部分．

(4) $\displaystyle\iint_{D_4} xy\,dxdy$，$D_4$ は直線 $y = x$，$x + y = 2$，x 軸で囲まれた部分．

(5) $\displaystyle\iint_{D_5} x\,dxdy$，$D_5$ は原点中心，半径 1 の円の第 1 象限にある部分．

例題 6.4 における同じ重積分の計算を比べると一方が若干容易である．また，例題 6.5(2) において，D_2 をたて線集合の形に書くと，

$$D_2 = \left\{(x, y) \mid -\frac{\pi}{2} \leqq x \leqq \frac{\pi}{2},\ |x| \leqq y \leqq \frac{\pi}{2}\right\}$$

となり，取り扱いが面倒である．さらに，積分領域をたて線集合と考えると重積分の値は求まらないが横線集合と考えると求まる場合，またはその逆の場合がある．

したがって，どちらの場合も扱えるようにすることが重要である．

例題 6.6 $D = \{(x, y) \mid 0 \leqq x \leqq y \leqq 1\}$ のとき，$\displaystyle\iint_D e^{y^2}\,dxdy$ を求めよ．

解答. D をたて線集合 $\{(x, y) \mid 0 \leqq x \leqq 1,\ x \leqq y \leqq 1\}$ と考えて計算を試みると

$$\iint_D e^{y^2}\,dxdy = \int_0^1 \left\{\int_x^1 e^{y^2}\,dy\right\} dx$$

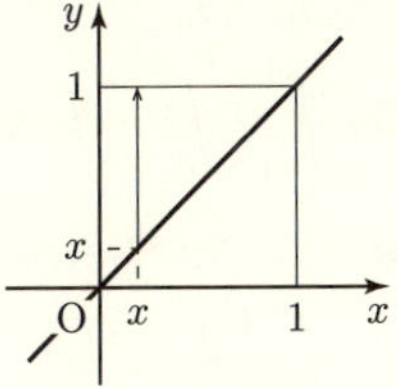

となり，右辺の y に関する積分は計算できない．しかし，D を横線集合 $D = \{(x, y) \mid 0 \leqq y \leqq 1,\ 0 \leqq x \leqq y\}$ と考えると，次のように計算される：

$$\begin{aligned}\iint_D e^{y^2}\,dxdy &= \int_0^1 \left\{\int_0^y e^{y^2}\,dx\right\} dy \\ &= \int_0^1 ye^{y^2}\,dy \\ &= \left[\frac{1}{2}e^{y^2}\right]_{y=0}^1 = \frac{e-1}{2}.\end{aligned}$$ □

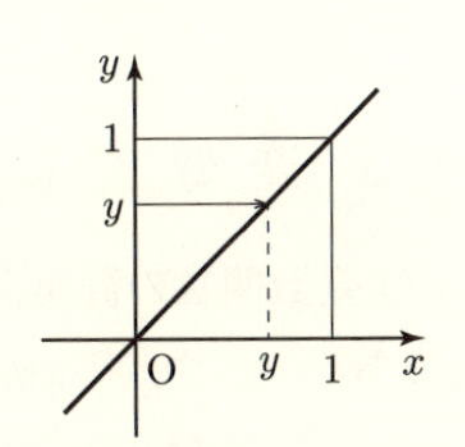

◆**問 5.** 次の重積分の値を計算せよ．

(1) $\displaystyle\iint_{0 \leqq y \leqq x \leqq 1} e^{x^2}\,dxdy$　　(2) $\displaystyle\iint_{0 \leqq x \leqq y \leqq \sqrt{\pi}} \sin(y^2)\,dxdy$

集合 D が定理 6.3 のようなたて線集合，横線集合の両方の表し方をもつとき，

$$\int_a^b \left\{\int_{g_1(x)}^{g_2(x)} f(x, y)\,dy\right\} dx = \int_c^d \left\{\int_{h_1(y)}^{h_2(y)} f(x, y)\,dx\right\} dy$$

が成り立つ．右辺を左辺に書き換えること，およびその逆を**積分順序の交換**という．

○例 **6.3** 積分領域の表示を 2 通り考えると，次が成り立つ (例題 6.6 参照)：

$$\iint_{0\leqq x\leqq y\leqq 1} f(x,y)\,dxdy = \int_0^1 \left\{\int_x^1 f(x,y)\,dy\right\} dx$$
$$= \int_0^1 \left\{\int_0^y f(x,y)\,dx\right\} dy.$$

◆**問 6.** 次の重積分の順序を交換せよ．

(1) $\displaystyle\int_0^2 \left\{\int_x^2 f(x,y)\,dy\right\} dx$　　(2) $\displaystyle\int_0^1 \left\{\int_{x^2}^x f(x,y)\,dy\right\} dx$

(3) $\displaystyle\int_0^1 \left\{\int_0^{\arccos x} f(x,y)\,dy\right\} dx$　　(4) $\displaystyle\int_0^1 \left\{\int_y^1 f(x,y)\,dx\right\} dy$

(5) $\displaystyle\int_0^1 \left\{\int_0^{\sqrt{y}} f(x,y)\,dx\right\} dy$　　(6) $\displaystyle\int_0^1 \left\{\int_0^{y^2} f(x,y)\,dx\right\} dy$

(7) $\displaystyle\int_{-1}^0 \left\{\int_0^{x+1} f(x,y)\,dy\right\} dx + \int_0^1 \left\{\int_0^{1-x} f(x,y)\,dy\right\} dx$

◆**問 7.** 次の累次積分の値を求めよ．

(1) $\displaystyle\int_0^2 \left\{\int_x^2 \sqrt{4-y^2}\,dy\right\} dx$　　(2) $\displaystyle\int_0^1 \left\{\int_x^1 e^{-y^2}\,dy\right\} dx$

6.3 変 数 変 換

1 変数関数の置換積分に対応して，重積分においては変数変換の公式が重要である．まず，平面の変換について述べる．

u, v の関数 $\varphi(u,v), \psi(u,v)$ によって，x, y が

$$\begin{pmatrix} x \\ y \end{pmatrix} = \begin{pmatrix} \varphi(u,v) \\ \psi(u,v) \end{pmatrix}$$

と表され，φ, ψ の定義域の面積確定集合 E が xy 平面の面積確定集合 D に 1 対 1 に写されているとする．

次の 2 つの例が応用上，重要である．

○例 **6.4** (極座標) 原点以外の平面上の点 (x,y) に対して，

$$\begin{cases} x = r\cos\theta \\ y = r\sin\theta \end{cases}$$

を満たす $r>0,\ \theta\in[0,2\pi)$ が定まる．これは (r,θ) から (x,y) への写像とも考えられる．$r=0$ のときは，すべての θ に対して原点が対応すると考えればよい．

たとえば，r,θ が長方形 $E=\{(r,\theta)\mid 0\leqq r\leqq R,\ 0\leqq\theta<2\pi\}$ を動くとすると，(x,y) の動く範囲 (写像の像) は原点中心，半径 R の円板 $\{(x,y)\mid x^2+y^2\leqq R^2\}$ となる．$E_1=\{(r,\theta)\mid 0\leqq r\leqq R,\ 0\leqq\theta\leqq\pi\}$ を考えると，像は同じ円板の $y\geqq 0$ の部分 D である．

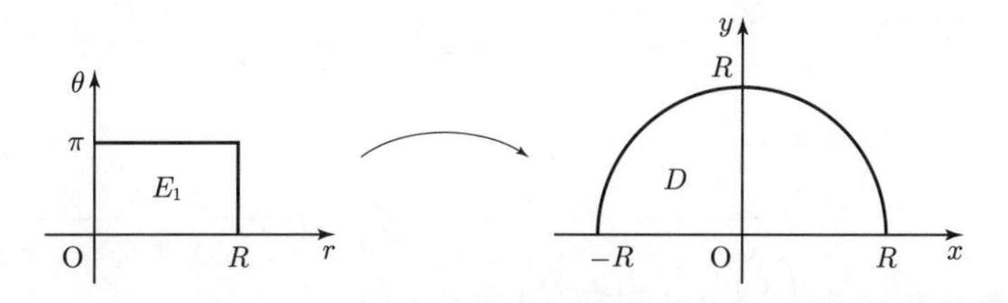

○例 **6.5** (一次変換)　$ps-qr\neq 0$ のとき，正則行列 $\begin{pmatrix}p & q\\ r & s\end{pmatrix}$ を用いて

$$\begin{pmatrix}x\\ y\end{pmatrix}=\begin{pmatrix}p & q\\ r & s\end{pmatrix}\begin{pmatrix}u\\ v\end{pmatrix}=\begin{pmatrix}pu+qv\\ ru+sv\end{pmatrix}$$

によって与えられる変換を，**正則な一次変換**という．

補題 6.7　正則な一次変換 T, $\begin{pmatrix}x\\ y\end{pmatrix}=\begin{pmatrix}p & q\\ r & s\end{pmatrix}\begin{pmatrix}u\\ v\end{pmatrix}$, による長方形 $R=[0,h]\times[0,k]\ (h,k>0)$ の像

$$T(R)=\left\{\begin{pmatrix}x\\ y\end{pmatrix}=\begin{pmatrix}p & q\\ r & s\end{pmatrix}\begin{pmatrix}u\\ v\end{pmatrix}\;\middle|\;\begin{pmatrix}u\\ v\end{pmatrix}\in R\right\}$$

の面積は $|ps-qr|hk$ となる．

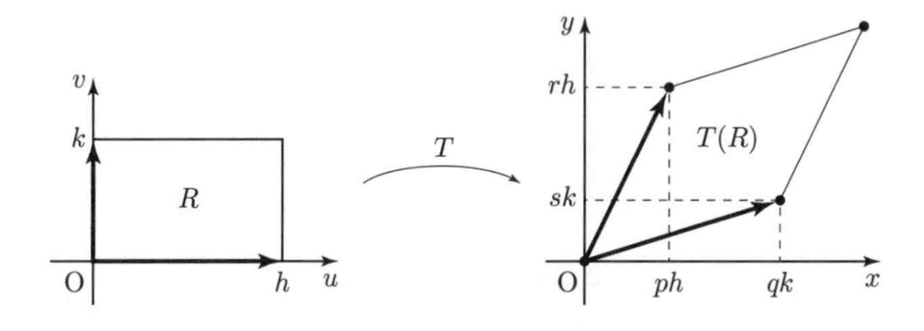

証明. $T(R)$ は頂点が $(0,0),(ph,rh),(qk,sk),(ph+qk,rh+sk)$ の平行四辺形である．ベクトル $\begin{pmatrix} p \\ r \end{pmatrix}$ と $\begin{pmatrix} q \\ s \end{pmatrix}$ のなす角を θ $(0 \leqq \theta \leqq \pi)$ とすると，

$$\sqrt{p^2+r^2}\sqrt{q^2+s^2}\cos\theta = pq+rs$$

となる．$T(R)$ の面積は $hk\sqrt{p^2+r^2}\sqrt{q^2+s^2}\sin\theta$ に等しく，

$$\sin^2\theta = 1-\left(\frac{pq+rs}{\sqrt{p^2+r^2}\sqrt{q^2+s^2}}\right)^2 = \frac{(ps-qr)^2}{(p^2+r^2)(q^2+s^2)}$$

となることから結論を得る． □

定義 6.1 変換 $\begin{pmatrix} x \\ y \end{pmatrix} = \begin{pmatrix} \varphi(u,v) \\ \psi(u,v) \end{pmatrix}$ に対して

$$\begin{aligned} J(u,v) &= \det\begin{pmatrix} \varphi_u(u,v) & \varphi_v(u,v) \\ \psi_u(u,v) & \psi_v(u,v) \end{pmatrix} \\ &= \varphi_u(u,v)\psi_v(u,v) - \varphi_v(u,v)\psi_u(u,v) \end{aligned}$$

を変換の**ヤコビアン** (**ヤコビ行列式**) という．$\dfrac{\partial(x,y)}{\partial(u,v)}$ と書くことも多い．

上に述べた例では，次のように容易に計算される．

○例 **6.6** (一次変換) $\begin{pmatrix} x \\ y \end{pmatrix} = \begin{pmatrix} p & q \\ r & s \end{pmatrix}\begin{pmatrix} u \\ v \end{pmatrix}$ とすると，

$$J(u,v) = \det\begin{pmatrix} \frac{\partial x}{\partial u} & \frac{\partial x}{\partial v} \\ \frac{\partial y}{\partial u} & \frac{\partial y}{\partial v} \end{pmatrix} = \det\begin{pmatrix} p & q \\ r & s \end{pmatrix} = ps-qr.$$

○例 **6.7** (極座標) $x = r\cos\theta,\ y = r\sin\theta$ より

$$J(r,\theta) = \det\begin{pmatrix} \frac{\partial x}{\partial r} & \frac{\partial x}{\partial \theta} \\ \frac{\partial y}{\partial r} & \frac{\partial y}{\partial \theta} \end{pmatrix} = \det\begin{pmatrix} \cos\theta & -r\sin\theta \\ \sin\theta & r\cos\theta \end{pmatrix} = r.$$

ヤコビアンを用いると，**変数変換**の公式が得られる．

定理 6.8 $T,\ \begin{pmatrix} x \\ y \end{pmatrix} = \begin{pmatrix} \varphi(u,v) \\ \psi(u,v) \end{pmatrix}$, を $\mathbf{R}^2$ の開集合 G 上で定義された1対1で φ, ψ が連続な偏導関数をもつ変換とし，ヤコビアンは0にならないと仮定する．また，E を G の部分集合とし，D を E の像とする ($D = T(E)$)．このとき，D 上の連続関数 $f(x,y)$ に対して，次が成り立つ：

$$\iint_D f(x,y)\,dxdy = \iint_E f(\varphi(u,v), \psi(u,v))|J(u,v)|\,dudv.$$

$dxdy = \left|\dfrac{\partial(x,y)}{\partial(u,v)}\right| dudv$ と書くと，1変数関数の置換積分との対応がわかる．

証明のあらすじ． E が長方形 $R = [\alpha, \beta] \times [\gamma, \delta]$ のときを考える．R を分割

$$\alpha = u_0 < u_1 < u_2 < \cdots < u_m = \beta,$$

$$\gamma = v_0 < v_1 < v_2 < \cdots < v_n = \delta$$

によって mn 個の長方形 $R_{ij} = [u_{i-1}, u_i] \times [v_{j-1}, v_j]$ に分割する．定理の主張の右辺は，

$$\sum_{i=1}^{m}\sum_{j=1}^{n} f(\varphi(u_{i-1}, v_{j-1}), \psi(u_{i-1}, v_{j-1}))|J(u_{i-1}, v_{j-1})|(u_i - u_{i-1})(v_j - v_{j-1})$$

の分割を細かくした極限である．

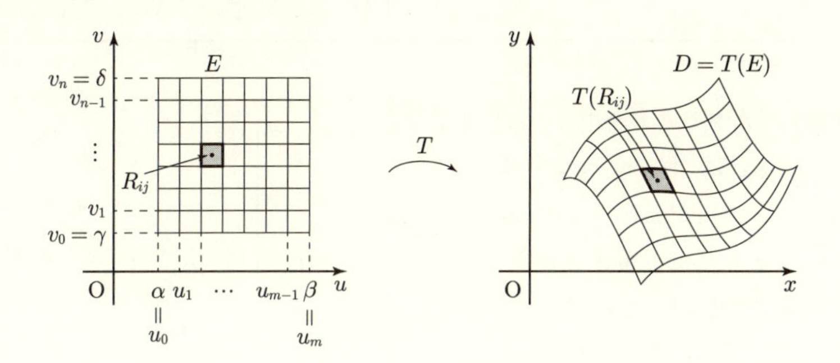

ここで，変換を与える φ, ψ の点 (u_{i-1}, v_{j-1}) のまわりのテイラー展開を1次の項まで考えると

$$\begin{aligned}&\varphi(u,v) - \varphi(u_{i-1}, v_{j-1}) \\ &= \varphi_u(u_{i-1}, v_{j-1})(u - u_{i-1}) + \varphi_v(u_{i-1}, v_{j-1})(v - v_{j-1}) + \cdots,\end{aligned}$$

$$\psi(u,v)-\psi(u_{i-1},v_{j-1})$$
$$=\psi_u(u_{i-1},v_{j-1})(u-u_{i-1})+\psi_v(u_{i-1},v_{j-1})(v-v_{j-1})+\cdots$$

であるから，小長方形 R_{ij} の T による像 $T(R_{ij})$ はほぼ平行四辺形で，面積は補題 6.7 より

$$|J(u_{i-1},v_{j-1})|(u_i-u_{i-1})(v_j-v_{j-1})$$

とほぼ等しい．D を $T(R_{ij})$ の和集合だと考えると，$T(R_{ij})$ の面積を $|T(R_{ij})|$ と書けば，6.1 節に与えた注意より $\iint_D f(x,y)\,dxdy$ は

$$\sum_{i=1}^{m}\sum_{j=1}^{n} f(\varphi(u_{i-1},v_{j-1}),\psi(u_{i-1},v_{j-1}))|T(R_{ij})|$$
$$\fallingdotseq \sum_{i=1}^{m}\sum_{j=1}^{n} f(\varphi(u_{i-1},v_{j-1}),\psi(u_{i-1},v_{j-1}))$$
$$\times|J(u_{i-1},v_{j-1})|(u_i-u_{i-1})(v_j-v_{j-1})$$

の分割を細かくした極限であり，この右辺は定理の主張の右辺に収束する．□

定理 6.9　連続な偏導関数をもつ関数 φ,ψ から定まる変換 $\begin{pmatrix}x\\y\end{pmatrix}=\begin{pmatrix}\varphi(u,v)\\\psi(u,v)\end{pmatrix}$ によって uv 平面の集合 E が xy 平面内の集合 D に 1 対 1 に写されるならば，D の面積は $\iint_E |J(u,v)|\,dudv$ に等しい．

変数変換がもっとも有用なのは極座標である．この場合は，図のような半径 r, $r+\Delta r$ の円弧となす角が $\Delta\theta$ の 2 本の半径で囲まれた集合をもとに重積分を考えると，この集合の面積がほぼ $r\Delta\theta\cdot\Delta r$ であることからヤコビアンの意味がわかる．

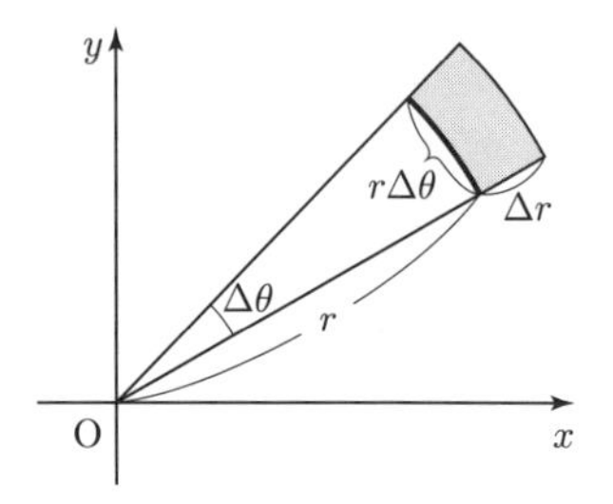

例題 6.10　次の重積分の値を求めよ．ただし，$n\neq -1$ とする．

(1) $\iint_{D_1}(x^2+y^2)^n\,dxdy,\quad D_1=\{(x,y)\mid 1\leqq x^2+y^2\leqq 4\}$

(2) $\displaystyle\iint_{D_2} y^2\,dxdy, \qquad D_2 = \{(x, y) \mid x^2 + y^2 \leqq 4,\ y \geqq 0\}$

解答. (1) D_1 は極座標 $\begin{cases} x = r\cos\theta \\ y = r\sin\theta \end{cases}$ による $r\theta$ 平面の長方形 $E_1 = [1, 2] \times [0, 2\pi)$ の像である．ヤコビアンは $\dfrac{\partial(x, y)}{\partial(r, \theta)} = r$ だから，次のように計算される：

$$\iint_{D_1} (x^2 + y^2)^n\,dxdy = \iint_{E_1} r^{2n} r\,drd\theta$$
$$= 2\pi \int_1^2 r^{2n+1} dr = \frac{\pi(2^{2n+2} - 1)}{n + 1}.$$

(2) D_2 は極座標による $E_2 = [0, 2] \times [0, \pi]$ の像である．よって，

$$\iint_{D_2} y^2\,dxdy = \iint_{E_2} (r\sin\theta)^2 r\,drd\theta$$
$$= \left(\int_0^2 r^3\,dr\right)\left(\int_0^\pi \sin^2\theta\,d\theta\right) = 2\pi. \qquad \square$$

◆**問 8.** 次の重積分の値を求めよ．ただし，a は正の定数である．

(1) $\displaystyle\iint_{1 \leqq x^2+y^2 \leqq 2} \log(x^2 + y^2)\,dxdy$

(2) $\displaystyle\iint_{x^2+y^2 \leqq a^2} \left(x^2 + \frac{1}{2}y^2\right) dxdy$

例題 6.11 $\displaystyle\int_{-\infty}^{\infty} e^{-x^2} dx = \sqrt{\pi}$ を示せ．

解答. 対称性から $\displaystyle\int_0^\infty e^{-x^2} dx = \frac{\sqrt{\pi}}{2}$ を示せばよい．

第 1 象限に含まれる半径 R の四分円を $D(R)$，正方形 $[0, R] \times [0, R]$ を $S(R)$ とすると，

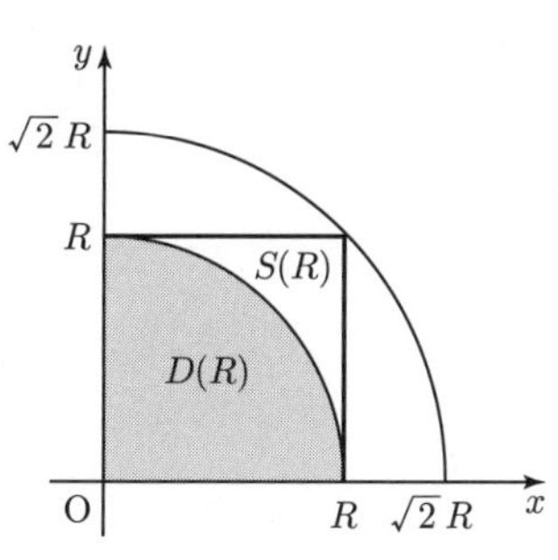

$$\iint_{D(R)} e^{-x^2-y^2} dxdy$$
$$< \iint_{S(R)} e^{-x^2-y^2} dxdy$$
$$< \iint_{D(\sqrt{2}R)} e^{-x^2-y^2} dxdy$$

が成り立つ．

正方形上の積分に関しては

$$\iint_{S(R)} e^{-x^2-y^2}\,dxdy = \left(\int_0^R e^{-x^2}dx\right)\left(\int_0^R e^{-y^2}dy\right) = \left(\int_0^R e^{-x^2}dx\right)^2$$

である．四分円上の積分に関しては，極座標を用いると次が得られる：

$$\iint_{D(R)} e^{-x^2-y^2}\,dxdy = \int_0^R \left\{\int_0^{\frac{\pi}{2}} e^{-r^2}d\theta\right\} r\,dr$$

$$= \frac{\pi}{2}\int_0^R e^{-r^2} r\,dr = \frac{\pi}{4}(1-e^{-R^2}).$$

したがって，

$$\frac{\pi}{4}(1-e^{-R^2}) < \left(\int_0^R e^{-x^2}dx\right)^2 < \frac{\pi}{4}(1-e^{-(\sqrt{2}R)^2})$$

が成り立つ．よって，$R \to \infty$ とすると，はさみうちの原理から

$$\left(\int_0^{\infty} e^{-x^2}dx\right)^2 = \frac{\pi}{4}$$

となり，結論を得る． □

例題 6.11 から，任意の $\sigma > 0$, $m \in \mathbf{R}$ に対して次が成り立つことがわかる：

$$\int_{-\infty}^{\infty} \frac{1}{\sqrt{2\pi}\sigma} e^{-\frac{(x-m)^2}{2\sigma^2}}\,dx = 1.$$

左辺の被積分関数は**ガウス関数**とよばれる．

例題 6.12 $\displaystyle\iint_{x^2+y^2\leqq 2x} \sqrt{4-x^2-y^2}\,dxdy$ の値を求めよ．

解答． 極座標で考えると，積分領域は $\{(r,\theta) \mid r \leqq 2\cos\theta,\ -\frac{\pi}{2} \leqq \theta \leqq \frac{\pi}{2}\}$ となり，

$$\iint_D \sqrt{4-x^2-y^2}\,dxdy = \int_{-\frac{\pi}{2}}^{\frac{\pi}{2}} \left\{\int_0^{2\cos\theta} \sqrt{4-r^2}\,r\,dr\right\} d\theta$$

$$= \int_{-\frac{\pi}{2}}^{\frac{\pi}{2}} \left[-\frac{1}{3}(4-r^2)^{\frac{3}{2}}\right]_{r=0}^{2\cos\theta} d\theta = \int_{-\frac{\pi}{2}}^{\frac{\pi}{2}} \frac{1}{3}(8-8|\sin\theta|^3)\,d\theta = \frac{8}{3}\pi - \frac{32}{9}.$$

□

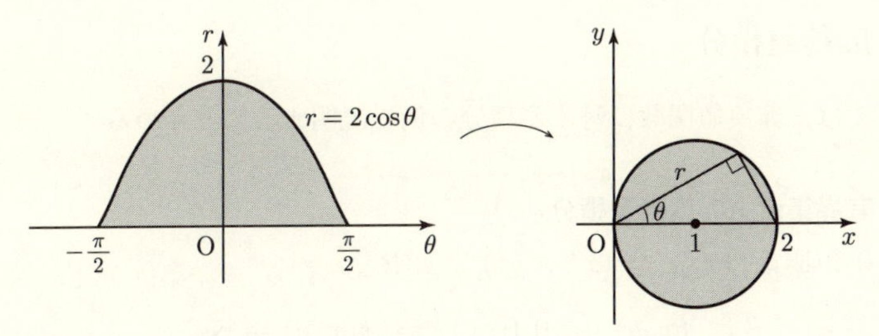

一次変換による座標変換の例をあげる．

例題 6.13 $D = \{(x, y) \mid 1 \leqq x + y \leqq 2,\ 1 \leqq x - y \leqq 3\}$ のとき，$\displaystyle\iint_D (x^2 - y^2)\, dxdy$ の値を求めよ．

解答． $u = x + y$, $v = x - y$ とおく．$x = \dfrac{u+v}{2}$, $y = \dfrac{u-v}{2}$ であるから，これは一次変換 T, $\begin{pmatrix} x \\ y \end{pmatrix} = \begin{pmatrix} \frac{1}{2} & \frac{1}{2} \\ \frac{1}{2} & -\frac{1}{2} \end{pmatrix} \begin{pmatrix} u \\ v \end{pmatrix}$ を考えるということであり，$E = [1, 2] \times [1, 3]$ とすると $T(E) = D$ である．

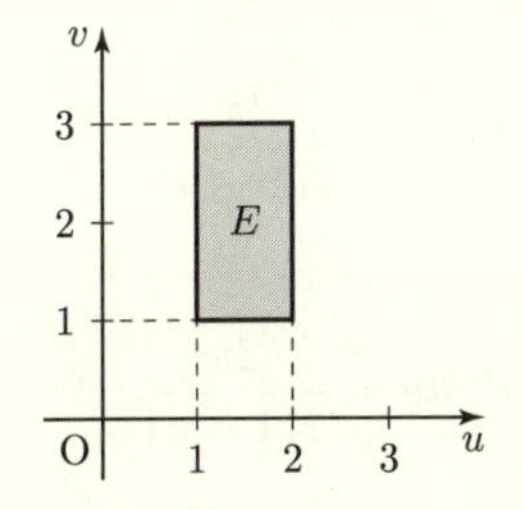

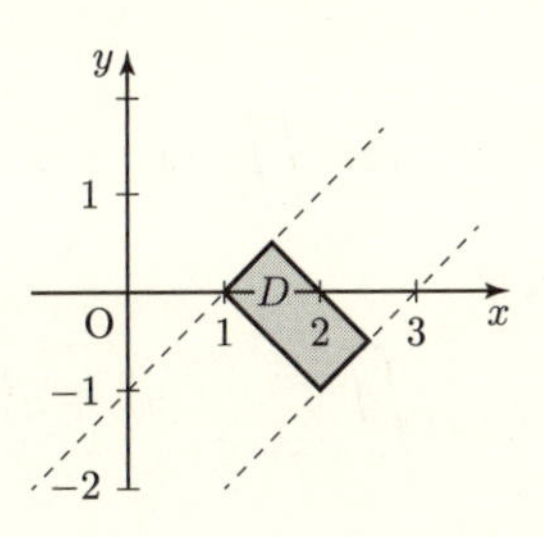

ヤコビアンを計算すると

$$dxdy = \left|\frac{\partial(x, y)}{\partial(u, v)}\right| dudv = \left|\det \begin{pmatrix} \frac{1}{2} & \frac{1}{2} \\ \frac{1}{2} & -\frac{1}{2} \end{pmatrix}\right| dudv = \frac{1}{2}\, dudv$$

となるから，

$$\iint_D (x^2 - y^2)\, dxdy = \iint_E uv\frac{1}{2}\, dudv = \frac{1}{2}\left(\int_1^2 u\, du\right)\left(\int_1^3 v\, dv\right) = 3. \quad \square$$

◆問 9． 次の重積分の値を求めよ．

(1) $\displaystyle\iint_{D_1} (x + y)\, dxdy, \quad D_1 = \{(x, y) \mid 0 \leqq x + y \leqq 1,\ 0 \leqq x - y \leqq 1\}$

(2) $\displaystyle\iint_{D_2} (x - y) \sin(x + y)\, dxdy, \quad D_2 = \{(x, y) \mid 0 \leqq x + y \leqq \pi,\ 0 \leqq x - y \leqq \pi\}$

6.4 広義重積分

ここでは，非負値関数に対する積分の例で説明するにとどめる．

［1］ 有界集合上の広義重積分

$a>0$ として $f(x,y)=(x^2+y^2)^{-a}$ とおく．

$$(x,y)\to(0,0) \text{ のとき } f(x,y)\to\infty$$

である．しかし，円環 $D_\varepsilon=\{(x,y)\mid \varepsilon\leqq\sqrt{x^2+y^2}\leqq 1\}$ 上の重積分

$$\iint_{D_\varepsilon}(x^2+y^2)^{-a}\,dxdy$$

が $\varepsilon\to 0$ のとき収束する場合がある．実際，極座標を用いると

$$\iint_{D_\varepsilon}(x^2+y^2)^{-a}\,dxdy=2\pi\int_\varepsilon^1 r^{-2a}r\,dr=2\pi\int_\varepsilon^1 r^{1-2a}\,dr$$

であるから，$1-2a>-1$，つまり $a<1$ であれば $\varepsilon\to 0$ のとき

$$\int_\varepsilon^1 r^{1-2a}\,dr=\left[\frac{1}{2-2a}r^{2-2a}\right]_{r=\varepsilon}^1=\frac{1-\varepsilon^{2-2a}}{2-2a}\to\frac{1}{2(1-a)}$$

が成り立ち，

$$\lim_{\varepsilon\to 0}\iint_{D_\varepsilon}(x^2+y^2)^{-a}\,dxdy=\frac{2\pi}{2(1-a)}$$

となる．これを

$$\iint_{x^2+y^2\leqq 1}(x^2+y^2)^{-a}\,dxdy=\frac{2\pi}{2(1-a)}$$

と書く．

このように，被積分関数 $f(x,y)$ が発散する点の近傍を除いた集合上での積分が，集合を積分領域全体に近づけたとき収束するならば，f は**広義重積分**可能という．

◆問 10. 次の広義重積分の値を求めよ．

(1) $\displaystyle\iint_{x^2+y^2\leqq 1}\frac{1}{\sqrt{x^2+y^2}}\,dxdy$ (2) $\displaystyle\iint_{x^2+y^2<1}\frac{1}{\sqrt{1-x^2-y^2}}\,dxdy$

［2］ 無限集合上の広義重積分

D を xy 平面内の第 1 象限とする．集合の列 $\{D_n\}_{n=1}^\infty$ を

$$D_n=\{(x,y)\mid x,y\geqq 0,\ x^2+y^2\leqq n^2\}$$

とすると，$n \to \infty$ のとき $D_n \to D$ である．

$f(x,y) = e^{-x^2-y^2}$ とすると，

$$\iint_{D_n} e^{-x^2-y^2} dxdy = \frac{\pi}{2}\int_0^n e^{-r^2} r\,dr = \frac{\pi}{4}(1-e^{-n^2}) \to \frac{\pi}{4} \quad (n \to \infty)$$

が成り立つ．これを

$$\iint_D e^{-x^2-y^2} dxdy = \frac{\pi}{4} \quad \text{または} \quad \iint_{x,y \geqq 0} e^{-x^2-y^2} dxdy = \frac{\pi}{4}$$

と書く．これから $\displaystyle\int_0^\infty e^{-x^2} dx = \frac{\sqrt{\pi}}{2}$ が得られることは前に述べた (例題 6.11)．

このように，D を第1象限や平面全体などの無限に延びた集合とし，$\{D_n\}_{n=1}^\infty$ を $D_n \subset D_{n+1}$ であり $n \to \infty$ のとき D に収束する有界集合の列とするとき，非負値関数 $f(x,y)$ に対し $\displaystyle\iint_{D_n} f(x,y)\,dxdy$ が $\{D_n\}$ のとり方によらない値に収束するならば，f は D 上**広義重積分可能**という．この極限を f の D 上の**広義重積分**とよび，$\displaystyle\iint_D f(x,y)\,dxdy$ と書く：

$$\iint_D f(x,y)\,dxdy = \lim_{n\to\infty}\iint_{D_n} f(x,y)\,dxdy.$$

◆**問 11.** $\displaystyle\iint_{x,y\geqq 0}(1+x^2+y^2)^{-a}\,dxdy$ が収束するような $a>0$ に対する条件と，そのときの積分の値を求めよ．

広義重積分の応用例として，ガンマ関数 $\Gamma(p)$ とベータ関数 $B(p,q)$ の関係を与える：

$$\Gamma(p) = \int_0^\infty t^{p-1}e^{-t}dt \quad (p>0),$$

$$B(p,q) = \int_0^1 x^{p-1}(1-x)^{q-1}dx \quad (p,q>0).$$

命題 6.14　すべての $p,q>0$ に対し $B(p,q) = \dfrac{\Gamma(p)\Gamma(q)}{\Gamma(p+q)}$ が成り立つ．

証明. ガンマ関数に対して $t=x^2$ によって置換積分を行うと

$$\Gamma(p)=\int_0^\infty (x^2)^{p-1}e^{-x^2}2x\,dx=2\int_0^\infty x^{2p-1}e^{-x^2}dx$$

となる．$D_n=\left[\frac{1}{n},n\right]\times\left[\frac{1}{n},n\right]$ は $n\to\infty$ のとき第 1 象限 D に収束し，

$$\begin{aligned}\Gamma(p)\Gamma(q)&=4\lim_{n\to\infty}\iint_{D_n}x^{2p-1}y^{2q-1}e^{-x^2-y^2}dxdy\\&=4\iint_D x^{2p-1}y^{2q-1}e^{-x^2-y^2}dxdy\end{aligned}$$

となる．

次に，$D_n'=\left\{(x,y)\mid x,y\geqq 0,\ \frac{1}{n^2}\leqq x^2+y^2\leqq n^2\right\}$ とすると，$D_n'\to D$ であり

$$\iint_D x^{2p-1}y^{2q-1}e^{-x^2-y^2}dxdy=\lim_{n\to\infty}\iint_{D_n'}x^{2p-1}y^{2q-1}e^{-x^2-y^2}dxdy$$

が成り立つ．極座標によって変数変換すると，D_n' 上の積分は

$$\begin{aligned}&\iint_{D_n'}x^{2p-1}y^{2q-1}e^{-x^2-y^2}dxdy\\&\qquad=\left(\int_{\frac{1}{n}}^n r^{2p+2q-1}e^{-r^2}dr\right)\left(\int_0^{\frac{\pi}{2}}\cos^{2p-1}\theta\sin^{2q-1}\theta\,d\theta\right)\end{aligned}$$

となる．右辺第 1 項は $r^2=s$ とおいて置換積分を行い，$n\to\infty$ とすると

$$\begin{aligned}\int_{\frac{1}{n}}^n r^{2p+2q-1}e^{-r^2}dr&=\int_{\frac{1}{n^2}}^{n^2}\frac{1}{2}s^{p+q-1}e^{-s}ds\\&\to\frac{1}{2}\int_0^\infty s^{p+q-1}e^{-s}ds=\frac{1}{2}\Gamma(p+q)\end{aligned}$$

となり，第 2 項は $\cos^2\theta=u$ によって置換積分を行うと次を得る：

$$\int_0^{\frac{\pi}{2}}\cos^{2p-1}\theta\sin^{2q-1}\theta\,d\theta=\frac{1}{2}\int_0^1 u^{p-1}(1-u)^{q-1}du=\frac{1}{2}B(p,q).$$

したがって，

$$\Gamma(p)\Gamma(q)=4\iint_D x^{2p-1}y^{2q-1}e^{-x^2-y^2}dxdy=\Gamma(p+q)B(p,q)$$

が成り立つ． □

6.5 体積と曲面積

[1] 立体の体積

D を xy 平面の有界集合とし，$z = f(x,y)$ を D 上の連続関数とする．$f(x,y) \geqq 0$ であれば，重積分は底面が D で $(x,y) \in D$ における高さが $f(x,y)$ である立体の体積であることは定義の際に述べた．

一般に，次が成り立つ．

定理 6.15　関数 $f(x,y)$，$g(x,y)$ が積分領域 D 上の連続関数であり，$g(x,y) \leqq f(x,y)$ を満たすとする．このとき，D を底面とする柱体の曲面 $z = f(x,y)$，$z = g(x,y)$ によって囲まれた部分の体積は

$$\iint_D (f(x,y) - g(x,y))\,dxdy$$

によって与えられる．

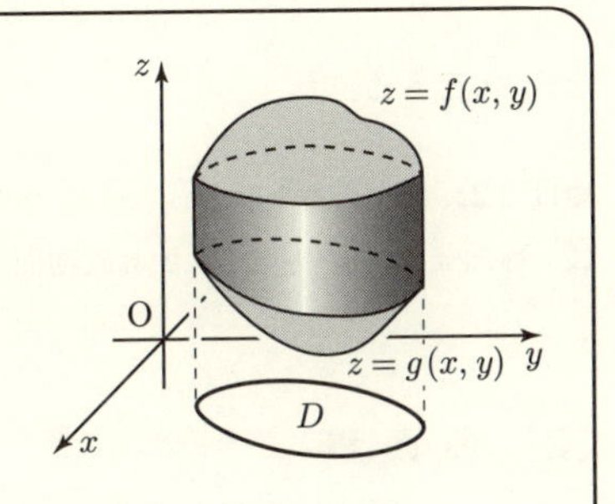

例題 6.16　回転放物面 $z = x^2 + y^2$ と平面 $z = 2x$ によって囲まれた立体の体積を求めよ．

解答． 積分領域は

$$D = \{(x,y) \mid x^2 + y^2 \leqq 2x\}$$
$$= \{(x,y) \mid (x-1)^2 + y^2 \leqq 1\}$$

である．よって，求める体積は

$$\iint_D (2x - x^2 - y^2)\,dxdy$$
$$= \iint_D \{-(x-1)^2 - y^2 + 1\}\,dxdy$$

である．$x = 1 + r\cos\varphi$，$y = r\sin\varphi$ によって変数変換すると，

$$\iint_D (2x - x^2 - y^2)\,dxdy = \int_0^1 \left\{\int_0^{2\pi} (-r^2 + 1)\,d\varphi\right\} r\,dr$$
$$= 2\pi \int_0^1 (r - r^3)\,dr = \frac{\pi}{2}.$$

極座標を用いて $D=\{(r,\theta)\mid r\leqq 2\cos\theta,\ -\frac{\pi}{2}\leqq\theta\leqq\frac{\pi}{2}\}$ と D を表すと，

$$\iint_D (2x-x^2-y^2)\,dxdy=\int_{-\frac{\pi}{2}}^{\frac{\pi}{2}}\left\{\int_0^{2\cos\theta}(2r\cos\theta-r^2)r\,dr\right\}d\theta$$

$$=\int_{-\frac{\pi}{2}}^{\frac{\pi}{2}}\left[\frac{2}{3}\cos\theta\, r^3-\frac{1}{4}r^4\right]_{r=0}^{2\cos\theta}d\theta$$

$$=\int_{-\frac{\pi}{2}}^{\frac{\pi}{2}}\frac{4}{3}\cos^4\theta\,d\theta=\frac{\pi}{2}$$

と計算できる． □

◆**問 12.** (1) 球 $x^2+y^2+z^2\leqq 2$ の $x^2+y^2\leqq 1$ の部分の体積を求めよ．
(2) 球面 $x^2+y^2+z^2=2$ と放物面 $z=x^2+y^2$ にはさまれた部分の体積を求めよ．

[2] 曲面積

f を xy 平面上の有界閉集合 D 上の連続関数とし，曲面 $z=f(x,y)$ を考える．D を図のように小集合 D_{ij} に分割し，D_{ij} の点 $\mathrm{Q}_{ij}(x_{ij},y_{ij})$ をとる．

Q_{ij} に対応する曲面上の点を

$$\mathrm{P}_{ij}(x_{ij},y_{ij},f(x_{ij},y_{ij}))$$

とする．P_{ij} における接平面を考えて，さらに D_{ij} に対応する接平面の部分の面積を m_{ij} とおく．このとき，和 $\sum_i\sum_j m_{ij}$ が分割を細かくしたとき分割の仕方にも Q_{ij} のとり方にもよらない値に収束するならば，その極限の値を曲面 $z=f(x,y)$ $\big((x,y)\in D\big)$ の**曲面積**という．

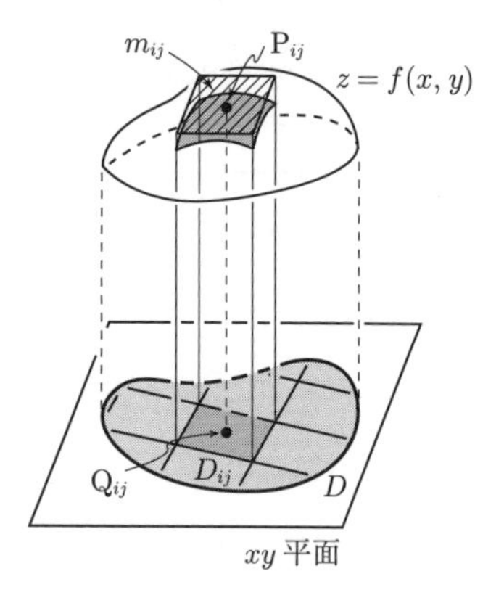

定理 6.17 $z=f(x,y)$ を有界集合 D 上の連続な偏導関数をもつ関数とする．このとき，曲面 $z=f(x,y)$ $((x,y)\in D)$ の曲面積 S は次で与えられる：

$$S=\iint_D\sqrt{1+f_x^2+f_y^2}\,dxdy.$$

証明. あらすじを述べる.

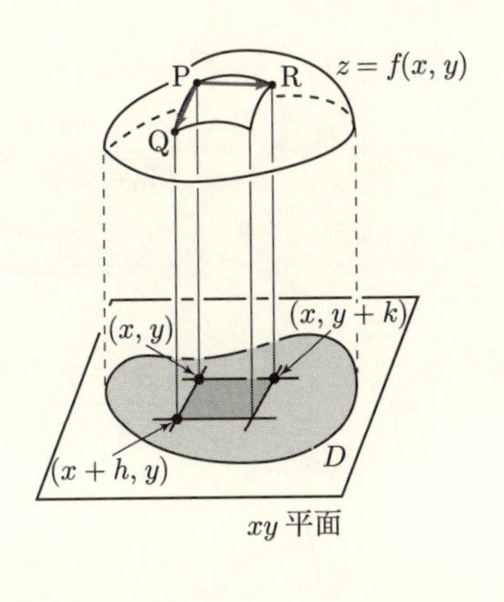

$(x, y) \in D$ として，曲面上の点
$\mathrm{P}(x, y, f(x, y))$, $\mathrm{Q}(x+h, y, f(x+h, y))$,
$\mathrm{R}(x, y+k, f(x, y+k))$ をとる.

$$\overrightarrow{\mathrm{PQ}} = \begin{pmatrix} h \\ 0 \\ f(x+h, y) - f(x, y) \end{pmatrix},$$

$$\overrightarrow{\mathrm{PR}} = \begin{pmatrix} 0 \\ k \\ f(x, y+k) - f(x, y) \end{pmatrix}$$

であり，$|h|, |k|$ が小ならば，これらは $\boldsymbol{a} = h \begin{pmatrix} 1 \\ 0 \\ f_x(x, y) \end{pmatrix}$, $\boldsymbol{b} = k \begin{pmatrix} 0 \\ 1 \\ f_y(x, y) \end{pmatrix}$

とほぼ等しい.

$\boldsymbol{a}, \boldsymbol{b}$ をとなり合う 2 辺とする平行四辺形の面積を $S(x, y)$ とすると，

$$\begin{aligned} S(x, y)^2 &= |\boldsymbol{a}|^2 |\boldsymbol{b}|^2 - (\boldsymbol{a} \cdot \boldsymbol{b})^2 \\ &= h^2 k^2 (1 + f_x^2)(1 + f_y^2) - (hk f_x f_y)^2 \\ &= h^2 k^2 (1 + f_x^2 + f_y^2) \end{aligned}$$

より，

$$S(x, y) = |h|\,|k| \sqrt{1 + f_x^2 + f_y^2}$$

となる (補題 6.7 参照).

D を小集合の和集合で近似し，その像の面積を加えて極限をとれば，曲面の面積が得られ，結論を得る. □

例題 6.18 (1) 半径 $2a$ の球面の上半分 $x^2 + y^2 + z^2 = 4a^2$, $z \geqq 0$ の $D_1 = \{(x, y) \mid x^2 + y^2 \leqq a^2\}$ 上にある部分の面積を求めよ.
(2) 同じ球面の $D_2 = \{(x, y) \mid x^2 + y^2 \leqq 2ax\}$ 上にある部分の面積を求めよ.

解答. (1) $z=\sqrt{4a^2-x^2-y^2}$ より，

$$z_x=\frac{-x}{\sqrt{4a^2-x^2-y^2}},$$

$$z_y=\frac{-y}{\sqrt{4a^2-x^2-y^2}}$$

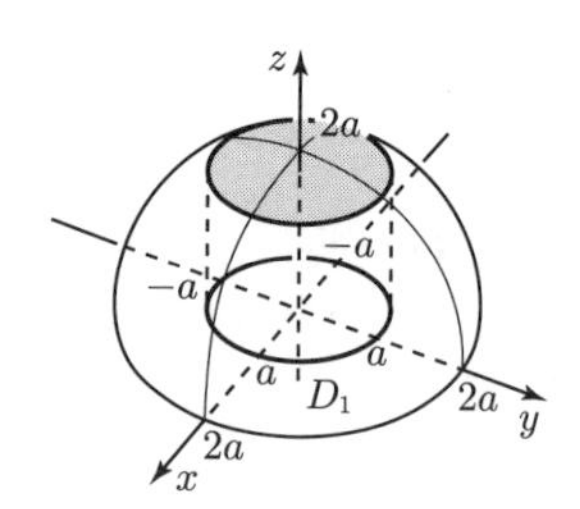

となる．したがって，求める面積は

$$\iint_{x^2+y^2\leqq a^2}\sqrt{1+z_x^2+z_y^2}\,dxdy=\iint_{x^2+y^2\leqq a^2}\frac{2a}{\sqrt{4a^2-x^2-y^2}}\,dxdy$$

$$=4\pi a\int_0^a\frac{r}{\sqrt{4a^2-r^2}}\,dr=4\pi a\Big[-\sqrt{4a^2-r^2}\Big]_{r=0}^{a}=4(2-\sqrt{3})\pi a^2.$$

(2) 極座標を用いて，$D_2=\{(r,\theta)\mid r\leqq 2a\cos\theta, -\frac{\pi}{2}\leqq\theta\leqq\frac{\pi}{2}\}$ と表すと，

$$\iint_{D_2}\sqrt{1+z_x^2+z_y^2}\,dxdy=\iint_{D_2}\frac{2a}{\sqrt{4a^2-x^2-y^2}}\,dxdy$$

$$=\int_{-\frac{\pi}{2}}^{\frac{\pi}{2}}2a\left\{\int_0^{2a\cos\theta}\frac{1}{\sqrt{4a^2-r^2}}r\,dr\right\}d\theta$$

$$=\int_{-\frac{\pi}{2}}^{\frac{\pi}{2}}2a\Big[-\sqrt{4a^2-r^2}\Big]_{r=0}^{2a\cos\theta}d\theta$$

$$=\int_{-\frac{\pi}{2}}^{\frac{\pi}{2}}2a(2a-2a|\sin\theta|)\,d\theta=4a^2(\pi-2).\ \square$$

◆問 13. (1) 球面 $x^2+y^2+z^2=4$ の円 $\{(x,y)\mid x^2+y^2\leqq 2\}$ 上にある部分の面積を求めよ．

(2) 球面 $x^2+y^2+z^2=4$ の平面 $z=1$ より上の部分の面積を求めよ．

6.6 3 重 積 分

[1] 3 重 積 分

E を空間 $\mathbf{R}^3$ の有界閉集合とするとき，E 上の連続関数 $f(x,y,z)$ の積分 (3 重積分) が 2 重積分と同様に定義され，その値を累次積分によって計算することができる．本節ではそのあらすじを述べる．

E を含む $\mathbf{R}^3$ の座標軸と平行な辺をもつ直方体 $Q=[a_1,b_1]\times[a_2,b_2]\times[a_3,b_3]$ を考えて，E 上の関数 f に対し

$$\widetilde{f}(x,y,z)=\begin{cases} f(x,y,z) & ((x,y,z)\in E),\\ 0 & ((x,y,z)\notin E)\end{cases}$$

によって Q 上の関数 $\widetilde{f}$ を定義する.

Q を小直方体に分割し，リーマン和を考える[1]．リーマン和が Q の分割を細かくしたとき，分割の仕方などによらない一定の値に収束するとき，f は E 上で (3 重) **積分可能**であるといって，極限 (f の 3 重積分) を

$$\iiint_E f(x,y,z)\,dxdydz$$

と表す．このとき，

$$\iiint_E f(x,y,z)\,dxdydz=\int_{a_3}^{b_3}\left\{\int_{a_2}^{b_2}\left\{\int_{a_1}^{b_1}\widetilde{f}(x,y,z)\,dx\right\}dy\right\}dz$$

が成り立つ．なお，右辺の積分は順序を変えてもよい．

[2] 累 次 積 分

$\mathbf{R}^3$ の有界閉集合 E の xy 平面への正射影を D とし，D が $\mathbf{R}^2$ 上のたて線集合として表されるときを考える (図 (b))．つまり，$a,b\in\mathbf{R}$ $(a<b)$ と x の連続関数 $g_1(x), g_2(x)$ によって

$$D=\{(x,y)\mid a\leqq x\leqq b,\ g_1(x)\leqq y\leqq g_2(x)\} \tag{6.3}$$

と表されているとする (図 (b)).

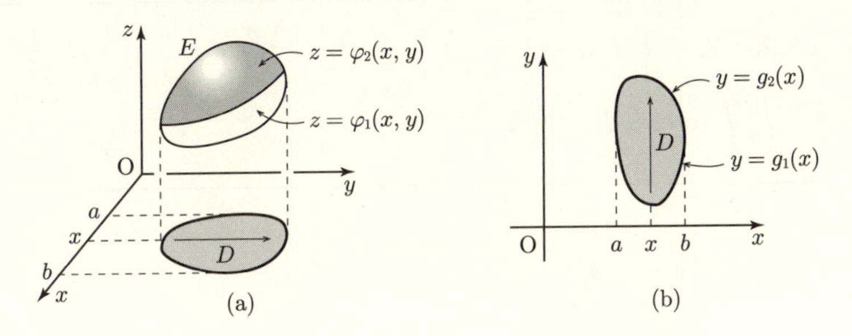

さらに，E が D 上の連続関数 $\varphi_1(x,y)$, $\varphi_2(x,y)$ によって

$$E=\{(x,y,z)\mid (x,y)\in D,\ \varphi_1(x,y)\leqq z\leqq\varphi_2(x,y)\} \tag{6.4}$$

と表されているとする (図 (a)).

---

1) 定義は定積分，2 重積分と同様であるから，省略する．

定理 6.19　D を (6.3) によって与えられる $\mathbf{R}^2$ のたて線集合，E を (6.4) によって与えられる $\mathbf{R}^3$ の有界閉集合とし，f を E 上の連続関数とする．このとき，f の E 上の 3 重積分に対して次が成り立つ：

$$\begin{aligned}\iiint_E f(x,y,z)\,dxdydz &= \iint_D \left\{\int_{\varphi_1(x,y)}^{\varphi_2(x,y)} f(x,y,z)\,dz\right\} dxdy\\ &= \int_a^b \left\{\int_{g_1(x)}^{g_2(x)} \left\{\int_{\varphi_1(x,y)}^{\varphi_2(x,y)} f(x,y,z)\,dz\right\} dy\right\} dx.\end{aligned}$$

D が $\mathbf{R}^2$ 上の横線集合のときも同様である．つまり，$c, d \in \mathbf{R}$ $(c < d)$ と y の連続関数 $h_1(y), h_2(y)$ によって

$$D = \{(x,y) \mid c \leqq y \leqq d,\ h_1(y) \leqq x \leqq h_2(y)\} \tag{6.5}$$

と表されているときは，

$$\begin{aligned}\iiint_E f(x,y,z)\,dxdydz &= \iint_D \left\{\int_{\varphi_1(x,y)}^{\varphi_2(x,y)} f(x,y,z)\,dz\right\} dxdy\\ &= \int_c^d \left\{\int_{h_1(y)}^{h_2(y)} \left\{\int_{\varphi_1(x,y)}^{\varphi_2(x,y)} f(x,y,z)\,dz\right\} dx\right\} dy\end{aligned}$$

が成り立つ．

例題 6.20　$E = \left\{(x,y,z) \mid x \geqq 0,\ y \geqq 0,\ z \geqq 0,\ \dfrac{x}{2} + \dfrac{y}{3} + \dfrac{z}{4} \leqq 1\right\}$ のとき，$\displaystyle\iiint_E x\,dxdydz$ の値を求めよ．

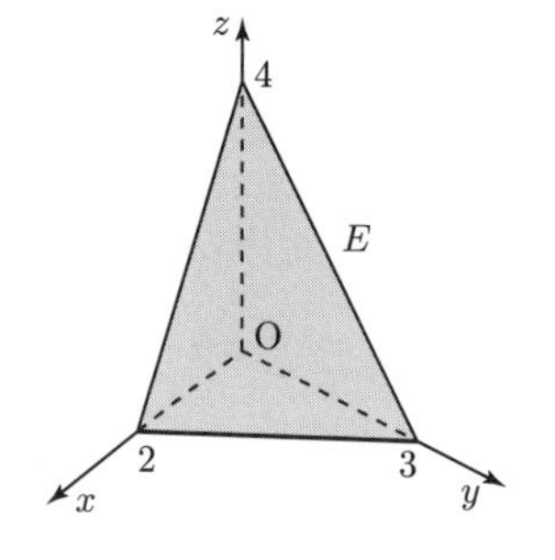

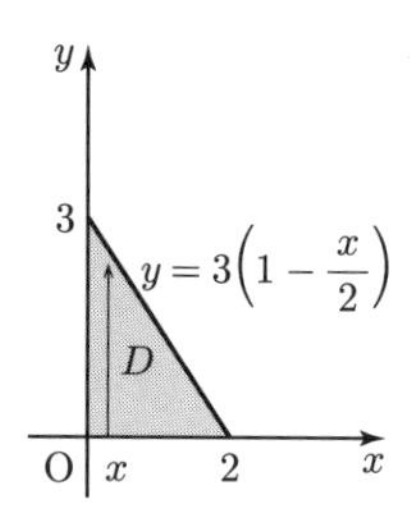

解答. D をたて線集合 $D = \left\{(x,y) \mid 0 \leqq x \leqq 2,\ 0 \leqq y \leqq 3\left(1 - \dfrac{x}{2}\right)\right\}$ とすると，E は

$$E = \left\{(x,y,z) \mid (x,y) \in D,\ 0 \leqq z \leqq 4\left(1 - \frac{x}{2} - \frac{y}{3}\right)\right\}$$

と表される．したがって，

$$\begin{aligned}\iiint_E x\,dxdydz &= \iint_D \left\{\int_0^{4(1-\frac{x}{2}-\frac{y}{3})} x\,dz\right\} dxdy \\ &= \iint_D 4x\left(1 - \frac{x}{2} - \frac{y}{3}\right) dxdy \\ &= 4\int_0^2 \left\{\int_0^{3(1-\frac{x}{2})} x\left(1 - \frac{x}{2} - \frac{y}{3}\right) dy\right\} dx = 2. \qquad \square\end{aligned}$$

◆**問 14.** 例題 6.20 の三角錐 E の体積を 3 重積分を用いて求めよ．

◆**問 15.** 次の 3 重積分の値を求めよ．

(1) $\displaystyle\iiint_E (x-y)\sin(x+z)\,dxdydz$，ただし，

$E = \{(x,y,z) \mid 0 \leqq x \leqq \pi,\ 0 \leqq y \leqq \pi,\ 0 \leqq z \leqq \pi\}$.

(2) $\displaystyle\iiint_E ye^{x+z} dxdydz$，ただし，$E = \{(x,y,z) \mid 0 \leqq y \leqq x \leqq 1,\ 0 \leqq z \leqq 1\}$.

[3] 変数変換

3 重積分における変数変換も 2 重積分と同様である．次の定理に現れる関数 J をやはり**ヤコビアン**という．

定理 6.21　E を xyz 空間の有界閉集合，F を uvw 空間の有界閉集合とし，F 上の関数

$$x = x(u,v,w), \quad y = y(u,v,w), \quad z = z(u,v,w)$$

によって，E と F が 1 対 1 に対応しているとする．このとき，

$$J(u,v,w) = \det\begin{pmatrix} \dfrac{\partial x}{\partial u} & \dfrac{\partial y}{\partial u} & \dfrac{\partial z}{\partial u} \\ \dfrac{\partial x}{\partial v} & \dfrac{\partial y}{\partial v} & \dfrac{\partial z}{\partial v} \\ \dfrac{\partial x}{\partial w} & \dfrac{\partial y}{\partial w} & \dfrac{\partial z}{\partial w} \end{pmatrix} \neq 0 \quad ((u,v,w) \in F)$$

であれば，E 上の連続関数 $f(x,y,z)$ に対して次が成り立つ：

$$\iiint_E f(x,y,z)\,dxdydz$$
$$= \iiint_F f(x(u,v,w), y(u,v,w), z(u,v,w))|J(u,v,w)|\,dudvdw.$$

○**例 6.8** (円柱座標) $(x,y,z) \in \mathbf{R}^3, (x,y,z) \neq (0,0,0)$ とする．(x,y) に対して $\mathbf{R}^2$ の極座標を用いると

$$x = r\cos\theta, \quad y = r\sin\theta, \quad z = u$$

を満たす $r > 0,\ \theta \in [0, 2\pi),\ u \in \mathbf{R}$ がそれぞれただ一つ存在する．このとき，

$$J(r,\theta,u) = \det\begin{pmatrix} \frac{\partial x}{\partial r} & \frac{\partial y}{\partial r} & \frac{\partial z}{\partial r} \\ \frac{\partial x}{\partial \theta} & \frac{\partial y}{\partial \theta} & \frac{\partial z}{\partial \theta} \\ \frac{\partial x}{\partial u} & \frac{\partial y}{\partial u} & \frac{\partial z}{\partial u} \end{pmatrix}$$
$$= \det\begin{pmatrix} \cos\theta & \sin\theta & 0 \\ -r\sin\theta & r\cos\theta & 0 \\ 0 & 0 & 1 \end{pmatrix} = r.$$

○**例 6.9** (空間の極座標) $(x,y,z) \in \mathbf{R}^3$, $(x,y,z) \neq (0,0,0)$ に対して，

$$\begin{cases} x = r\sin\theta\cos\varphi, \\ y = r\sin\theta\sin\varphi, \\ z = r\cos\theta \end{cases}$$

を満たす $r > 0,\ \theta \in [0, \pi],\ \varphi \in [0, 2\pi)$ が，それぞれただ一つ存在する．このとき

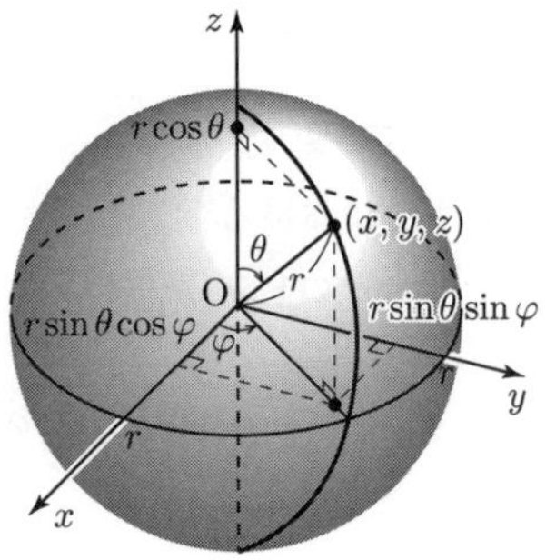

$$J(r,\theta,\varphi) = \det\begin{pmatrix} \frac{\partial x}{\partial r} & \frac{\partial y}{\partial r} & \frac{\partial z}{\partial r} \\ \frac{\partial x}{\partial \theta} & \frac{\partial y}{\partial \theta} & \frac{\partial z}{\partial \theta} \\ \frac{\partial x}{\partial \varphi} & \frac{\partial y}{\partial \varphi} & \frac{\partial z}{\partial \varphi} \end{pmatrix}$$
$$= \det\begin{pmatrix} \sin\theta\cos\varphi & \sin\theta\sin\varphi & \cos\theta \\ r\cos\theta\cos\varphi & r\cos\theta\sin\varphi & -r\sin\theta \\ -r\sin\theta\sin\varphi & r\sin\theta\cos\varphi & 0 \end{pmatrix}$$
$$= r^2\sin\theta.$$

例題 6.22　半径 R の球の体積を，空間の極座標を用いて求めよ．

解答. 3 重積分 $\displaystyle\iiint_{x^2+y^2+z^2\leqq R^2} 1\,dxdydz$ は，極座標を用いると

$$\int_0^R \left\{\int_0^\pi \left\{\int_0^{2\pi} r^2 \sin\theta\,d\varphi\right\} d\theta\right\} dr = 2\pi\Big(\int_0^R r^2\,dr\Big)\Big(\int_0^\pi \sin\theta\,d\theta\Big) = \frac{4\pi R^3}{3}$$

となる．□

例題 6.23　$I = \displaystyle\iiint_{x^2+y^2+z^2\leqq R^2,\ z\geqq 0} x^2\,dxdydz$ $(R > 0)$ の値を求めよ．

解答. 積分領域は，原点中心，半径 R の球の内部の $z \geqq 0$ の部分であり，空間極座標により

$$\left\{(r,\theta,\varphi) \mid 0 < r \leqq R,\ 0 \leqq \theta \leqq \tfrac{\pi}{2},\ 0 \leqq \varphi < 2\pi\right\}$$

と 1 対 1 に対応する．よって，

$$\begin{aligned} I &= \int_0^R \left\{\int_0^{\frac{\pi}{2}} \left\{\int_0^{2\pi} r^2 \sin^2\theta\cos^2\varphi \cdot r^2 \sin\theta\,d\varphi\right\} d\theta\right\} dr \\ &= \Big(\int_0^R r^4 dr\Big)\Big(\int_0^{\frac{\pi}{2}} \sin^3\theta\,d\theta\Big)\Big(\int_0^{2\pi} \cos^2\varphi\ d\varphi\Big) = \frac{2\pi R^5}{15}. \end{aligned}$$

□

◆**問 16.**　次の 3 重積分の値を求めよ．

(1) $\displaystyle\iiint_E (x^2 + yz)\,dxdydz,\quad E = \{(x,y,z) \mid x^2 + y^2 \leqq 1,\ 0 \leqq z \leqq 1\}$

(2) $\displaystyle\iiint_E z\,dxdydz$，ただし，$E$ は原点中心，半径 3 の球の $z \geqq 0$ の部分．

第 6 章　章末問題

6.1　次の重積分の値を求めよ．(3)–(10) は，積分領域を図示し，たて線集合または横線集合の形に表して累次積分を行うこと．

(1) $\displaystyle\iint_{[-1,0]\times[0,1]} e^{x+2y}\,dxdy$　　(2) $\displaystyle\iint_{[0,\pi]\times[0,\pi]} \cos(x+y)\,dxdy$

(3) $\displaystyle\iint_{0\leqq x\leqq 1,\ -x\leqq y\leqq x} y^2\,dxdy$　　(4) $\displaystyle\iint_{y\geqq x^2,\ x\geqq y^2} (x+y)\,dxdy$

(5) $\displaystyle\iint_{0\leqq y\leqq \pi,\ -y\leqq x\leqq y} \cos x\,dxdy$ (6) $\displaystyle\iint_{x^2+y^2\leqq 1,\ 0\leqq y\leqq x} x\,dxdy$

(7) $\displaystyle\iint_{\sqrt{x}+\sqrt{y}\leqq 1} dxdy$ (8) $\displaystyle\iint_{\sqrt{x}+\sqrt{y}\leqq 1} y\,dxdy$

(9) $\displaystyle\iint_{0\leqq y\leqq x\leqq 1} e^{2x^2}\,dxdy$ (10) $\displaystyle\iint_{0\leqq x\leqq y\leqq \sqrt{\frac{\pi}{2}}} \sin(y^2)\,dxdy$

6.2 次の重積分の順序を交換せよ．

(1) $\displaystyle\int_0^1 \left\{\int_{x^2}^{\sqrt{x}} f(x,y)\,dy\right\} dx$ (2) $\displaystyle\int_0^2 \left\{\int_{-\sqrt{4-y^2}}^{\sqrt{4-y^2}} f(x,y)\,dx\right\} dy$

(3) $\displaystyle\int_{-2}^0 \left\{\int_{-1}^{1+x} f(x,y)\,dy\right\} dx + \int_0^2 \left\{\int_{-1}^{1-x} f(x,y)\,dy\right\} dx$

6.3 次の重積分の値を極座標に変換して求めよ．ただし，n は自然数，R は正の定数とする．

(1) $\displaystyle\iint_{1\leqq x^2+y^2\leqq R} (x^2+y^2)^n\,dxdy$ (2) $\displaystyle\iint_{x^2+y^2\leqq R} x^2\,dxdy$

(3) $\displaystyle\iint_{x^2+y^2\leqq 1} \sqrt{4-x^2-y^2}\,dxdy$ (4) $\displaystyle\iint_{x^2+y^2\leqq 1,\ y\geqq 0} e^{-2(x^2+y^2)}dxdy$

6.4 (1) $D=\{(x,y)\mid x\geqq 0,\ y\geqq 0,\ x+y\leqq 1\}$ は一次変換 $\begin{pmatrix}u\\v\end{pmatrix}=\begin{pmatrix}1 & 1\\1 & -1\end{pmatrix}\begin{pmatrix}x\\y\end{pmatrix}$ によってどのような図形に移るか．

(2) 重積分 $\displaystyle\iint_{x\geqq 0,\ y\geqq 0,\ x+y\leqq 1} (x+y)^2 e^{x^2-y^2}\,dxdy$ の値を求めよ．

6.5 次の広義重積分の値を求めよ．ただし，n は自然数とする．

(1) $\displaystyle\iint_{0<y\leqq 1,\ 0\leqq x\leqq y} \left(\frac{x}{y}\right)^n dxdy$ (2) $\displaystyle\iint_{x^2+y^2<1} \frac{1}{\sqrt{1-x^2-y^2}}\,dxdy$

(3) $\displaystyle\iint_{0\leqq y\leqq x} e^{-x-y}\,dxdy$ (4) $\displaystyle\iint_{x\geqq 0,\ y\geqq 0} \frac{1}{(1+x^2+y^2)^n}\,dxdy$

(5) $\displaystyle\iint_{x^2\leqq y\leqq x} e^{\frac{y}{x}}\,dxdy$ (6) $\displaystyle\iint_{x,y\geqq 0,\ x+y\leqq 1} e^{\frac{x-y}{x+y}}\,dxdy$

6.6 球 $x^2+y^2+z^2\leqq 4$ の $x^2+y^2\leqq 2x$ の部分の体積を求めよ．

6.7 (1) 球 $x^2+y^2+z^2\leqq 9$ の $z\geqq a$ $(0\leqq a<3)$ の部分の体積を求めよ．

(2) 球面 $x^2+y^2+z^2=9$ の $z\geqq a$ $(0\leqq a<3)$ の部分の曲面積を求めよ．

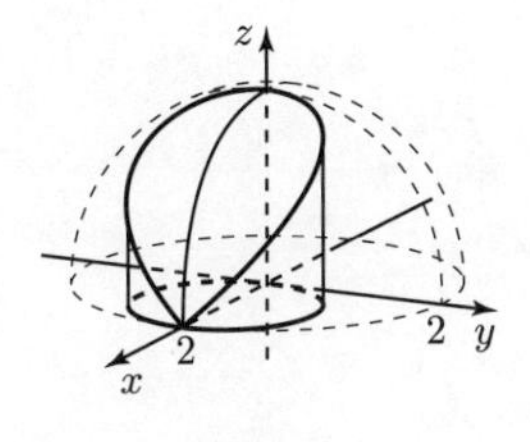

問 6.6

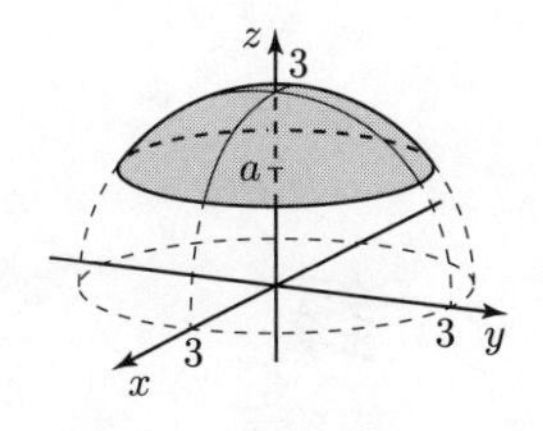

問 6.7

6.8　(1) $x^2+y^2 \leqq 1,\ x^2+z^2 \leqq 1$ によって定まる 2 つの円柱の共通部分の体積を求めよ (例題 4.36 参照).

(2) (1) の立体の表面積を求めよ.

6.9　(1) 回転放物面 $z=4-x^2-y^2$ と xy 平面で囲まれた部分の体積 V を求めよ.

(2) 回転放物面 $z=4-x^2-y^2$ の $z \geqq 0$ の部分の曲面積 S を求めよ.

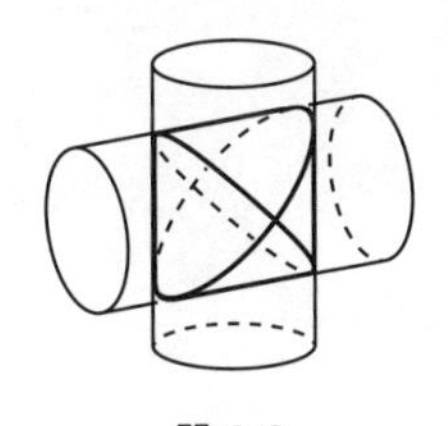

問 6.8

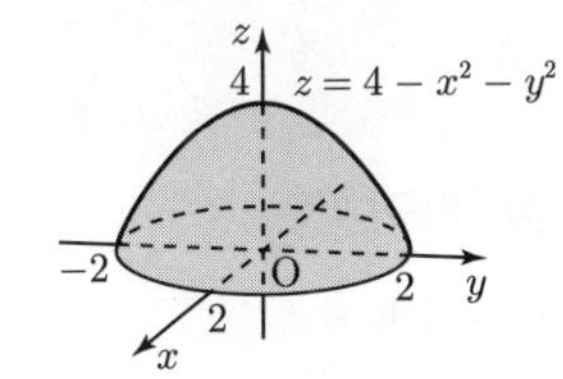

問 6.9

付　　録

ここまでは，直感的な理解に重点をおいて微分積分学の概要を述べた．しかし，これまでも連続関数の積分可能性の証明など手が出せなかったことがあるし，このまま解析学を進めていくと困難が生まれて先に進めなくなることがある．このために，ε-δ 論法などによる数列，連続関数の数学的に厳密な扱い方を述べる．

A.1　数列の収束

［1］　収束の定義

動機付けのために，次の定理を考える．

定理 A.1　実数列 $\{a_n\}_{n=1}^{\infty}$ が $\alpha \in \mathbf{R}$ に収束するならば，次が成り立つ：

$$\lim_{n\to\infty} \frac{a_1 + a_2 + \cdots + a_n}{n} = \alpha.$$

直感的には，初めのいくつかを除くと，または十分大きな k に対して a_k は α に近い値であるから，多くの a_k の平均をとると α に近い a_k が平均に寄与し，そうでない a_k は考えなくてよいということである．たとえば，100 人の試験の結果，95 人が 80 点前後であれば 100 人の平均は 80 点に近いはずであるということと本質的には同じである．しかし，「初めのいくつか」，「十分大きな k」というのは数学的に厳密ではない．そこで，数列の収束を次のように定義する．

定義 A.1　実数列 $\{a_n\}_{n=1}^{\infty}$ が $n \to \infty$ のとき $\alpha \in \mathbf{R}$ に収束するとは，

任意の $\varepsilon > 0$ に対して自然数 N が存在して，

$n \geqq N$ であれば $|a_n - \alpha| < \varepsilon$ が成り立つ

ことである．

定義は，a_n は一般に α とは一致しないが，ε だけ (少し) 幅をもたせると，ある番号 (N) 以上の n に対して a_n が $\alpha \pm \varepsilon$ の中に入っているということを意味する．このとき，幅 ε を小さくすればそれに応じて番号 N を大きくとる必要があるが，どんな ε に対してもそのつど番号 N を選ぶことができる．なお，定義の条件を簡単に次のように書く[1]．

$$\forall\varepsilon > 0 \text{ に対して } \exists N \in \mathbf{N} \text{ s.t. } n \geqq N \text{ ならば } |a_n - \alpha| < \varepsilon$$

○例 **A.1**　$a_n = \dfrac{n}{3n+1}$ とする．$a_n = \dfrac{1}{3} - \dfrac{1}{3(3n+1)}$ だから，任意の $\varepsilon > 0$ に対して N を $\dfrac{1}{3(3N+1)} < \varepsilon$ を満たす自然数とすると，

$$n \geqq N \text{ であれば } \left|a_n - \frac{1}{3}\right| = \frac{1}{3(3n+1)} < \varepsilon.$$

定理 A.1 の証明.　$\dfrac{a_1 + \cdots + a_n}{n} - \alpha = \dfrac{(a_1 - \alpha) + \cdots (a_n - \alpha)}{n}$ だから，a_n の代わりに $a_n - \alpha$ を考えれば $\alpha = \lim\limits_{n\to\infty} a_n = 0$ のときに証明すればよい．

任意の $\varepsilon > 0$ をとり，定義の ε を $\dfrac{\varepsilon}{2}$ として，自然数 N を

$$n \geqq N \text{ ならば } |a_n| < \frac{\varepsilon}{2}$$

となるようにとる．

$$\frac{a_1 + \cdots + a_n}{n} = \frac{a_1 + \cdots + a_N}{n} + \frac{a_{N+1} + \cdots + a_n}{n}$$

と和を 2 つに分けると，N は固定したので第 1 項は

$$\lim_{n\to\infty} \frac{a_1 + \cdots + a_N}{n} = 0$$

である．よって，

$$n \geqq N_1 \text{ ならば } \frac{|a_1 + \cdots + a_N|}{n} < \frac{\varepsilon}{2}$$

となる N_1 が存在する．したがって，$n \geqq \max\{N, N_1\}$ ならば，

$$\left|\frac{a_1 + \cdots + a_n}{n}\right| \leqq \left|\frac{a_1 + \cdots + a_N}{n}\right| + \left|\frac{a_{N+1} + \cdots + a_n}{n}\right|$$
$$< \frac{\varepsilon}{2} + \frac{1}{n}\sum_{k=N+1}^{n} |a_n| < \frac{\varepsilon}{2} + \frac{1}{n}(n-N)\frac{\varepsilon}{2} < \varepsilon$$

が成り立つ．これは $\dfrac{a_1 + \cdots + a_n}{n}$ の 0 への収束を示す．　□

---

1)　∀, ∃ は A, E を上下逆さまにした記号で，∀ は any (任意の)，∃ は exist (存在する) を表し，「s.t.」は「such that」の略である．

関数の値の収束も同様である．

たとえば，$x \to \infty$ のとき $f(x)$ が実数 α に収束するとは，

任意の (小さい) $\varepsilon > 0$ に対して (ε に応じた) 定数 K が存在して

$x > K$ ならば $|f(x) - \alpha| < \varepsilon$

となることである．

◆**問 1.** $f(x) = e^{-x}$ とする．任意の $\varepsilon > 0$ に対して，$x > K$ ならば $f(x) < \varepsilon$ となるような K を定めよ．

また，$x \to \infty$ のとき $f(x)$ が ∞ に発散するとは，

任意の (大きい) $M > 0$ に対して定数 L が存在して

$x > L$ ならば $f(x) > M$

となることである．

ロピタルの定理 (定理 3.18(2)) の証明をここで与えておく．

定理 3.18(2) の証明. 任意の $\varepsilon > 0$ に対して $\delta > 0$ を

$$\left|\frac{f'(x)}{g'(x)} - \alpha\right| < \varepsilon \qquad (a < x < a + \delta)$$

となるようにとる．$a < x < a+\delta$ とすると，コーシーの平均値の定理 (定理 3.17) から

$$\frac{f(x) - f(a+\delta)}{g(x) - g(a+\delta)} = \frac{f'(c)}{g'(c)}$$

を満たす $c \in (x, a+\delta)$ が存在し，

$$\left|\frac{f(x) - f(a+\delta)}{g(x) - g(a+\delta)} - \alpha\right| = \left|\frac{\dfrac{f(x)}{g(x)} - \dfrac{f(a+\delta)}{g(x)}}{1 - \dfrac{g(a+\delta)}{g(x)}} - \alpha\right| < \varepsilon$$

が成り立つ．これから，

$$\left|\frac{f(x)}{g(x)} - \alpha\right| < \left|\frac{f(a+\delta)}{g(x)}\right| + \left|\frac{g(a+\delta)}{g(x)}\alpha\right| + \varepsilon\left(1 + \left|\frac{g(a+\delta)}{g(x)}\right|\right)$$

となる．右辺は $x \to a+0$ のとき ε に収束するので，$0 < \delta' < \delta$ を満たす δ' が存在して，$a < x < a + \delta'$ であれば

$$\left|\frac{f(x)}{g(x)} - \alpha\right| < 2\varepsilon$$

が成り立つ．これは

$$\lim_{x \to a+0} \left|\frac{f(x)}{g(x)} - \alpha\right| = 0, \quad \text{つまり} \lim_{x \to a+0} \frac{f(x)}{g(x)} = \alpha$$

を意味する． □

[2]　上限・下限

次の [3] で，上に有界で単調増加な数列の収束を示す実数の連続性 (定理 1.9, 定理 A.3) を証明する．このために上限，下限という概念を導入する．

A を $\mathbf{R}$ の部分集合とするとき，A のすべての元より大きいか等しい数 (A の**上界**という) のなかで最小の数を A の**上限** (supremum) とよび，$\sup A$ と書く．このような数が存在しないとき，つまり集合 A が上に有界でないとき，

$$\sup A = \infty$$

と表す．

A が上に有界な集合のとき，$a^* = \sup A$ とおくと

(i) $a \in A$ ならば $a \leqq a^*$ が成り立ち，

(ii) $a < a^*$ ならば $a < b \leqq a^*$ を満たす $b \in A$ が存在する．

同様に，集合 A のすべての元より小さいか等しい数 (A の**下界**という) のなかで最大の数を A の**下限** (infimum) とよび，$\inf A$ と書く．A が下に有界でないとき，つまり，A の中にいくらでも小さい数が存在するとき

$$\inf A = -\infty$$

と表す．

とくに，集合 A が数列 $\{a_n\}_{n=1}^{\infty}$ のとき，$\sup\{a_n\}_{n=1}^{\infty}$ を

$$\sup_{n \geqq 1} a_n, \quad \sup\{a_n \mid n \in \mathbf{N}\}$$

などと表す．

集合の上限，下限はその集合の元の最大値，最小値のようなものであるが，上限，下限が $\pm\infty$ を許せば必ず存在するのに対し，最大値，最小値はその集合の元でなければならないので存在するとは限らない．

集合 A の最大値，最小値が存在すれば，それぞれ

$$\max A, \quad \min A$$

と表す．

○例 **A.2**　(1) $A = [0, 1]$ のとき，$\max A = \sup A = 1$，$\min A = \inf A = 0$.
(2) $A = [0, 1)$ のとき，$\min A = \inf A = 0$，$\sup A = 1$．$\max A$ は存在しない．
(3) $A = (0, \infty)$ のとき，$\inf A = 0$，$\sup A = \infty$．$\max A$, $\min A$ は存在しない．

◆**問 2.**　次の集合 A, B, C の上限，下限は何か．また，最大値，最小値は存在するか．

$$A = \left\{\frac{1}{n}\right\}_{n=1}^{\infty}, \qquad B = \left\{\frac{(-1)^n}{n}\right\}_{n=1}^{\infty}, \qquad C = \left\{(-1)^n + \frac{1}{n}\right\}_{n=1}^{\infty}$$

定理 A.2　実数列 $\{a_n\}_{n=1}^{\infty}, \{b_n\}_{n=1}^{\infty}$ に対して，次が成り立つ：

$$\sup_{n \geqq 1}(a_n + b_n) \leqq \sup_{n \geqq 1} a_n + \sup_{n \geqq 1} b_n,$$

$$\inf_{n \geqq 1}(a_n + b_n) \geqq \inf_{n \geqq 1} a_n + \inf_{n \geqq 1} b_n.$$

証明. 上限に関する主張のみを示す．

$\sup_{n \geqq 1} a_n = S_A$，$\sup_{n \geqq 1} b_n = S_B$ とおく．一方が ∞ のときは明らかだから，ともに有限のときを考える．このとき，すべての n に対して $a_n \leqq S_A$，$b_n \leqq S_B$ であり，

$$a_n + b_n \leqq S_A + S_B$$

が成り立ち，$S_A + S_B$ は $\{a_n + b_n\}$ に対する上界である．これは，$\sup_{n \geqq 1}(a_n + b_n) \leqq S_A + S_B$ を示す．□

◆**問 3.**　定理 A.2 の下限に関する主張を証明せよ．

[3]　実数の連続性，コーシー列

実数の連続性 (定理 1.9) を詳しく述べて証明する．

定理 A.3　(1) 上に有界で単調増加な実数列 $\{a_n\}_{n=1}^{\infty}$ は，$n \to \infty$ のとき，その上限 $\sup_{n \geqq 1} a_n$ に収束する．

(2) 下に有界で単調減少な実数列 $\{a_n\}_{n=1}^{\infty}$ は，$n \to \infty$ のとき，その下限 $\inf_{n \geqq 1} a_n$ に収束する．

証明. (1) のみ証明する．$\{a_n\}$ は上に有界だから，上限 $a^* = \sup_{n \geqq 1} a_n$ は有限な値であり，任意の $\varepsilon > 0$ に対して

$$a_N > a^* - \varepsilon$$

を満たす a_N が存在する．$\{a_n\}$ は単調増加だから，$n \geqq N$ であれば

$$a^* - \varepsilon < a_n \leqq a^*$$

が成り立つ．よって，$n \geqq N$ ならば $|a_n - a^*| < \varepsilon$ が成り立つ．□

◆**問 4.**　定理 A.3(2) を証明せよ．

応用例については，1.5 節を参照のこと．

次に，数列の収束のための必要十分条件を与える．これは数列の話に有効であるだけではなく，集合の「完備性」とよばれる重要な概念につながる．

定義 A.2 実数列 $\{a_n\}_{n=1}^{\infty}$ がコーシー列であるとは，任意の $\varepsilon > 0$ に対して $N \in \mathbf{N}$ が存在して，$m, n \geqq N$ であれば $|a_m - a_n| < \varepsilon$ となることである：

$$\forall \varepsilon > 0 \text{ に対して } \exists N \in \mathbf{N} \text{ s.t. } m, n \geqq N \quad \text{ならば} \quad |a_m - a_n| < \varepsilon.$$

$\{a_n\}$ が α に収束するならば，$N \in \mathbf{N}$ を

$$n \geqq N \quad \text{ならば} \quad |a_m - \alpha| < \frac{\varepsilon}{2}$$

となるようにとれば，$m, n \geqq N$ に対して

$$|a_m - a_n| \leqq |a_m - \alpha| + |a_n - \alpha| < \varepsilon$$

となるので，収束する数列はコーシー列である．

逆も成り立つ．

定理 A.4 $\{a_n\}_{n=1}^{\infty}$ が $n \to \infty$ のとき収束するための必要十分条件は，$\{a_n\}_{n=1}^{\infty}$ がコーシー列であることである．

証明. $\{a_n\}$ がコーシー列として，$\{a_n\}$ が収束することを示せばよい．

まず，$\{a_n\}$ が有界な数列であることを示す．$\varepsilon > 0$ は $0 < \varepsilon < 1$ を満たすとしてよい．このとき，N をコーシー列の定義のようにとると，

$$|a_n| < |a_N| + \varepsilon < |a_N| + 1 \quad (n \geqq N)$$

であるから $\{a_n\}$ は有界である．

次に，数列 $\{\underline{a}_k\}, \{\overline{a}_k\}$ を，それぞれ

$$\underline{a}_k = \inf_{n \geqq k} a_n, \qquad \overline{a}_k = \sup_{n \geqq k} a_n$$

によって定義すると，$\{\underline{a}_k\}$ は単調増加，$\{\overline{a}_k\}$ は単調減少であり，すべての k に対して次が成り立つ：

$$\underline{a}_1 \leqq \underline{a}_2 \leqq \cdots \leqq \underline{a}_k \leqq \overline{a}_k \leqq \cdots \leqq \overline{a}_2 \leqq \overline{a}_1.$$

$\{\underline{a}_k\}$ は上に有界 $(\underline{a}_k \leqq \overline{a}_1)$ かつ単調増加な数列，$\{\overline{a}_k\}$ は下に有界 $(\overline{a}_k \geqq \underline{a}_1)$ かつ単調減少な数列だから，それぞれ収束する．

次に，$\underline{a} = \lim_{k \to \infty} \underline{a}_k$，$\overline{a} = \lim_{k \to \infty} \overline{a}_k$ とおいて，$\underline{a} = \overline{a}$ を示す．$\varepsilon > 0$ を任意に与えると，仮定よりある自然数 N が存在して，$m, n \geqq N$ ならば $|a_m - a_n| < \frac{1}{3}\varepsilon$ が成り立つ．つまり，

$$a_m - \frac{1}{3}\varepsilon < a_n < a_m + \frac{1}{3}\varepsilon$$

が成り立つ．$n \geqq m \geqq N$ として m を固定し，$\underline{a}_n, \overline{a}_n$ を考えると

$$a_m - \frac{1}{3}\varepsilon \leqq \underline{a}_n \leqq \overline{a}_n \leqq a_m + \frac{1}{3}\varepsilon$$

が成り立つ．よって，$n \geqq N$ であれば，

$$0 \leqq \overline{a}_n - \underline{a}_n \leqq \left(a_m + \frac{1}{3}\varepsilon\right) - \left(a_m - \frac{1}{3}\varepsilon\right) < \varepsilon$$

が成り立つ．ε は任意だから，これは $\lim_{n\to\infty}(\overline{a}_n - \underline{a}_n) = 0$，つまり $\underline{a} = \overline{a}$ を示す．

最後に，$\alpha = \overline{a}\ (= \underline{a})$ とおいて，$\{a_n\}$ が α に収束することを示す．$\varepsilon > 0$ を任意に与え，N を上の自然数とする．いま，$\underline{a} = \alpha \leqq \overline{a}_n$，$\overline{a} = \alpha \geqq \underline{a}_n$，$\underline{a}_n \leqq a_n \leqq \overline{a}_n$ であるから，

$$\underline{a}_n - \overline{a}_n \leqq a_n - \alpha \leqq \overline{a}_n - \underline{a}_n$$

であり，$n \geqq m$ ならば $|a_n - \alpha| \leqq \overline{a}_n - \underline{a}_n < \varepsilon$ が成り立つ．これは $\lim_{n\to\infty} a_n = \alpha$ を意味する． □

次は，数列 $\{a_n\}$ がコーシー列になるための重要な十分条件を与える．

命題 A.5　$0 < c < 1$ を満たす c が存在して，すべての n に対して

$$|a_n - a_{n-1}| \leqq c\,|a_{n-1} - a_{n-2}|$$

が成り立つならば，$\{a_n\}$ はコーシー列である．

証明． 条件より，

$$|a_n - a_{n-1}| \leqq c\,|a_{n-1} - a_{n-2}| \leqq c^{n-2}|a_2 - a_1|$$

が成り立つ．したがって，$n > m$ ならば

$$\begin{aligned}|a_n - a_m| &\leqq |a_n - a_{n-1}| + |a_{n-1} - a_{n-2}| + \cdots + |a_{m+1} - a_m| \\ &\leqq (c^{n-2} + c^{n-3} + \cdots + c^{m-1})|a_2 - a_1| \\ &\leqq \sum_{k=m-1}^{\infty} c^k |a_2 - a_1| = \frac{c^{m-1}}{1-c}|a_2 - a_1|\end{aligned}$$

が成り立つ．

$\varepsilon > 0$ を任意に固定する．$c^{m-1} \to 0\ (m \to \infty)$ だから，自然数 N を

$$\frac{c^{N-1}}{1-c}|a_2 - a_1| < \varepsilon$$

であるようにとると，$n \geqq m \geqq N$ であれば

$$|a_n - a_m| < \varepsilon$$

が成り立つ．したがって，$\{a_n\}$ はコーシー列である． □

例題 A.6　数列 $\{a_n\}_{n=1}^{\infty}$ を $a_1 = 4,\ a_{n+1} = 4 + \dfrac{1}{a_n}\ (n = 1, 2, \ldots)$ によって定めるとき，$\{a_n\}$ がコーシー列であることを示し，$\displaystyle\lim_{n\to\infty} a_n$ を求めよ．

解答. すべての n に対して $a_n \geqq 4$ であることは容易にわかる．このことから，

$$|a_{n+1} - a_n| = \left|\left(4 + \frac{1}{a_n}\right) - \left(4 + \frac{1}{a_{n-1}}\right)\right| = \frac{|a_n - a_{n-1}|}{a_n a_{n-1}} \leqq \frac{|a_n - a_{n-1}|}{16}$$

となる．よって，命題 A.5 より，$\{a_n\}$ はコーシー列であり，定理 A.4 より収束する．

極限を α とすると，漸化式で $n \to \infty$ とすれば，α は $\alpha = 4 + \dfrac{1}{\alpha}$ を満たす．$\alpha \geqq 4$ より $\alpha = 2 + \sqrt{5}$ となる．□

［4］　上極限・下極限

定理 A.4 の証明において，数列 $\{a_n\}_{n=1}^{\infty}$ から

$$\underline{a}_k = \inf_{n \geqq k} a_n, \quad \overline{a}_k = \sup_{n \geqq k} a_n$$

によって定まる $\{\underline{a}_k\}_{k=1}^{\infty}, \{\overline{a}_k\}_{k=1}^{\infty}$ を考えた．これらはそれぞれ単調増加，単調減少であるから，$\pm\infty$ を許せば極限値が存在する．このとき，

(i) $\displaystyle\lim_{k\to\infty} \underline{a}_k$ を $\{a_n\}$ の**下極限**とよび，$\displaystyle\liminf_{n\to\infty} a_n$ と書き，

(ii) $\displaystyle\lim_{k\to\infty} \overline{a}_k$ を $\{a_n\}$ の**上極限**とよび，$\displaystyle\limsup_{n\to\infty} a_n$ と書く．

$\underline{a}_k \leqq \overline{a}_k\ (k = 1, 2, \ldots)$ であるから，一般に次が成り立つ：

$$\liminf_{n\to\infty} a_n \leqq \limsup_{n\to\infty} a_n.$$

上極限が有限のとき，任意の正の数 ε に対して自然数 N が存在して，$m > N$ であれば

$$a_m < \limsup_{n\to\infty} a_n + \varepsilon$$

が成り立つ．同様に，下極限が有限であれば，任意の正の数 ε に対して自然数 N' が存在して，$m > N'$ であれば

$$a_m > \liminf_{n\to\infty} a_n - \varepsilon$$

が成り立つ．

また，

$$a_m > \limsup_{n\to\infty} a_n - \varepsilon$$

を満たす a_m は無限個存在し，部分列（$\{a_n\}$ から一部を取り出してできる数列）$\{a_{n_i}\}_{i=1}^{\infty}$ で

$$\lim_{i\to\infty} a_{n_i} = \limsup_{n\to\infty} a_n$$

を満たすものが存在する．同様に，

$$a_m < \liminf_{n\to\infty} a_n + \varepsilon$$

を満たす a_m も無限個存在し，部分列 $\left\{a_{n_j}\right\}_{j=1}^{\infty}$ で

$$\lim_{j\to\infty} a_{n_j} = \liminf_{n\to\infty} a_n$$

を満たすものが存在する．

これらのことから，次が証明される．

定理 A.7　数列 $\{a_n\}$ が収束するための必要十分条件は，

$$\liminf_{n\to\infty} a_n = \limsup_{n\to\infty} a_n$$

が成り立つことである．

もし，下極限が ∞ であれば，$\{a_n\}$ は $n\to\infty$ のとき ∞ に発散する．

◆**問 5.**　定理 A.7 を証明せよ．

◆**問 6.**　次の一般項をもつ数列の上極限，下極限を求めよ．

(1) $a_n = \dfrac{1}{n}$　　(2) $a_n = (-1)^n$　　(3) $a_n = (-1)^n + \dfrac{1}{n}$　　(4) $a_n = (-1)^n n$

次は，連続関数の性質を調べる際に有用である．

定理 A.8 (ボルツァノ–ワイエルストラスの定理)　実数列 $\left\{a_n\right\}_{n=1}^{\infty}$ が有界，つまり，すべての n に対して $a \leqq a_n \leqq b$ が成り立つような a, b が存在するならば，$\{a_n\}$ の部分列 $\left\{a_{n_k}\right\}_{k=1}^{\infty}$ $(n_1 < n_2 < \cdots)$ で収束するものが存在する．

証明. 区間 $[a, b]$ を中点で 2 つに分けると，少なくとも一方に $\left\{a_n\right\}_{n=1}^{\infty}$ の要素の無限個が含まれている．その区間をとり I_1 とする．同様に，I_1 を 2 つに分けて無限個の要素が含まれている区間を I_2 とする．以下，これを続けると I_k の長さは $k\to\infty$ のとき 0 に収束し，I_k には無限個の $\{a_n\}$ の要素が含まれている．したがって，I_k に含まれる要素を a_{n_k} とすれば，数列 $\{a_{n_k}\}_{k=1}^{\infty}$ は $k\to\infty$ のとき収束する．□

A.2 無 限 級 数

本節では，無限級数 $\displaystyle\sum_{n=1}^{\infty} a_n$ が収束するための条件を与える．

定理 A.9 無限級数 $\sum_{n=1}^{\infty} a_n$ が収束するための必要十分条件は，

$$\forall \varepsilon > 0 \text{ に対して } \exists N \in \mathbf{N} \text{ s.t. } n \geqq m \geqq N \text{ ならば } \left| \sum_{k=m+1}^{n} a_k \right| < \varepsilon$$

が成り立つことである．

証明. 無限級数 $\sum_{n=1}^{\infty} a_n$ の収束は，部分和 $s_n = \sum_{k=1}^{n} a_k$ によって定義される数列 $\{s_n\}$ がコーシー列であることと同値であるから，$s_n - s_m = \sum_{k=m+1}^{n} a_k$ に注意すれば，定理の条件と同値であることがわかる． □

定義 A.3 $\sum_{n=1}^{\infty} |a_n|$ が収束するとき，無限級数 $\sum_{n=1}^{\infty} a_n$ は**絶対収束**するという．

次に，絶対収束する無限級数が収束することを示す．以下の例題 A.13 に述べるように，逆は正しくない．収束するが絶対収束はしない無限級数は，**条件収束**するという．

記号を用意する．$x \in \mathbf{R}$ に対して，

$$x^+ = \max\{x, 0\} = \begin{cases} x & (x \geqq 0) \\ 0 & (x < 0) \end{cases}, \quad x^- = \max\{-x, 0\} = \begin{cases} 0 & (x \geqq 0) \\ -x & (x < 0) \end{cases}$$

とおく．$x^+ \geqq 0$, $x^- \geqq 0$, $x = x^+ - x^-$, $|x| = x^+ + x^-$ である．

○**例 A.3** $a_n = (-2)^n$ $(n = 1, 2, \ldots)$ とすると，

$$a_n^+ = \begin{cases} 0 & (n \text{ が奇数}) \\ 2^n & (n \text{ が偶数}) \end{cases}, \qquad a_n^- = \begin{cases} 2^n & (n \text{ が奇数}) \\ 0 & (n \text{ が偶数}) \end{cases}$$

である．

定理 A.10 無限級数 $\sum_{n=1}^{\infty} a_n$ が絶対収束するための必要十分条件は，正項級数 $\sum_{n=1}^{\infty} a_n^+$, $\sum_{n=1}^{\infty} a_n^-$ がともに収束することである．

証明. $\sum_{n=1}^{\infty} |a_n|$ が収束するならば，$0 \leqq a_n^+ \leqq |a_n|$, $0 \leqq a_n^- \leqq |a_n|$ であるから，定

理 1.14 より $\sum_{n=1}^{\infty} a_n^+$, $\sum_{n=1}^{\infty} a_n^-$ も収束する．

逆に，$\sum_{n=1}^{\infty} a_n^+$, $\sum_{n=1}^{\infty} a_n^-$ が収束すれば，$\sum_{n=1}^{\infty} |a_n| = \sum_{n=1}^{\infty} (a_n^+ + a_n^-)$ も収束する． □

定理 A.11　無限級数 $\sum_{n=1}^{\infty} a_n$ が絶対収束すれば，$\sum_{n=1}^{\infty} a_n$ は収束し，次が成り立つ：

$$\left|\sum_{n=1}^{\infty} a_n\right| \leqq \sum_{n=1}^{\infty} |a_n|.$$

証明. 定理 A.10 より，仮定のもとで $\sum a_n^+$, $\sum a_n^-$ は収束し，$\sum(a_n^+ - a_n^-)$ も収束する．さらに，すべての n に対して

$$\left|\sum_{k=1}^{n} a_k\right| \leqq \sum_{k=1}^{n} |a_k| \leqq \sum_{k=1}^{\infty} |a_k|$$

が成り立つので，$n \to \infty$ として定理の結論を得る． □

◆**問 7.** $a_n \geqq 0$ $(n = 1, 2, \ldots)$ とするとき，正項級数 $\sum_{n=1}^{\infty} a_n$ に対して次を示せ．

(1) **(ダランベールの判定法)** $\lim_{n\to\infty} \frac{a_{n+1}}{a_n} = r$ が存在するとき，$r < 1$ であれば $\sum_{n=1}^{\infty} a_n$ は収束し，$r > 1$ であれば $\sum_{n=1}^{\infty} a_n = \infty$ が成り立つ．

(2) **(コーシーの判定法)** $\limsup_{n\to\infty} a_n^{1/n} = r$ とおくとき，$r < 1$ であれば $\sum_{n=1}^{\infty} a_n$ は収束し，$r > 1$ であれば $\sum_{n=1}^{\infty} a_n = \infty$ が成り立つ．

絶対収束する無限級数は，和の順序を変えても同じ値に収束することを示す．ϕ を自然数全体から自然数全体への 1 対 1 写像とするとき，$b_n = a_{\phi(n)}$ によって定義される数列 $\{b_n\}_{n=1}^{\infty}$ を $\{a_n\}_{n=1}^{\infty}$ の ϕ による**並べかえ**という．

定理 A.12　ϕ を自然数全体から自然数全体への 1 対 1 写像とする．

(1) $a_n \geqq 0$ のとき，正項級数 $\sum_{n=1}^{\infty} a_n$ が収束するならば，$\sum_{n=1}^{\infty} a_{\phi(n)}$ も収束し $\sum_{n=1}^{\infty} a_{\phi(n)} = \sum_{n=1}^{\infty} a_n$ が成り立つ．

(2) 無限級数 $\sum_{n=1}^{\infty} a_n$ が絶対収束するならば，$\sum_{n=1}^{\infty} a_{\phi(n)}$ も絶対収束し $\sum_{n=1}^{\infty} a_{\phi(n)} = \sum_{n=1}^{\infty} a_n$ が成り立つ．

証明. (1) すべての n に対して $\sum_{k=1}^{n} a_{\phi(k)} \leqq \sum_{k=1}^{\infty} a_k$ が成り立つ．よって，部分和の列 $\{S_n\}_{n=1}^{\infty}$，$S_n = \sum_{k=1}^{n} a_{\phi(k)}$ は単調増加で上に有界な数列となるので収束し

$$\sum_{k=1}^{\infty} a_{\phi(k)} \leqq \sum_{k=1}^{\infty} a_k$$

が成り立つ．

$\{a_{\phi(k)}\}_{k=1}^{\infty}$ の ϕ の逆写像による並べかえは $\{a_k\}_{k=1}^{\infty}$ であるから，上の結果から

$$\sum_{k=1}^{\infty} a_k \leqq \sum_{k=1}^{\infty} a_{\phi(k)}$$

が成り立つので，これらの無限級数の値は一致する．

(2) a_n^+, a_n^- に対して (1) を用いればよい． □

例題 A.13 $\sum_{n=1}^{\infty} \frac{(-1)^{n-1}}{n} = 1 - \frac{1}{2} + \frac{1}{3} - \frac{1}{4} + \cdots$ は収束するが，絶対収束はしないことを示せ．

解答. 絶対収束しないことは，$\sum_{n=1}^{\infty} \frac{1}{n} = \infty$ (例 1.15) からわかる．

部分和を $s_n = \sum_{k=1}^{n} \frac{(-1)^{k-1}}{k}$ とおくと，

$$s_{2n+1} - s_{2n-1} = \frac{1}{2n+1} - \frac{1}{2n} < 0,$$

$$s_{2n+2} - s_{2n} = -\frac{1}{2n+2} + \frac{1}{2n+1} > 0,$$

$$s_{2n} - s_{2n-1} = -\frac{1}{2n} < 0$$

が成り立つ．したがって，すべての n に対して

$$s_2 < s_4 < \cdots < s_{2n} < s_{2n-1} < \cdots < s_3 < s_1$$

となる．よって，例 1.11 と同様に，$\lim_{n\to\infty} s_{2n} = \lim_{n\to\infty} s_{2n-1}$ が成り立つので，$\sum_{n=1}^{\infty} \frac{(-1)^{n-1}}{n}$ の収束がわかる．なお，極限値は $\log 2$ である (4 章の問 14)． □

★注意 条件収束する無限級数の極限値は，和をとる順序による．たとえば，上の例題 A.13 で考えた $\sum_{n=1}^{\infty} \frac{(-1)^{n-1}}{n}$ の順序を変えて

$$1 - \frac{1}{2} - \frac{1}{4} + \frac{1}{3} - \frac{1}{6} - \frac{1}{8} + \frac{1}{5} - \frac{1}{10} - \frac{1}{12} + \cdots$$

を考えると，この値は $\frac{1}{2}\sum_{n=1}^{\infty}\frac{(-1)^{n-1}}{n}=\frac{1}{2}\log 2$ となる．

実際これは，第 n 項までの部分和を S_n と書くと，

$$\begin{aligned}S_{3m} &= \left\{\left(1-\frac{1}{2}\right)-\frac{1}{4}\right\}+\left\{\left(\frac{1}{3}-\frac{1}{6}\right)-\frac{1}{8}\right\}+\cdots \\ &\quad +\left\{\left(\frac{1}{2m-1}-\frac{1}{2(2m-1)}\right)-\frac{1}{4m}\right\} \\ &= \frac{1}{2}\left(1-\frac{1}{2}+\frac{1}{3}-\frac{1}{4}+\cdots+\frac{1}{2m-1}-\frac{1}{2m}\right)\end{aligned}$$

であり，

$$S_{3m-1}=S_{3m}+\frac{1}{4m},\quad S_{3m-2}=S_{3m}+\frac{1}{2(2m-1)}+\frac{1}{4m}$$

であることからわかる．

無限級数 $\sum_{n=1}^{\infty}a_n$ が収束するが絶対収束はしないならば，任意の実数 α に対して $\{a_n\}$ の並べかえ $\{a_{\phi(n)}\}_{n=1}^{\infty}$ で $\sum_{n=1}^{\infty}a_{\phi(n)}=\alpha$ を満たすものが存在することが知られている．

A.3 ベキ級数

$|x|<1$ のとき

$$1+x+x^2+x^3+\cdots=\frac{1}{1-x},\qquad x-x^2+x^3-x^4+\cdots=\frac{x}{1+x}$$

が成り立つ．このように，$c_0, c_1, c_2, \ldots$ を実数とするとき，

$$\sum_{n=0}^{\infty}c_n x^n=c_0+c_1x+c_2x^2+\cdots+c_nx^n+\cdots \tag{A.1}$$

という形の級数を x の**ベキ級数**または**整級数**という．マクローリン展開は x のベキ級数のひとつである．x の代わりに $x-a$ を考えると $x-a$ のベキ級数が考えられるが，同じことなのでここでは $a=0$ とする．

本節の目的は，どのような範囲の x に対して x に関するベキ級数 (A.1) が収束，発散するのかを明らかにすることである．

次が基本である．

定理 A.14 ベキ級数 (A.1) が，ある $a\neq 0$ で収束するならば，$|x|<|a|$ を満たすすべての x で絶対収束する．

証明. 仮定から，$\lim_{n\to\infty} c_n a^n = 0$ が成り立つので，

$$|c_n a^n| \leqq M \quad (n = 0, 1, 2, \ldots)$$

を満たす M が存在する．このとき，

$$\sum_{n=0}^{\infty} |c_n x^n| = \sum_{n=0}^{\infty} |c_n a^n| \times \left|\frac{x}{a}\right|^n \leqq M \sum_{n=0}^{\infty} \left|\frac{x}{a}\right|^n$$

となり，これは $\left|\frac{x}{a}\right| < 1$ だから収束する． □

系 A.15 ベキ級数 (A.1) は，ある $a \neq 0$ で発散すれば，$|x| > |a|$ なるすべての x で発散する．

証明. 定理の対偶を考えればよい．実際，$|x| > |a|$ を満たす x で収束したとすると，定理から a では絶対収束することになる．これは仮定に反する． □

定理 A.14 と系 A.15 からベキ級数 (A.1) に対しては，次の 3 つの場合しか起こらないことがわかる．

(i) $\sum_{n=0}^{\infty} c_n x^n$ は $x = 0$ でのみ収束する，

(ii) ある $r > 0$ が存在して，$\sum_{n=0}^{\infty} c_n x^n$ は $|x| < r$ ならば収束し，$|x| > r$ ならば発散する，

(iii) $\sum_{n=0}^{\infty} c_n x^n$ はすべての x に対して収束する．

(ii) のとき，正数 r をベキ級数 $\sum_{n=0}^{\infty} c_n x^n$ の**収束半径**という．(i) のときは収束半径が 0，(iii) のときは収束半径が ∞ であるという．

★注意 $\sum_{n=0}^{\infty} c_n x^n$ の収束半径が $r > 0$ のとき，$x = r$, $x = -r$ のときのベキ級数の収束・発散に関してはさまざまなことが起きる．たとえば，

(i) $\sum_{n=0}^{\infty} x^n$ は，$|x| < 1$ のとき収束し，$x = \pm 1$ のときは発散する，

(ii) $\sum_{n=1}^{\infty} \frac{(-1)^n x^n}{n}$ は $|x| < 1$ または $x = 1$ では収束するが (例題 A.13)，$x = -1$ では ∞ に発散する．

収束する場合に関しては，アーベルの定理 (定理 A.30) が知られている．

以下，収束半径のベキ級数の係数 $\{c_n\}$ を用いた表示について述べる．次の定理は定理 A.17 からも得られるが，簡単に証明できる．

定理 A.16 (ダランベールの判定法)　極限値 $\lim_{n\to\infty}\left|\dfrac{c_{n+1}}{c_n}\right| = \rho$ が存在するならば，ベキ級数 $\sum_{n=0}^{\infty} c_n x^n$ の収束半径 r は $\dfrac{1}{\rho}$ に等しい．ただし，$\rho = 0$ のときは $r = \infty$ であり，$\rho = \infty$ のときは $r = 0$ である．

証明． 仮定から任意の $\varepsilon > 0$ に対して

$$|c_{n+1}| < (\rho+\varepsilon)|c_n| \quad (n \geqq N)$$

を満たす $N \in \mathbf{N}$ が存在する．よって，$n \geqq N$ ならば $|c_n| < (\rho+\varepsilon)^{n-N}|c_N|$ が成り立つから

$$\left|\sum_{n=N}^{\infty} c_n x^n\right| \leqq \sum_{n=N}^{\infty}(\rho+\varepsilon)^{n-N}|c_N x^n| = \frac{|c_N|}{(\rho+\varepsilon)^N}\sum_{n=N}^{\infty}((\rho+\varepsilon)|x|)^n$$

となり，$|x| < \dfrac{1}{\rho+\varepsilon}$ ならばこれらは収束する．

$\varepsilon > 0$ は任意に小さくできるので，これは $|x| < \dfrac{1}{\rho}$ ならばベキ級数 $\sum_{n=0}^{\infty} c_n x^n$ が絶対収束することを示す．

次に，$|x| > \dfrac{1}{\rho}$ ならばベキ級数が絶対収束しないことを示す．$\delta > 0$ を $|x| > \dfrac{1}{\rho-\delta}$ を満たすようにとる．さらに，$N' \in \mathbf{N}$ を $n \geqq N'$ ならば $|c_{n+1}| > (\rho-\delta)|c_n|$ となるようにとると，$|c_n| > (\rho-\delta)^{n-N'}|c_{N'}|$ が成り立つ．よって，

$$\sum_{n=N'}^{\infty}|c_n x^n| \geqq \sum_{n=N'}^{\infty}(\rho-\delta)^{n-N'}|c_{N'}x^n| = \frac{|c_{N'}|}{(\rho-\delta)^{N'}}\sum_{n=N'}^{\infty}((\rho-\delta)|x|)^n$$

となる．これは，$(\rho-\delta)|x| > 1$ より ∞ に発散する．□

○**例 A.4**　(1) $\lim_{n\to\infty}\dfrac{n+1}{n} = 1$ だから $\sum_{n=0}^{\infty} nx^n$ の収束半径は 1 である．

(2) $\lim_{n\to\infty}\dfrac{((n+1)!)^{-1}}{(n!)^{-1}} = 0$ だから $\sum_{n=0}^{\infty}\dfrac{x^n}{n!}$ の収束半径は ∞ である．

◆**問 8．** 次のベキ級数の収束半径を求めよ．ただし，$a > 0$ とする．

(1) $\sum_{n=1}^{\infty} 5^n x^n$　　(2) $\sum_{n=1}^{\infty}\dfrac{x^n}{n}$

(3) $\sum_{n=1}^{\infty}\dfrac{5^n}{n}x^n$　　(4) $\sum_{n=1}^{\infty} n^2 x^n$

(5) $\sum_{n=0}^{\infty}\dfrac{n!}{(a+1)(a+2)\cdots(a+n)}x^n$　　(6) $\sum_{n=0}^{\infty}\dfrac{(-1)^n}{(2n+1)!}x^n$

定理 A.17 (コーシーの判定法) ベキ級数 $\sum_{n=0}^{\infty} c_n x^n$ の収束半径を r とすると,

$$r = \left(\limsup_{n\to\infty} |c_n|^{\frac{1}{n}} \right)^{-1}$$

が成り立つ. ただし, $\limsup_{n\to\infty} |c_n|^{\frac{1}{n}} = 0 \ (\infty)$ のときは $r = \infty \ (0)$ とする.

証明. $\rho = \limsup_{n\to\infty} |c_n|^{\frac{1}{n}}$ が 0 でも ∞ でもない場合のみ示す. このとき, 任意の $\varepsilon > 0$ に対して $N \in \mathbf{N}$ が存在して,

$$|c_n|^{\frac{1}{n}} \leqq \rho + \varepsilon \quad (n \geqq N)$$

が成り立つ. したがって,

$$\left| \sum_{n=N}^{\infty} c_n x^n \right| \leqq \sum_{n=N}^{\infty} (\rho + \varepsilon)^n |x|^n$$

であり, これらは $|x| < \dfrac{1}{\rho + \varepsilon}$ であれば収束する. つまり, $r > \dfrac{1}{\rho + \varepsilon}$ が成り立ち, ε は任意だから $r \geqq \dfrac{1}{\rho}$ となる.

次に, $|x| > \dfrac{1}{\rho}$ とする. $|x| > \dfrac{1}{\rho - \delta} > \dfrac{1}{\rho}$ を満たす任意の $\delta > 0$ に対して, 上極限の定義から,

$$|c_{n_k}|^{\frac{1}{n_k}} > \rho - \delta$$

を満たす部分列 $\{c_{n_k}\}$ $(n_1 < n_2 < \cdots)$ が存在する. よって,

$$|c_{n_k} x^{n_k}| > (\rho - \delta)^{n_k} |x|^{n_k} \to \infty \quad (k \to \infty)$$

となるから, ベキ級数 $\sum_{n=0}^{\infty} c_n x^n$ は収束しない.

よって, ベキ級数 $\sum_{n=0}^{\infty} c_n x^n$ の収束半径は $\dfrac{1}{\rho}$ である. □

一般に,

$$\limsup_{n\to\infty} |c_n|^{\frac{1}{n}} \leqq \limsup_{n\to\infty} \frac{|c_{n+1}|}{|c_n|}, \qquad \liminf_{n\to\infty} |c_n|^{\frac{1}{n}} \geqq \liminf_{n\to\infty} \frac{|c_{n+1}|}{|c_n|} \tag{A.2}$$

が成り立つことに注意すれば, 定理 A.16 の仮定のもとで $\lim_{n\to\infty} |c_n|^{\frac{1}{n}} = \rho$ が成り立つので, 定理 A.16 は定理 A.17 より従う.

◆問 9. 数列 $\{c_n\}$ に対して (A.2) を示せ.

A.4 連続関数，一様連続関数

f を区間 I 上で定義された関数とする．f が $a \in I$ で連続であるとは，おおざっぱないい方をすると，グラフが連続であることであり，$x \fallingdotseq a$ ならば $f(x) \fallingdotseq f(a)$ が成り立つということである．2.2 節では，$x_n \in I$ かつ $\lim_{n\to\infty} x_n = a$ を満たすすべての数列 $\{x_n\}_{n=1}^{\infty}$ に対して $\lim_{n\to\infty} f(x_n) = f(a)$ が成り立つことと定義した．

次は，上の直感を数学的に表現したものといえる．証明は省略する．

定理 A.18 f が $a \in I$ で連続であるための必要十分条件は，

$$\forall\varepsilon > 0 \text{ に対して } \exists\delta > 0 \text{ s.t. } x \in I,\ |x-a| < \delta \text{ ならば } |f(x) - f(a)| < \varepsilon \tag{A.3}$$

が成り立つことである．

f が区間 I のすべての点で連続のとき，f は I 上で**連続**であるという．このとき，(A.3) を満たす $\delta > 0$ は ε だけではなく，一般には，$a \in I$ にも依存する．

例題 A.19 $f(x) = x^2$ とし，$\varepsilon > 0$ を固定する．
(1) $x, a \in [0,1]$ のとき，$|x-a| < \delta$ ならば $|f(x) - f(a)| < \varepsilon$ となるように δ を決めよ．
(2) $x, a \in [10,11]$ のとき，$|x-a| < \delta$ ならば $|f(x) - f(a)| < \varepsilon$ となるように δ を決めよ．

解答． (1) $x > a$ とすると

$$|f(x) - f(a)| = (x+a)(x-a) < 2(x-a)$$

より，$\delta = \dfrac{\varepsilon}{2}$ とすると，

$$|x-a| < \frac{\varepsilon}{2} \ \text{ ならば } \ |f(x) - f(a)| < \varepsilon \text{ となる．}$$

(2) 同様に，$|f(x)-f(a)| = (x+a)(x-a)$ であり，$20 \leqq x+a \leqq 22$ だから $\delta = \dfrac{\varepsilon}{22}$ とすればよい．
□

定義 A.4 f が I 上の連続関数で，

$$\forall\varepsilon > 0 \text{ に対し } \exists\delta > 0 \text{ s.t. } x, x' \in I,\ |x-x'| < \delta \text{ ならば } |f(x) - f(x')| < \varepsilon$$

が成り立つとき，f は I 上で**一様連続**であるという．

つまり，(A.3) における δ が，$a \in I$ によらずに ε のみから定めることができるとき f は一様連続であるという．上の例題 A.19 では，x, x' の大きさに応じて δ を小さくとる必要があり，$f(x) = x^2$ が $[0, \infty)$ または $\mathbf{R}$ 上では一様連続でないことを示している．

連続関数が一様連続であるための簡単な十分条件を与える．

命題 A.20 f が I 上連続微分可能でその導関数 f' が有界であれば，f は I 上で一様連続である．

証明. 定数 M に対して $|f'(x)| < M$ $(x \in I)$ と仮定する．$[x, x'] \subset I$ とすると，

$$|f(x) - f(x')| = \left| \int_x^{x'} f'(t)\,dt \right| \leqq \int_x^{x'} |f'(t)|\,dt \leqq M|x - x'|$$

となるから，$|x - x'| < \dfrac{\varepsilon}{M}$ ならば $|f(x) - f(x')| < \varepsilon$ となる． □

◆**問 10.** $f(x) = \sin(2x)$ が $\mathbf{R}$ 上一様連続であることを示せ．

定義 A.5 $f(x)$ を区間 I 上の関数とするとき，正定数 K が存在して

$$|f(x) - f(x')| \leqq K|x - x'| \qquad (x, x' \in I)$$

となるとき，f は I 上で**リプシッツ連続**であるという．

◆**問 11.** f が区間 I 上でリプシッツ連続であれば，I 上一様連続であることを示せ．

一般に，次が成り立つ．証明は省略する．有界閉集合が「コンパクト集合」であるという事実が重要である．

定理 A.21 有界閉区間上の連続関数は一様連続である．

A.5 定積分

4 章で証明を省略した連続関数の定積分の存在について述べる．関数の一様連続性が重要な役割を果たす．

定理 A.22 f が有界閉区間 $[a, b]$ 上の連続関数であれば，f は $[a, b]$ 上で積分可能である．

証明のために，リーマン和の性質をあげる．f は有界であるから，f は非負値であるとしてよい．

$[a,b]$ の分割 $\Delta : a = x_0 < x_1 < \cdots < x_n = b$ を考えて，各 $i = 1, 2, ..., n$ に対して $x_{i-1} \leqq \xi_i \leqq x_i$ を満たす ξ_i をとるとき

$$S(f;\Delta) = \sum_{i=1}^{n} f(\xi_i)(x_i - x_{i-1})$$

がリーマン和である．とくに，$f(\xi_i)$ として区間 $[x_{i-1}, x_i]$ における最小値，最大値

$$m_i = \min_{x_{i-1} \leqq x \leqq x_i} f(x), \quad M_i = \max_{x_{i-1} \leqq x \leqq x_i} f(x) \tag{A.4}$$

をとったものを，それぞれ $m(f;\Delta)$, $M(f;\Delta)$ と書く：

$$m(f;\Delta) = \sum_{i=1}^{n} m_i(x_i - x_{i-1}), \quad M(f;\Delta) = \sum_{i=1}^{n} M_i(x_i - x_{i-1}).$$

明らかに，

$$m(f;\Delta) \leqq S(f;\Delta) \leqq M(f;\Delta)$$

である．

さらに，次が成り立つ．

命題 A.23 区間 $[a,b]$ の 2 つの分割 Δ, Δ' に対して，次が成り立つ：

$$m(f;\Delta') \leqq M(f;\Delta). \tag{A.5}$$

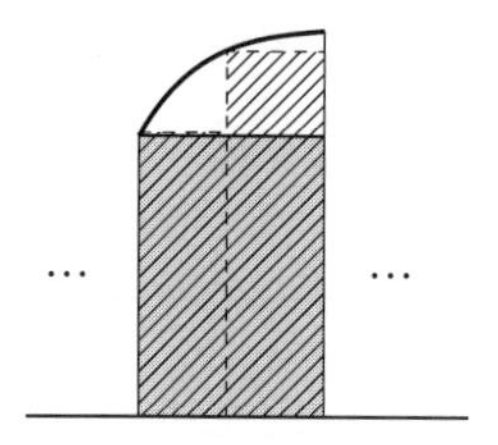

実線で Δ'，破線と実線を合せたもので $\Delta'' = \Delta \cup \Delta'$ を表すと，
実線より下の面積が $m(f;\Delta')$,
破線より下の面積が $m(f;\Delta'')$.

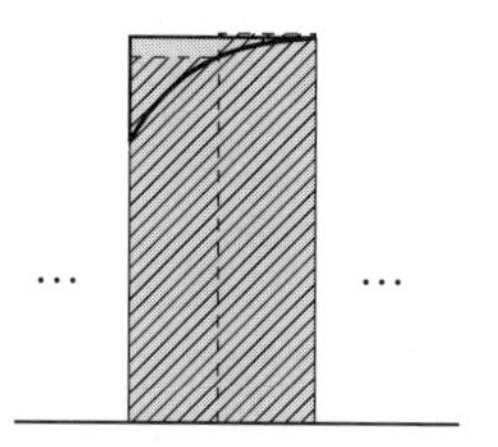

実線で Δ'，破線と実線を合せたもので Δ'' を表すと，
実線より下の面積が $M(f;\Delta)$,
破線より下の面積が $M(f;\Delta'')$.

証明. Δ の分点と Δ' の分点をあわせてできる分割を Δ'' とすると，図より

$$m(f;\Delta') \leqq m(f;\Delta''), \quad M(f;\Delta'') \leqq M(f;\Delta)$$

が成り立つ．$m(f;\Delta'') \leqq M(f;\Delta'')$ であることから (A.5) を得る． □

命題 A.24 区間 $[a,b]$ の分割 Δ をすべて考えたときの $M(f;\Delta)$ の値の集合の下限を S とすると，すべての分割 Δ' に対して

$$m(f;\Delta') \leqq S$$

が成り立つ.

証明. (A.5) において，Δ' を固定して Δ に関する右辺の下限をとればよい. □

以上の準備のもとで，定理 A.22 の証明を与える.

定理 A.22 の証明. 任意の $\varepsilon > 0$ を固定する. $[a,b]$ は有界閉区間であり，f は $[a,b]$ 上一様連続だから

$$|x - x'| < \delta \text{ ならば } |f(x) - f(x')| < \varepsilon \tag{A.6}$$

となる $\delta > 0$ が存在する.

$[a,b]$ の分割 $\Delta : a = x_0 < x_1 < \cdots < x_n = b$ で,

$$|\Delta| = \max_{1 \leqq i \leqq n} (x_i - x_{i-1}) < \delta$$

を満たすものを考えて，$x_{i-1} \leqq \xi_i \leqq x_i$ なる ξ_i をとり，リーマン和 $S(f;\Delta)$ および (A.4) で与えられる $m(f;\Delta), M(f;\Delta)$ を考える.

いま，(A.6) より $0 \leqq M_i - m_i \leqq \varepsilon$ だから,

$$0 \leqq M(f;\Delta) - m(f;\Delta) \leqq \varepsilon(b-a)$$

が成り立つ. さらに，命題 A.23 および命題 A.24 より

$$m(f;\Delta) \leqq S \leqq M(f;\Delta)$$

である.

よって,

$$m(f;\Delta) - M(f;\Delta) \leqq S(f;\Delta) - S \leqq M(f;\Delta) - m(f;\Delta)$$

となり，$|S(f;\Delta) - S| \leqq \varepsilon(b-a)$ が $|\Delta| < \delta$ を満たすすべての分割 Δ に対して成り立つ. これは，$\displaystyle\lim_{|\Delta| \to 0} S(f;\Delta) = S$ を示す. □

連続関数の積分可能性について，本書では直感的かつ簡潔な証明を与えたが，定理の証明には次のダルブーの定理を用いることが多い.

区間 $[a,b]$ の分割 Δ の全体を考えて

$$s = \sup_{\Delta} m(f;\Delta), \qquad S = \inf_{\Delta} M(f;\Delta)$$

とおく. S については，すでに上で用いた.

定理 A.25 (ダルブーの定理)　次が成り立つ：

$$s = \lim_{|\Delta|\to 0} m(f;\Delta), \qquad S = \lim_{|\Delta|\to 0} M(f;\Delta).$$

ダルブーの定理は，リーマン和 $m(f;\Delta), M(f;\Delta)$ の分割に関する上限・下限が分割を細かくすることによって得られることを示している．

さらに，$[a,b]$ 上の関数 f が $[a,b]$ 上積分可能であるための必要十分条件が $s=S$ であることを証明することにより，連続関数の積分可能性が示される．

A.6 関数列の収束

区間 I 上の関数 f と関数列 $\{f_n\}_{n=1}^{\infty}$ を考える．

定義 A.6　すべての $x \in I$ に対して数列 $\{f_n(x)\}_{n=1}^{\infty}$ が $f(x) \in \mathbf{R}$ に収束するとき，つまり，

$$\forall\varepsilon > 0 \text{ に対して } \exists N \in \mathbf{N} \text{ s.t. } n \geqq N \text{ ならば } |f_n(x) - f(x)| < \varepsilon$$

が成り立つとき，関数列 $\{f_n\}_{n=1}^{\infty}$ は I 上で f に収束，または**各点収束**するという．

○例 **A.5**　(1) $f_n(x) = \dfrac{1}{x+n}$ とおくと，$\{f_n\}$ は $[0,1]$ 上で定数値関数 0 に収束する．

(2) $f_n(x) = x^n$ とおくと，$\{f_n\}$ は $[0,1)$ 上で定数値関数 0 に収束する．

(3) $f_n(x) = \dfrac{n^2}{1+n^4x^2}$ とおくと，$\{f_n\}$ は $(0,1]$ 上で定数値関数 0 に収束する．

定義 A.6 において，N を $x \in I$ について共通にとれる場合が重要である．

定義 A.7　$\{f_n\}_{n=1}^{\infty}$, f を区間 I 上の関数列，関数とするとき，

$$\forall\varepsilon > 0 \text{ に対して } \exists N \in \mathbf{N} \text{ s.t. } n \geqq N \text{ ならば } |f_n(x) - f(x)| < \varepsilon \ (\forall x \in I)$$

が成り立つとき，関数列 $\{f_n\}_{n=1}^{\infty}$ は f に**一様収束**するという．これは，

$$\lim_{n\to\infty}\left(\sup_{x\in I}|f_n(x) - f(x)|\right) = 0$$

ということと同じである．さらに，(コーシー列の考え方によれば)

$\forall \varepsilon > 0$ に対して $\exists N \in \mathbf{N}$

$$\text{s.t. } n \geqq m \geqq N \text{ ならば } |f_n(x) - f_m(x)| < \varepsilon \ (\forall x \in I)$$

といっても同じである．

○例 **A.6** (1) $f_n(x) = \dfrac{1}{x+n}$ とおくと，$\{f_n\}$ は $[0,1]$ 上で定数値関数 0 に一様収束する．

(2) $f_n(x) = x^n$ の $[0,1)$ 上における定数値関数 0 への収束は一様ではない．($x = 1$ の近くではなかなか 0 に収束しない．)

関数列が一様収束するならば，よいことがいくつかある．まず，連続な関数列の一様収束極限が連続関数であることを示す．

定理 A.26 区間 I 上の連続関数列 $\{f_n\}$ が f に一様収束するならば，f も連続である．

証明. すべての $a \in I$ で f が連続であることを示せばよい．

任意に $\varepsilon > 0$ を固定する．$\{f_n\}$ が f に一様収束するので，$n \geqq N$ ならば $|f_n(x) - f(x)| < \varepsilon$ がすべての $x \in I$ に対して成り立つような $N \in \mathbf{N}$ が存在する．$n \geqq N$ を満たす n を固定すると，f_n は連続関数だから $|x - a| < \delta$ ならば $|f_n(x) - f_n(a)| < \varepsilon$ であるような $\delta > 0$ が存在する．

したがって，$|x - a| < \delta$ ならば

$$|f(x) - f(a)| \leqq |f(x) - f_n(x)| + |f_n(x) - f_n(a)| + |f_n(a) - f(a)| < 3\varepsilon$$

となる．これは，f が $x = a$ で連続であることを示す． □

次に，関数列が一様収束するならば極限操作と積分の順序交換ができることを示す．

定理 A.27 f_n が有界閉区間 $[a,b]$ 上で連続であり，関数列 $\{f_n\}$ は f に $[a,b]$ 上で一様収束していると仮定する．このとき，次が成り立つ：

$$\int_a^b f(x)\,dx = \int_a^b \lim_{n\to\infty} f_n(x)\,dx = \lim_{n\to\infty} \int_a^b f_n(x)\,dx.$$

証明. 仮定から，任意の $\varepsilon > 0$ に対して $N \in \mathbf{N}$ が存在して，$n \geqq N$ ならば $|f_n(x) - f(x)| < \varepsilon$ $(a \leqq x \leqq b)$ が成り立つ．よって，

$$\left|\int_a^b f_n(x)\,dx - \int_a^b f(x)\,dx\right| = \left|\int_a^b (f_n(x) - f(x))\,dx\right|$$
$$\leqq \int_a^b |f_n(x) - f(x)|\,dx \leqq (b-a)\varepsilon$$

となる．これは，$\displaystyle\lim_{n\to\infty}\int_a^b f_n(x)\,dx = \int_a^b f(x)\,dx$ を示す． □

定理 A.27 において，関数列の一様収束という仮定は外すことができない．

○**例 A.7**　$[0,1]$ 上の連続関数列 $\{f_n\}_{n=2}^{\infty}$ を次で定める：

$$f_n(x) = \begin{cases} n^2 x & \left(0 \leqq x \leqq \dfrac{1}{n}\right), \\ -n^2\left(x - \dfrac{2}{n}\right) & \left(\dfrac{1}{n} \leqq x \leqq \dfrac{2}{n}\right), \\ 0 & \left(\dfrac{2}{n} \leqq x \leqq 1\right). \end{cases}$$

すべての $x \in [0,1]$ に対して $\displaystyle\lim_{n\to\infty} f_n(x) = 0$ である．しかし，図を描けば明らかなように，$\displaystyle\int_0^1 f_n(x)\,dx = 1$ $(n = 1, 2, \ldots)$ であり，定理 A.27 の結論は成り立たない．

微分可能関数の列の極限が，微分可能であるための十分条件を与える．

定理 A.28　$\{f_n\}$ を有界閉区間 $[a,b]$ 上の関数列で，各 f_n は $[a,b]$ 上で微分可能で，f_n' は $[a,b]$ 上で連続であると仮定する．このとき，さらに

(i) f_n' は $n \to \infty$ のとき，関数 g に $[a,b]$ 上一様収束し，

(ii) ある $c \in [a,b]$ において数列 $\{f_n(c)\}$ は収束する，

ことを仮定すると，$\{f_n\}$ は一様収束する．極限を f とすると，f は $[a,b]$ 上微分可能であり $f'(x) = g(x)$ が成り立つ．

証明． 微分積分学の基本定理より次が成り立つ：

$$f_n(x) = f_n(c) + \int_c^x f_n'(t)\,dt.$$

仮定より，$n \to \infty$ のとき右辺の各項が収束するので (定理 A.27)，$\{f_n\}$ は各点収束する．さらに，$\displaystyle\lim_{n\to\infty} f_n(c) = \gamma$ とおくと，極限 f は

$$f(x) = \gamma + \int_c^x g(t)\,dt$$

を満たす．これは $f(c) = \gamma$ であり，$f'(x) = g(x)$ であることを示す．

$\{f_n\}$ の一様収束は，

$$|f_n(x)-f(x)| \leqq |f_n(c)-\gamma| + \left|\int_c^x (f_n'(t)-g(t))\,dt\right|$$
$$\leqq |f_n(c)-\gamma| + \max_{a\leqq t\leqq b} |f_n'(t)-g(t)|\cdot(b-a)$$

となることからわかる． □

ここまで述べた結果をベキ級数に応用する．

定理 A.29 ベキ級数 $\sum_{k=0}^{\infty} c_k x^k$ の収束半径を r とし，$r>0$ と仮定する．このベキ級数の第 n 項までの和によって定義される区間 $(-r,r)$ 上の関数を f_n，ベキ級数で定義される関数を f とする：

$$f_n(x)=\sum_{k=0}^{n} c_k x^k, \qquad f(x)=\sum_{k=0}^{\infty} c_k x^k.$$

このとき，$\rho<r$ であるすべての ρ に対して，$f_n(x)$ は $n\to\infty$ のとき $[-\rho,\rho]$ 上で $f(x)$ に一様収束する．

証明. $\rho<\rho'<r$ を満たす ρ' をとる．仮定から，$\lim_{k\to\infty} c_k(\rho')^k=0$ だから，任意の $\varepsilon>0$ に対して $|c_k(\rho')^k|<\varepsilon\ (k>N)$ を満たす N が存在する．

$n\geqq N$ であれば，$|x|<\rho$ のとき，

$$\left|\sum_{k=n+1}^{\infty} c_k x^k\right| \leqq \sum_{k=N}^{\infty} \left|c_k x^k\right| = \sum_{k=N}^{\infty} \left|c_k(\rho')^k\right| \left|\frac{x}{\rho'}\right|^k < \varepsilon \sum_{k=N}^{\infty} \left|\frac{\rho}{\rho'}\right|^k = \frac{(\rho/\rho')^N}{1-\rho/\rho'}\varepsilon$$

となる．右辺は x によらず，これは $f_n(x)$ が $[-\rho,\rho]$ 上で $f(x)$ に一様収束することを示す． □

定理 A.30 (アーベルの定理) ベキ級数 $\sum_{n=0}^{\infty} a_n x^n$ の収束半径が 1 であるとする．

このとき，$\sum_{n=0}^{\infty} a_n$ も収束するならば，このベキ級数は $[0,1]$ 上で一様収束し，

$$\lim_{x\to 1-0} \sum_{n=0}^{\infty} a_n x^n = \sum_{n=0}^{\infty} a_n$$

が成り立つ．

証明. 仮定より，任意の $\varepsilon>0$ に対してある自然数 N が存在して，$n>m\geqq N$ ならば $\left|\sum_{k=m}^{n} a_k\right|<\varepsilon$ が成り立つ．

$S(m,n)(x) = \sum_{k=m}^{n} a_k x^k$, $S_n = \sum_{k=N}^{n} a_k$ とおく．$a_k = S_k - S_{k-1}$ より

$$S(m,n)(x) = \sum_{k=m}^{n} (S_k - S_{k-1})x^k = \sum_{k=m}^{n-1} S_k(x^k - x^{k+1}) - S_{m-1}x^m + S_n x^n$$

が成り立つので，$n > m \geqq N$ ならば，すべての $x \in [0,1]$ に対して

$$|S(m,n)(x)| \leqq \sum_{k=m}^{n-1} \varepsilon(x^k - x^{k+1}) + \varepsilon x^m + \varepsilon x^n = 2\varepsilon x^m \leqq 2\varepsilon$$

が成り立つ．これは $f_n(x) = \sum_{k=0}^{n} a_k x^k$ が $[0,1]$ 上で $f(x) = \sum_{k=0}^{\infty} a_k x^k$ に一様収束することを示す．

$f_n(x)$ は $[0,1]$ 上連続であるから，定理 A.26 より $f(x)$ も $[0,1]$ 上連続であり，定理の結論を得る． □

定理 A.31　ベキ級数 $\sum_{n=0}^{\infty} c_n x^n$ の収束半径を r とし，$r > 0$ と仮定する．このベキ級数によって定義される区間 $(-r,r)$ 上の関数を f とする：

$$f(x) = \sum_{n=0}^{\infty} c_n x^n.$$

(1) 項別に微分して得られるベキ級数 $\sum_{n=1}^{\infty} nc_n x^{n-1} = \sum_{n=0}^{\infty} (n+1)c_{n+1}x^n$ の収束半径は r である．

(2) $f(x)$ は $(-r,r)$ 上微分可能で，導関数は (1) のベキ級数で与えられる：

$$f'(x) = \sum_{n=0}^{\infty} (n+1)c_{n+1}x^n.$$

(3) $-r < a < b < r$ とすると，f は $[a,b]$ 上積分可能であり，次が成り立つ：

$$\int_a^b f(x)\,dx = \sum_{n=0}^{\infty} c_n \frac{b^{n+1} - a^{n+1}}{n+1}.$$

証明. (1) $\lim_{n\to\infty} n^{\frac{1}{n}} = 1$ (問 1.9 参照) だから，コーシーの判定法 (定理 A.17) より

$$\limsup_{n\to\infty} |nc_n|^{\frac{1}{n}} = \limsup_{n\to\infty} n^{\frac{1}{n}} |c_n|^{\frac{1}{n}} = \limsup_{n\to\infty} |c_n|^{\frac{1}{n}} = \frac{1}{r}$$

となる．よって，もう一度コーシーの判定法を用いれば結論を得る．

(2) $\rho < r$ とする．$f_n(x) = \sum_{k=0}^{n} c_k x^k$ とおくと $f_n'(x) = \sum_{k=1}^{n} kc_k x^{k-1}$ であり，定理 A.29 より $f_n'(x)$ は $\sum_{k=1}^{\infty} kc_k x^{k-1}$ に一様収束する．

$[-\rho, \rho]$ 上で $f_n(x)$ も $f(x)$ に一様収束するので，定理 A.28 より $f(x)$ は微分可能であり，$f'(x)$ は項別に微分して得られる．
(3) 定理 A.27 を用いればよい．□

区間全体では一様収束でなくても，局所的には (有界閉区間では) 一様収束する関数列があり実用上多く現れる．上にみたベキ級数で定義される関数はその典型的な例である．

定義 A.8　I を区間とする．I 上の関数列 $\{f_n\}$ が I に含まれるすべての有界閉区間上で一様収束するとき，$\{f_n\}$ は I 上で**広義一様収束**するという．

広義一様収束するが，一様収束はしない関数列の例をあげる．

○**例 A.8**　(1) $f_n(x) = x^n$ とおく．$\{f_n\}$ は $(-1, 1)$ 上で定数値関数 0 に広義一様収束する．
(2) $f_n(x) = \left(1 + \dfrac{1}{n}\right)x^2$ とすると，$\{f_n\}$ は $f(x) = x^2$ へ $\mathbf{R}$ 上広義一様収束する．

A.7　関数項級数

区間 I 上の関数列 $\{g_n\}_{n=1}^{\infty}$ に対して，

$$\sum_{n=1}^{\infty} g_n(x) = g_1(x) + g_2(x) + g_3(x) + \cdots + g_n(x) + \cdots$$

を**関数項級数**という．ベキ級数は各項が $c_k x^k$ という形の場合である．第 n 項までの部分和 $S_n(x)$ を次で定義する：

$$S_n(x) = \sum_{k=1}^{n} g_k(x) = g_1(x) + g_2(x) + \cdots + g_n(x).$$

定義 A.9　$S_n(x)$ が各 $x \in I$ に対して $n \to \infty$ のときに収束するならば，関数項級数 $\sum_{n=1}^{\infty} g_n(x)$ は I 上で **(各点) 収束**するといい，$S_n(x)$ の極限を関数項級数 $\sum_{n=1}^{\infty} g_n(x)$ の**和**という．

$S_n(x)$ が I 上で (広義) 一様収束するとき，関数項級数 $\sum_{n=1}^{\infty} g_n(x)$ は I 上で **(広義) 一様収束**するという．

定義 A.7 の条件を $S_n(x)$ に適用すると次がわかる．

定理 A.32 関数項級数 $\sum_{n=1}^{\infty} g_n(x)$ が I 上で一様収束するための必要十分条件は，

任意の $\varepsilon > 0$ に対して，ある $N \in \mathbf{N}$ が存在して

$$n \geqq m \geqq N \text{ ならば } \left| \sum_{k=m}^{n} g_k(x) \right| < \varepsilon \quad (x \in I)$$

となることである．

関数項級数が一様収束するときは，定理 A.27 より次がわかる．

定理 A.33 関数項級数 $\sum_{n=1}^{\infty} g_n(x)$ が I 上で一様収束するならば，$a, b \in I$ $(a < b)$ に対して次が成り立つ：

$$\int_a^b \sum_{n=1}^{\infty} g_n(x)\,dx = \sum_{n=1}^{\infty} \int_a^b g_n(x)\,dx.$$

関数項級数の絶対収束も同様に定義する．

定義 A.10 $\sum_{n=1}^{\infty} |g_n(x)|$ が I 上で収束するとき，関数項級数 $\sum_{n=1}^{\infty} g_n(x)$ は**絶対収束**するという．

$\sum_{n=1}^{\infty} |g_n(x)|$ の収束が I 上一様収束であれば，関数項級数 $\sum_{n=1}^{\infty} g_n(x)$ は**絶対一様収束**するという．

関数項級数 $\sum_{n=1}^{\infty} g_n(x)$ に対しては，$n \geqq m$ ならば

$$\left| \sum_{k=m}^{n} g_k(x) \right| \leqq \sum_{k=m}^{n} |g_k(x)|$$

が成り立つので，絶対収束する関数項級数は収束することがわかる．

さらに，次が成り立つ．

定理 A.34 関数項級数 $\sum_{n=1}^{\infty} g_n(x)$ に対して，$M_n \geqq 0$, $\sum_{n=1}^{\infty} M_n < \infty$ を満たす定数 M_n $(n = 1, 2, \ldots)$ が存在して，

$$|g_n(x)| \leqq M_n \quad (x \in I),\ n = 1, 2, \ldots$$

が成り立つならば，関数項級数 $\sum_{n=1}^{\infty} g_n(x)$ は I 上で絶対一様収束する．

◆**問 12.** (1) $\sum_{n=1}^{\infty} \dfrac{1}{x^2+n^2}$ が $\mathbf{R}$ 上一様収束することを示せ.

(2) $\sum_{n=1}^{\infty} \dfrac{1}{n^2x^2+1}$ が，すべての $a>0$ に対して区間 $[a,\infty)$ で一様収束することを示せ.

付録　章末問題

A.1　数列 $\{a_n\}_{n=1}^{\infty}$ を $\left\{\frac{1}{2}, \frac{1}{3}, \frac{2}{3}, \frac{1}{4}, \frac{2}{4}, \frac{3}{4}, \frac{1}{5}, \frac{2}{5}, \ldots\right\}$ によって定める.

(1) $\limsup_{n\to\infty} a_n$, $\liminf_{n\to\infty} a_n$ の値は何か.

(2) $\limsup_{n\to\infty} a_n$ に収束する部分列をつくれ.

A.2　(1) すべての自然数 n に対して $\dfrac{1}{n+1} < \displaystyle\int_n^{n+1} \frac{1}{x}\,dx < \frac{1}{n}$ を示せ.

(2) $a_n = 1 + \dfrac{1}{2} + \cdots + \dfrac{1}{n} - \log n$ とおくと，$a_n > \log \dfrac{n+1}{n}$ $(n=1,2,\ldots)$ が成り立つこと，$\{a_n\}$ が下に有界であることを示せ.

(3) $\{a_n\}_{n=1}^{\infty}$ が単調減少で，収束することを示せ[2)].

A.3　実数列 $\{a_n\}_{n=1}^{\infty}$, $\{b_n\}_{n=1}^{\infty}$ に対して次の不等式を証明せよ.

(1) $\limsup_{n\to\infty}(a_n+b_n) \leqq \limsup_{n\to\infty} a_n + \limsup_{n\to\infty} b_n$

(2) $\liminf_{n\to\infty}(a_n+b_n) \geqq \liminf_{n\to\infty} a_n + \liminf_{n\to\infty} b_n$

また，等号の成り立たない例をつくれ.

A.4　$f(x) = e^{-|x|}$ が $\mathbf{R}$ 上一様連続であることを示せ.

A.5　次の無限級数に対して収束・発散を判定せよ．ただし，$p>0$ とする.

(1) $\sum_{n=0}^{\infty} \dfrac{(n!)^2}{(2n)!}$　　(2) $\sum_{n=1}^{\infty} \dfrac{n^p}{n!}$　　(3) $\sum_{n=1}^{\infty} \dfrac{n}{2^n}$　　(4) $\sum_{n=1}^{\infty} \left(\dfrac{n}{n+1}\right)^{n^2}$

A.6　無限級数 $\sum_{n=1}^{\infty} \dfrac{2^n}{(1+\frac{1}{n})^{n^2}}$, $\sum_{n=1}^{\infty} \dfrac{3^n}{(1+\frac{1}{n})^{n^2}}$ の収束・発散の判定をせよ.

A.7　次のベキ級数の収束半径を求めよ.

(1) $\sum_{n=1}^{\infty} \dfrac{1}{n(n+1)} x^n$　　(2) $\sum_{n=0}^{\infty} \dfrac{(n!)^2}{(2n)!} x^n$　　(3) $\sum_{n=1}^{\infty} \dfrac{(n+1)^n}{n!} x^n$

A.8　次のベキ級数の表す関数は何か.

(1) $\sum_{n=1}^{\infty} n^2 x^n$　　(2) $\sum_{n=1}^{\infty} \dfrac{n^2}{n!} x^n$　　(3) $\sum_{n=0}^{\infty} \dfrac{x^{2n}}{(2n)!}$

A.9　$f(x) = (1+x)e^{-x} - (1-x)e^x$ のマクローリン展開を用いて，$\sum_{n=1}^{\infty} \dfrac{n}{(2n+1)!}$ の値を求めよ.

---

2)　極限値を**オイラーの定数**とよぶ．値は 0.5772156... である.

A.10 (1) $\dfrac{1}{1+x} = \displaystyle\sum_{n=0}^{\infty} (-1)^n x^n \ (|x| < 1)$ を用いて $f(x) = \log(1+x)$ のマクローリン展開を求めよ．

(2) (1) の結果を用いて，$1 - \dfrac{1}{2} + \dfrac{1}{3} - \dfrac{1}{4} + \cdots + \dfrac{(-1)^n}{n} = \log 2$ を示せ．

A.11 (1) $\dfrac{1}{1+x^2} = \displaystyle\sum_{n=0}^{\infty} (-1)^n x^{2n} \ (|x| < 1)$ を用いて $f(x) = \arctan x$ のマクローリン展開を求めよ．

(2) 無限級数 $1 - \dfrac{1}{3} + \dfrac{1}{5} - \dfrac{1}{7} + \cdots + \dfrac{(-1)^{n-1}}{2n-1} + \cdots$ が収束することを示せ．

(3) (1), (2) の結果を用いて，$1 - \dfrac{1}{3} + \dfrac{1}{5} - \cdots + \dfrac{(-1)^{n-1}}{2n-1} + \cdots = \dfrac{\pi}{4}$ を示せ．

問題の解答・ヒント

注 1. 本来は文章で書くべき解答もあるが，詳細は省略する．各自詳細な解答をつくられたい．

注 2. 解答は一通りとは限らず，ここに与えるのは一例にすぎない場合がある．

注 3. 不定積分に関しては，積分定数を省略する．

注 4. 複号はすべて同順である．

第 1 章

問 2. (1) $\begin{pmatrix} 1 \\ 1 \\ -2 \end{pmatrix}$ (2) $\begin{pmatrix} x \\ y \\ z \end{pmatrix} = \begin{pmatrix} 1 \\ 2 \\ 3 \end{pmatrix} + t\begin{pmatrix} 1 \\ 1 \\ -2 \end{pmatrix}$ より $x-1=y-2=\dfrac{z-3}{-2}$.

問 3. A の座標を $(2t-1, t-1, -2t+3)$ とすると，$\overrightarrow{\mathrm{OA}}$ と ℓ の方向ベクトルが直交するので $2(2t-1)+(t-1)-2(-2t+3)=0$ であり，$t=1$ となる．A は $(1,0,1)$.

問 4. $2(x-1)+3(y-2)+4(z-3)=0$

問 5. $a(x-a)+b(y-b)+c(z-c)=0$

問 6. 法線ベクトル $\begin{pmatrix} 2 \\ -2 \\ 1 \end{pmatrix}$，方程式 $2(x-3)-2(y+1)+(z-1)=0$

問 7. (1) 10, 160 (2) $4a$

問 8.
$$(\text{左辺}) = \frac{n!}{(r-1)!(n-r+1)!} + \frac{n!}{r!(n-r)!}$$
$$= \frac{n!(r+(n-r+1))}{r!(n-r+1)!} = \frac{(n+1)!}{r!(n+1-r)!}$$

問 9. (1) 0 (2) 0 (3) $\displaystyle\lim_{n\to\infty}\frac{1-\frac{1}{n^2}}{1+\frac{1}{n^2}}=1$ (4) $\displaystyle\lim_{n\to\infty}\frac{n}{1+\frac{1}{n^2}}=\infty$

(5) $\displaystyle\lim_{n\to\infty}\frac{(\frac{3}{5})^n+\frac{4}{5^n}}{1-\frac{3}{5^n}}=0$ (6) $\displaystyle\lim_{n\to\infty}\frac{3}{\sqrt{n+2}+\sqrt{n-1}}=0$

(7) $0<\dfrac{3^n}{n!}=\dfrac{3}{n}\dfrac{3}{n-1}\cdots\dfrac{3}{4}\dfrac{3}{3}\dfrac{3}{2}\dfrac{3}{1}<\dfrac{9}{2}\left(\dfrac{3}{4}\right)^{n-3}\to 0$ (8) (7) と同様．0

(9) $2^n=(1+1)^n>{}_n\mathrm{C}_3=\dfrac{n(n-1)(n-2)}{6}$ より，$0<\dfrac{n^2}{2^n}<\dfrac{6n^2}{n(n-1)(n-2)}$

$= \dfrac{6}{(1-\frac{1}{n})(n-2)} \to 0$ となり 0.

問 10. (1) $a_{n+1} - a_n = \frac{1}{2}(a_n - 1)^2 \geqq 0$　(2) 数学的帰納法　(3) 実数の連続性から a_n は収束する．極限を α とすると，漸化式から $\frac{1}{2}(\alpha^2+1) = \alpha$，よって $\alpha = 1$.

問 11. $\displaystyle\sum_{k=1}^{n} \frac{1}{k(k+2)} = \sum_{k=1}^{n} \frac{1}{2}\left(\frac{1}{k} - \frac{1}{k+2}\right) = \frac{1}{2}\left(\frac{3}{2} - \frac{1}{n+1} - \frac{1}{n+2}\right)$ $(n \geqq 2)$,

$\displaystyle\sum_{n=1}^{\infty} \frac{1}{n(n+2)} = \lim_{n\to\infty} \sum_{k=1}^{n} \frac{1}{k(k+2)} = \frac{3}{4}$

問 12. (1) ∞ に発散.　(2) $\dfrac{1}{n^2+1} \leqq \dfrac{1}{n^2}$ より収束.　(3) $\dfrac{1}{n^3} \leqq \dfrac{1}{n^2}$ より収束.

(4) $\dfrac{n}{n^3-1} \leqq \dfrac{2}{n^2}$ $(n \geqq 2)$ より収束.

問 13. $\displaystyle\left(1-\frac{1}{n}\right)^{-n} = \left(\frac{n}{n-1}\right)^{n} = \left(1+\frac{1}{n-1}\right)^{n-1}\left(1+\frac{1}{n-1}\right) \to e \ (n \to \infty)$

章末問題

1.1 $\dfrac{a+b}{2} - \sqrt{ab} = \dfrac{1}{2}(\sqrt{a} - \sqrt{b})^2 \geqq 0$. 等号は $a = b$ のときのみ成立.

1.2 方向ベクトルを $\begin{pmatrix} a \\ b \\ c \end{pmatrix}$ とすると，$a+b+c=0$，$a+2b+3c=0$ より $\begin{pmatrix} a \\ b \\ c \end{pmatrix} = \begin{pmatrix} 1 \\ -2 \\ 1 \end{pmatrix}$ ととれる．2 直線は点 $(1,2,3)$ で交わるので，求める直線もこの点を通り，方程式は $x-1 = \dfrac{y-2}{-2} = z-3$.

1.3 (1) 法線ベクトル $\begin{pmatrix} a \\ b \\ c \end{pmatrix}$ は $\overrightarrow{\mathrm{AB}} = \begin{pmatrix} 3 \\ 3 \\ 3 \end{pmatrix}$, $\overrightarrow{\mathrm{BC}} = \begin{pmatrix} 3 \\ 3 \\ 6 \end{pmatrix}$ と直交するので, $a+b+c=0$，$a+b+2c=0$ より $(1,-1,0)$ ととれる．したがって，$(x-1)-(y-2)=0$，あるいは $x-y=-1$.

(2) 法線ベクトル $\begin{pmatrix} a \\ b \\ c \end{pmatrix}$ は直線の方向ベクトル $\begin{pmatrix} 1 \\ 3 \\ 5 \end{pmatrix}$ と直交する．また, 原点と点 $(1,2,3)$ を通るのでベクトル $\begin{pmatrix} 1 \\ 2 \\ 3 \end{pmatrix}$ とも直交する．したがって, $a+3b+5c=0$，$a+2b+3c=0$ となり $\begin{pmatrix} 1 \\ -2 \\ 1 \end{pmatrix}$ ととれる．したがって，$x-2y+z=0$.

1.4 (1) $c = pc + q$ を解くと $c = \dfrac{q}{1-p}$.

(2) $a_n - c = p^{n-1}(a_1 - c)$ より $a_n = \dfrac{q}{1-p} + p^{n-1}\left(a_1 - \dfrac{q}{1-p}\right)$.

1.5 (1) $\lambda^2-\lambda+6=(\lambda-3)(\lambda+2)=0$ より $(\alpha,\beta)=(3,-2)$ および $(-2,3)$.
(2) $a_{n+1}-3a_n=-2(a_n-3a_{n-1})=(-2)^{n-1}(a_2-3a_1)$, $a_{n+1}+2a_n=3(a_n+2a_{n-1})=3^{n-1}(a_2+2a_1)$.
(3) $a_n=\dfrac{1}{5}\{3^{n-1}(a_2+2a_1)-(-2)^{n-1}(a_2-3a_1)\}$.

1.6 (1) $\sum_{k=0}^{n}{}_n\mathrm{C}_k=(1+1)^n=2^n$　(2) $\sum_{k=0}^{n}(-1)^k{}_n\mathrm{C}_k=(1-1)^n=0$
(3) (1) と (2) の結果を加えて 2 で割ると，2^{n-1} となる.

1.7 (1) $r=1+h$ とおく $(h>0)$. $r^n>{}_n\mathrm{C}_{p+1}h^{p+1}$ より $0<\dfrac{n^p}{r^n}<\dfrac{n^p}{{}_n\mathrm{C}_{p+1}h^{p+1}}$ となるので，右辺が $n\to\infty$ のとき 0 になることを示せばよい.
(2) p より大きい自然数 p_0 をとると，(1) より $0<\dfrac{n^p}{r^n}<\dfrac{n^{p_0}}{r^n}\to 0$ となる.

1.8 $(1+h_n)^n=2$ の左辺を二項定理で展開すると，$nh_n<2$ がわかる．これから $h_n\to 0$，よって $\sqrt[n]{2}\to 1\ (n\to\infty)$ となる.

1.9 (1) $(1+j_n)^n=n$ の左辺を二項定理で展開すると，${}_n\mathrm{C}_2 j_n^2<n$ がわかる.
(2) $j_n^2<\dfrac{n}{{}_n\mathrm{C}_2}=\dfrac{2}{n-1}\to 0$ より $j_n\to 0$ となるから，$\sqrt[n]{n}\to 1$ が成り立つ.

1.10 (1) $\lim_{n\to\infty}\dfrac{\sin\frac{\pi}{4n}}{\frac{\pi}{4n}}\cdot\dfrac{\pi}{4}=\dfrac{\pi}{4}$

(2) $\lim_{n\to\infty}\dfrac{\sqrt{n^2+n+1}+n}{n+1}=\lim_{n\to\infty}\dfrac{\sqrt{1+1/n+1/n^2}+1}{1+1/n}=2$

(3) $\lim_{n\to\infty}\dfrac{\sqrt{n}}{\sqrt{n+1}+\sqrt{n}}=\lim_{n\to\infty}\dfrac{1}{\sqrt{1+1/n}+1}=\dfrac{1}{2}$

1.12 (1) $\sum_{n=1}^{\infty}\left(\dfrac{1}{2n-1}-\dfrac{1}{2n+1}\right)=1$　(2) $\sum_{n=1}^{\infty}\dfrac{2}{n(n+1)}=2$

(3) $-\sum_{n=1}^{\infty}\dfrac{1}{(2n-1)(2n+1)}+\sum_{n=1}^{\infty}\dfrac{1}{2n(2n+2)}=-\dfrac{1}{4}$　(4) 部分分数展開より $\dfrac{2}{n(n+1)(n+2)}=\dfrac{1}{n}-\dfrac{2}{n+1}+\dfrac{1}{n+2}$ となることから $\dfrac{1}{2}$. 本文中の方法とは異なるが，$\dfrac{2}{n(n+1)(n+2)}=\dfrac{1}{n(n+1)}-\dfrac{1}{(n+1)(n+2)}$ を用いると速い.

(5) $\sum_{n=1}^{\infty}\left(\dfrac{1}{(n-1)!}-\dfrac{1}{n!}\right)=1$ または $\sum_{n=1}^{\infty}\dfrac{1}{(n-1)!}-\sum_{n=1}^{\infty}\dfrac{1}{n!}=e-(e-1)=1$

1.13 (2) $S_2-rS_2=2rS_1$ を示せば，(1) を用いて $S_2=\dfrac{2r^2}{(1-r)^3}$.

(3) $S_3=S_1+S_2=\dfrac{r(1+r)}{(1-r)^3}$. あるいは，付録で述べる項別の微分 (定理 A.31) を用いると，$\sum_{n=0}^{\infty}r^n=\dfrac{1}{1-r}$ の両辺の導関数が $\sum_{n=1}^{\infty}nr^{n-1}=\dfrac{1}{(1-r)^2}$ となるので，$\sum_{n=1}^{\infty}nr^n=\dfrac{r}{(1-r)^2}$. (2) は (1) の解答中の等式を微分して示すことができる.

1.14 すべての n に対して $s_2 < s_4 < \cdots < s_{2n} < s_{2n-1} < \cdots < s_1$ が成り立つことを示す.

1.15 前問と同じ不等式を示す.

第2章

問 2. (1) $0, \infty$ (2) $\infty, 0$ (3) $a > 1$ のとき $-1, 1$, $0 < a < 1$ のとき $1, -1$.

問 4. (1) $\dfrac{1}{x}$ (2) x^2 (3) 3^x (4) $x^3 5^{-x}$

問 5. (1) $\dfrac{\sqrt{2}}{2}$ (2) $\dfrac{\sqrt{3}}{2}$ (3) $-\dfrac{\sqrt{3}}{2}$ (4) $\dfrac{1}{2}$ (5) $\dfrac{\sqrt{2}}{2}$

問 6. $\sin\left(\theta + \dfrac{\pi}{2}\right) = \cos\theta$, $\sin\left(\theta - \dfrac{\pi}{2}\right) = -\cos\theta$, $\cos\left(\theta + \dfrac{\pi}{2}\right) = -\sin\theta$, $\cos\left(\theta - \dfrac{\pi}{2}\right) = \sin\theta$, $\sin(\pi - \theta) = \sin\theta$, $\cos(\pi - \theta) = -\cos\theta$

問 7. (1) $1 - 2\sin^2\dfrac{\pi}{8} = \cos\dfrac{\pi}{4} = \dfrac{1}{\sqrt{2}}$ より, $\sin\dfrac{\pi}{8} = \dfrac{\sqrt{2-\sqrt{2}}}{2}$ (2) $2\cos^2\dfrac{\pi}{8} - 1 = \cos\dfrac{\pi}{4} = \dfrac{1}{\sqrt{2}}$ より, $\cos\dfrac{\pi}{8} = \dfrac{\sqrt{2+\sqrt{2}}}{2}$. (3) $\sin\dfrac{5\pi}{12} = \sin\left(\dfrac{\pi}{6} + \dfrac{\pi}{4}\right) = \dfrac{\sqrt{6}+\sqrt{2}}{4}$ (4) $\sin\dfrac{7\pi}{12} = \sin\left(\pi - \dfrac{5\pi}{12}\right) = \sin\dfrac{5\pi}{12} = \dfrac{\sqrt{6}+\sqrt{2}}{4}$ (5) $\sin\dfrac{3\pi}{8} = \sin\left(\dfrac{\pi}{2} - \dfrac{\pi}{8}\right) = \cos\dfrac{\pi}{8} = \dfrac{\sqrt{2+\sqrt{2}}}{2}$ (6) $\cos\dfrac{5\pi}{12}\pi = \cos\left(\dfrac{\pi}{6} + \dfrac{\pi}{4}\right) = \dfrac{\sqrt{6}-\sqrt{2}}{4}$

問 8. (1) $\displaystyle\lim_{x\to 0}\frac{\sin(2x)}{2x}\frac{2}{\cos(2x)} = 2$

(2) $\displaystyle\lim_{x\to 0}\frac{1}{x^2}2\sin^2\left(\frac{3x}{2}\right) = \lim_{x\to 0}2\left(\frac{\sin\frac{3x}{2}}{\frac{3x}{2}}\right)^2\left(\frac{3}{2}\right)^2 = \frac{9}{2}$

(3) $x - \frac{\pi}{2} = \theta$ とおくと, $\displaystyle\lim_{\theta\to 0}\frac{\cos(\theta + \frac{\pi}{2})}{\theta} = \lim_{\theta\to 0} -\frac{\sin\theta}{\theta} = -1$.

問 9. (1) $-\dfrac{\pi}{3}$ (2) $\dfrac{\pi}{4}$ (3) $\dfrac{\pi}{3}$ (4) $\dfrac{5\pi}{6}$ (5) $-\dfrac{\pi}{3}$ (6) $\dfrac{\pi}{6}$

問 10. 直角三角形を描いて考えること. (1) $\dfrac{3}{4}$ (2) $\dfrac{12}{13}$

章末問題

2.1 (1) $\displaystyle\lim_{x\to 0}\log(1+x)^{\frac{1}{x}} = \log e = 1$ (2) $x = \log(1+t)$ とおくと $e^x = 1 + t$ となり, (1) を用いると $\displaystyle\lim_{t\to 0}\frac{t}{\log(1+t)} = 1$. (3) $\left|x\sin\dfrac{1}{x}\right| \leqq |x| \to 0$

(4) $\displaystyle\lim_{x\to +0}\frac{\log(\frac{\sin x}{x}) + \log x}{\log x} = 1$ (5) $\displaystyle\lim_{x\to\infty}\frac{x+9}{\sqrt{x^2+x+9}+x} = \lim_{x\to\infty}\frac{1+9/x}{\sqrt{1+1/x+9/x^2}+1} = \frac{1}{2}$ (6) $\displaystyle\lim_{x\to\infty}\frac{1-e^{-2x}}{1+e^{-2x}} = 1$ (7) $\dfrac{\pi}{2}$

2.2 (1) $e^x - e^{-x} = 2y$ より $e^{2x} - 2ye^x - 1 = 0$. これを e^x についての 2 次方程式と考えて $e^x > 0$ に注意すると $e^x = y + \sqrt{y^2+1}$ となり, $y = \log(x + \sqrt{x^2+1})$.
(2) $x' > x$ とすると $\tanh x' - \tanh x = \dfrac{\sinh(x'-x)}{\cosh x' \cosh x} > 0$ となる. 逆関数は, $y = \dfrac{1}{2}\log\dfrac{1+x}{1-x}$ $(-1 < x < 1)$.

2.3 (1) $\theta = \arcsin x$ とおくと, $-\dfrac{\pi}{2} < \theta < \dfrac{\pi}{2}$, $\sin\theta = x$ より $\cos\theta = \sqrt{1-x^2} > 0$ なので $\tan\theta = \dfrac{x}{\sqrt{1-x^2}}$. $0 \leqq x \leqq 1$ のときに図を描いて $\tan(\arcsin x) = \dfrac{x}{\sqrt{1-x^2}}$ を示し, $\sin, \tan$ が奇関数であることを用いてもよい. 同様に, $\arctan x = \varphi$ とおくと, $\cos\varphi = \dfrac{1}{\sqrt{1+x^2}}$ である (正であることに注意). よって, $\cos 2\varphi = 2\cos^2\varphi - 1 = \dfrac{1-x^2}{1+x^2}$. (2) $0 \leqq x < 1$ のときは直角三角形を描けば容易にわかる. $-1 < x < 0$ のときは逆三角関数の値域に注意すると, $\arcsin x = -\arcsin(-x)$, $\arccos x = \pi - \arccos(-x)$ がわかるので, $0 \leqq x < 1$ の結果を用いれば結論 $\dfrac{\pi}{2}$ を得る. (3) $\dfrac{\pi}{2}$

2.4 (1) $\arctan\dfrac{1}{2} = \alpha$, $\arctan\dfrac{1}{3} = \beta$ とおくと, $\tan(\alpha+\beta) = \dfrac{\tan\alpha + \tan\beta}{1 - \tan\alpha\tan\beta} = 1$ となる. よって, $\alpha + \beta = \dfrac{\pi}{4}$. (2) $\arctan\dfrac{1}{4} = \theta$, $\arctan\dfrac{3}{5} = \varphi$ とおくと, $\tan(\theta+\varphi) = \dfrac{\tan\theta + \tan\varphi}{1 - \tan\theta\tan\varphi} = 1$ となる. よって, $\theta + \varphi = \dfrac{\pi}{4}$.

2.5 $-\dfrac{\pi}{2} \leqq x \leqq \dfrac{\pi}{2}$ のときは $y = x$ である. $\dfrac{\pi}{2} \leqq x \leqq \dfrac{3\pi}{2}$ では $-\dfrac{\pi}{2} \leqq x - \pi \leqq \dfrac{\pi}{2}$ であり, $\sin x = -\sin(x-\pi) = -(x-\pi) = \pi - x$ となる. そのほかの区間の場合も同様に考えると, 次のグラフが得られる.

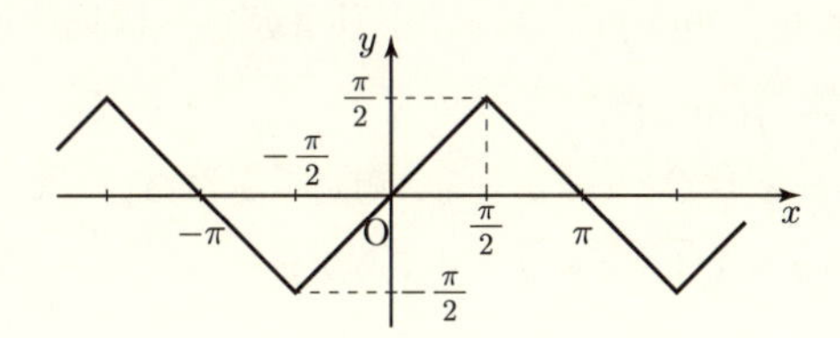

2.6 $f(x) = \cos x - x$ とおくと, $f(0) = 1 > 0$, $f\left(\dfrac{\pi}{2}\right) = -\dfrac{\pi}{2} < 0$ である. よって, 中間値の定理より $f(x) = 0$ となる $x \in \left(0, \dfrac{\pi}{2}\right)$ が存在する.

2.7 $f(x) = x^3 - 4x - 2$ とおくと, $f(-2) = -2 < 0$, $f(-1) = 1 > 0$, $f(0) = -2 < 0$, $f(3) = 13 > 0$ より中間値の定理を用いると, 区間 $(-2,-1), (-1,0), (0,3)$ にそれぞれ少なくとも 1 つ $f(x) = 0$ の根が存在する. 3 次方程式の実根の数は高々 3 つなので, $f(x) = 0$ がちょうど 3 つの実根をもつことが示された.

2.8 n が奇数なので $\lim_{x\to-\infty} f(x) = -\infty$ であり, また, $\lim_{x\to\infty} f(x) = \infty$ である. よっ

て，x が十分小さい ($|x|$ は大) ならば $f(x) < 0$ であり，x が十分大きいならば $f(x) > 0$ である．したがって，中間値の定理より $f(x) = 0$ となる x が存在する．

2.9 $g(x) = f\left(x + \dfrac{T}{2}\right) - f(x)$ とおくと，$g(0) = f\left(\dfrac{T}{2}\right) - f(0)$，$g\left(\dfrac{T}{2}\right) = f(T) - f\left(\dfrac{T}{2}\right) = f(0) - f\left(\dfrac{T}{2}\right)$ であり $g\left(\dfrac{T}{2}\right) = -g(0)$ が成り立つ．$g(0) = 0$ ならば $a = 0$ が求めるものである．$g(0) \neq 0$ であれば，中間値の定理より $g(a) = 0$ を満たす $a \in \left(0, \dfrac{T}{2}\right)$ が存在する．

2.10 $f(1) = c$ として，$m = 1, 2, \ldots$ および $k \in \mathbf{Z}$ に対して $f\left(\dfrac{k}{2^m}\right) = c\dfrac{k}{2^m}$ を示せば，f の連続性から $f(x) = cx$ $(x \in \mathbf{R})$ が得られる．

第3章

問 1. (1) $8(2x+5)^3$　(2) $3(2x+1)(x^2+x+1)^2$　(3) $3x^2+10x-2$　(4) $-\dfrac{4}{x^5}$
(5) $(x^2-3x+6x^{-2})' = 2x-3-\dfrac{12}{x^3}$　(6) $\dfrac{-3x^2-10x+3}{(x^2+1)^2}$

問 2. (1) $2e^{2x+3}$　(2) $-2xe^{-x^2}$　(3) $(1-2x)e^{-2x}$　(4) $\dfrac{1}{x}$　(5) $\dfrac{4}{x}$

問 3. (1) $(\log y)' = \left(\dfrac{1}{x}\right)' = -\dfrac{1}{x^2}$ より $y' = -\dfrac{1}{x^2}e^{\frac{1}{x}}$.
(2) $(\log y)' = (2x\log x)' = 2(1+\log x)$ より $y' = 2(1+\log x)x^{2x}$.

問 4. (1) $2\cos(2x)$　(2) $\cos x - x\sin x$　(3) $\dfrac{\sin x}{\cos^2 x}$　(4) $e^{ax}(a\sin(bx)+b\cos(bx))$
(5) $(\log y)' = (\sin x \log x)' = \cos x \log x + \dfrac{1}{x}\sin x$ より
$y' = \left(\cos x \log x + \dfrac{1}{x}\sin x\right)x^{\sin x}$.　(6) $(\log y)' = (x\log(\sin x))'$ より $y' = \left(\log(\sin x) + \dfrac{x\cos x}{\sin x}\right)(\sin x)^x$.

問 5. $y = \arccos x$ とおくと $\cos y = x$. 両辺を x で微分して $-\sin y \cdot y' = 1$. $0 < y < \pi$ より $\sin y = \sqrt{1-\cos^2 y} > 0$ であり $y' = -\dfrac{1}{\sqrt{1-x^2}}$. $y = \arctan x$ とおくと $\tan y = x$. 両辺を x で微分して $\dfrac{y'}{\cos^2 y} = 1$. よって，$y' = \cos^2 y = \dfrac{1}{1+x^2}$.

問 6. (1) $\sin y = \sqrt{x}$ より $\cos y \cdot y' = \dfrac{1}{2\sqrt{x}}$. $0 < y < \dfrac{\pi}{2}$ より $\cos y = \sqrt{1-x}$. よって $y' = \dfrac{1}{2\sqrt{x(1-x)}}$.　(2) $\log y = \arcsin x$ より $\dfrac{y'}{y} = \dfrac{1}{\sqrt{1-x^2}}$. よって $y' = \dfrac{1}{\sqrt{1-x^2}}e^{\arcsin x}$.　(3) $\tan y = e^x - e^{-x}$ より $\dfrac{y'}{\cos^2 y} = e^x + e^{-x}$. よって，$y' = \dfrac{e^x+e^{-x}}{1+\tan^2 y} = \dfrac{e^x+e^{-x}}{e^{2x}-1+e^{-2x}}$.

問 7. (1) $\cos\left(x+\dfrac{n}{2}\pi\right)$ (2) $\dfrac{(-1)^n n!}{x^{n+1}}$ (3) $y'=\dfrac{1}{2}(1+x)^{-\frac{1}{2}}$. $n \geqq 2$ に対し $y^{(n)}=\dfrac{(-1)^{n-1}(2n-3)(2n-5)\cdots 3\cdot 1}{2^n}(1+x)^{\frac{1}{2}-n}$. (4) $\dfrac{(-1)^{n-1}(n-1)!}{x^n}$
(5) $y=\dfrac{1}{x}-\dfrac{1}{x+1}$ より $y^{(n)}=(-1)^{n-1}n!\left(\dfrac{1}{x^{n+1}}-\dfrac{1}{(1+x)^{n+1}}\right)$.

問 8. $n=1,2$ のときは積の微分を行えばよい．$n \geqq 3$ のときは $\dfrac{d^n}{dx^n}x^2=0$ と定理 3.11 より結論が得られる．

問 9. (1) $2c=\dfrac{9-1}{2}$ より $c=2$. (2) $3c^2=\dfrac{27-1}{2}$ より $c=\sqrt{\dfrac{13}{3}}$.

問 10. (1) 2 (2) 2 (3) 2 (4) 0 (5) ∞ (6) 0

問 11. (1) $1-\dfrac{1}{2}\left(x-\dfrac{\pi}{2}\right)^2+R_3$ (2) $1-\dfrac{1}{2}x^2+R_3$

問 12. (1) 1.040 (2) 1.010 (3) 8.111 (4) 0.010 (5) 0.995

問 14. $\sin(2x)=2x-\dfrac{4x^3}{3}+\dfrac{4x^5}{15}-\cdots$, $\cos(2x)=1-2x^2+\dfrac{2x^4}{3}-\cdots$

問 17. (3.8) を $f(x)<f(b)+\dfrac{b-x}{b-a}(f(a)-f(b))$ と書き直すと，$a<x''<x<b$ ならば $\dfrac{f(x)-f(b)}{b-x}<\dfrac{f(x'')-f(b)}{b-x''}<\dfrac{f(a)-f(b)}{b-a}$ が成り立つ．$x\to b$ とすれば $-f'(b)\leqq\dfrac{f(x'')-f(b)}{b-x''}<\dfrac{f(a)-f(b)}{b-a}$ となるから，$f(a)>f(b)+f'(b)(a-b)$ となる．

問 18. (1) $y'=\dfrac{1-x^2}{(x^2+1)^2}$ より $x=-1$ のとき極小，$x=1$ のとき極大．$y''=\dfrac{2x(x^2-3)}{(x^2+1)^3}$ より $x=-\sqrt{3}$, $x=0$, $x=\sqrt{3}$ において変曲点をもつ．
(2) $f''(x)=\dfrac{1}{t}\left(\dfrac{x^2}{t}-1\right)e^{-\frac{x^2}{2t}}$ だから，$x=\pm\sqrt{t}$ において f は変曲点をもつ．

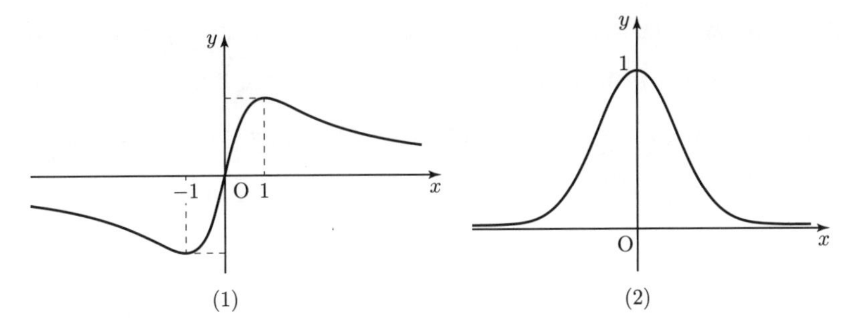

問 20. $f(x)=x^3-2$ $(1\leqq x\leqq 2)$ とおくと，この区間で $f''(x)=6x>0$. よって，$\{a_n\}$ を $a_1=2$, $a_{n+1}=a_n-\dfrac{f(a_n)}{f'(a_n)}=\dfrac{2a_n^3+2}{3a_n^2}$ によって定義すると，

$a_2 = \dfrac{3}{2} = 1.5,\ a_3 = \dfrac{35}{27} \fallingdotseq 1.2963,\ a_4 \fallingdotseq 1.26093$ であり $a_n \to \sqrt[3]{2} \fallingdotseq 1.2599.$

章末問題

3.1 (1) $y = \begin{cases} -(1-x)^{\frac{1}{3}} & (x<1) \\ (x-1)^{\frac{1}{3}} & (x \geqq 1) \end{cases}$, $y' = \begin{cases} \frac{1}{3}(1-x)^{-\frac{2}{3}} & (x<1) \\ \frac{1}{3}(x-1)^{-\frac{2}{3}} & (x>1) \end{cases}$.

(2) $y = \arctan(\log x)$, $y' = \dfrac{1}{x(1+(\log x)^2)}$ $(x>0)$. (3) $\sin y = \dfrac{x}{\sqrt{a^2+x^2}}$ $\left(x \in \mathbf{R},\ y \in \left[-\dfrac{\pi}{2}, \dfrac{\pi}{2}\right]\right)$ より $\cos^2 y = 1 - \dfrac{x^2}{x^2+a^2} = \dfrac{a^2}{x^2+a^2}$ となる．これから $x^2 = a^2\dfrac{\sin^2 y}{\cos^2 y}$ であり，x と y は同符号なので $x = a\tan y$ となる．x と y を入れかえて，$y = a\tan x,\ y' = \dfrac{a}{\cos^2 x}$.

3.2 $x \neq 0$ のとき，$f'(x) = 3x^2 \sin\dfrac{1}{x} - x\cos\dfrac{1}{x}$ であり，$x \to 0$ のとき 0 に収束する．$\dfrac{f'(x)-f'(0)}{x} = 3x\sin\dfrac{1}{x} - \cos\dfrac{1}{x}$ であり，これは $x \to 0$ のとき収束しない．

3.3 (1) $\dfrac{a}{b}$ (2) $\displaystyle\lim_{x\to 0}\frac{\frac{1}{\cos^2 x} - \cos x}{3x^2} = \lim_{x\to 0}\frac{1-\cos x}{x^2}\frac{1+\cos x+\cos^2 x}{3\cos^2 x} = \frac{1}{2}$

(3) $\dfrac{1}{2}$ (4) $\arcsin x = \theta$ とおくと，$\displaystyle\lim_{x\to 0}\frac{\theta}{\sin\theta} = 1$. (5) $-\dfrac{1}{2}$

(6) $\displaystyle\lim_{x\to+0}\frac{\log x}{x^{-p}} = \cdots = 0$ (7) 1 (8) 0 (9) $\displaystyle\lim_{x\to\infty}\frac{\log(x+4)-\log(x-2)}{x^{-1}} = 6$

3.4 (1) $\dfrac{1}{2}$ (2) $\dfrac{1}{6}$ (3) 4

3.5 $\displaystyle\sum_{n=1}^{\infty}\frac{(-1)^{n-1}}{(2n-1)!}x^{4n-2}$

3.6 (1) $\displaystyle e^x = e + e(x-1) + \frac{e}{2}(x-1)^2 + \cdots = e\sum_{n=0}^{\infty}\frac{1}{n!}(x-1)^n$ (2) 2.746

3.7 (1) p が整数のときはロピタルの定理を繰り返し用いればよい．p が整数でないときは，$m-1<p<m$ を満たす整数 m をとれば，$x \geqq 1$ のとき $0 < \dfrac{x^p}{e^x} \leqq \dfrac{x^m}{e^x}$ であり $\displaystyle\lim_{x\to\infty}\frac{x^m}{e^x} = 0$ は示したので，はさみうちの原理より結論を得る．後半も同様．

(2) (1) より，$\displaystyle\lim_{x\to+0}x^p\log x = \lim_{t\to\infty}(e^{-t})^p(-t) = \lim_{t\to\infty}\frac{-t}{e^{pt}} = 0.$

3.8 $x>0$ のとき，$f'(x) = \dfrac{1}{x^2}e^{-\frac{1}{x}}$，$f''(x) = \left(\dfrac{1}{x^4} - \dfrac{2}{x^3}\right)e^{-\frac{1}{x}}$ となる．一般に $f^{(n)}(x)$ は $\dfrac{1}{x}$ の $2n$ 次の多項式に $e^{-\frac{1}{x}}$ を掛けた形になる．前問より $\displaystyle\lim_{x\to+0}\frac{1}{x^k}e^{-\frac{1}{x}} = \lim_{t\to\infty}\frac{t^k}{e^t} = 0$ となるから，$\displaystyle\lim_{x\to+0}f^{(n)}(x) = 0$ $(n=1,2,\ldots)$ であり f は C^{∞} 級関数である．

3.9 $f_2(x) = 1 - \dfrac{1}{2}(x-2)^2$ (図参照)

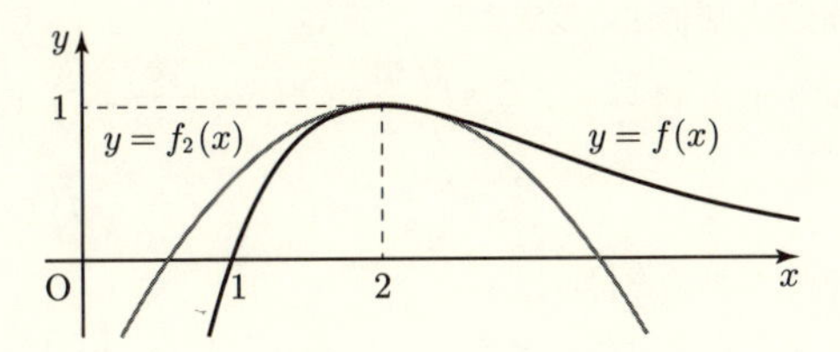

3.10 (1) $\lim_{x\to+0} \log f(x) = \lim_{x\to+0} \dfrac{\log x}{x} = -\infty$, $\lim_{x\to\infty} \log f(x) = 0$.
(2) $\lim_{x\to+0} f(x) = 0$, $\lim_{x\to\infty} f(x) = 1$.
(3) $f'(x) = f(x)\dfrac{1-\log x}{x^2}$ となるから，f は $x = e$ で極大となる．

3.11 増減表のみを示す．(1) (i)

x	0	$\cdots$	e	$\cdots$
$f'(x)$		$+$	0	$-$
$f(x)$		$\nearrow$	e^{-1}	$\searrow$

(ii)

x	$\cdots$	0	$\cdots$	2	$\cdots$
$f'(x)$	$-$	0	$+$	0	$-$
$f(x)$	$\searrow$	0	$\nearrow$	$4/e^2$	$\searrow$

(iii)

x	$-\frac{\pi}{2}$	$\cdots$	$\frac{\pi}{2}$	$\cdots$	$\frac{3\pi}{2}$
$f'(x)$		$+$	0	$-$	
$f(x)$		$\nearrow$	$\log 2$	$\searrow$	

(2) $f''(x) = (x^2 - 4x + 2)e^{-x}$ より $x = 2 \pm \sqrt{2}$ が変曲点の x 座標となる．(0 と 2 の間と，2 より大きいものがあると見当をつける．)

3.12 (1) $f(x) = x - \sin x$ とおくと，$f'(x) = 1 - \cos x$ より $f'(x) \geqq 0$ である．よって，$f(x) > f(0) = 0$.

(2) $f(x) = \sin x - x + \dfrac{x^3}{6}$ とおくと，$f(0) = 0$. $f'(x) = \cos x - 1 + \dfrac{x^2}{2}$ より $f'(0) = 0$. $f''(x) = -\sin x + x$ より $f''(0) = 0$ であり，(1) より $f''(x) > 0$ $(x > 0)$. よって，$f'(x) > 0$ $(x > 0)$ が成り立つ．$f(0) = 0$ だから $f(x) > 0$.

(3) $f(x) = \sin x - \dfrac{2}{\pi}x$ とおく．$f'(x) = \cos x - \dfrac{2}{\pi}$ より，$0 \leqq x \leqq \dfrac{\pi}{2}$ のとき f は $x = \arccos\left(\dfrac{2}{\pi}\right)$ において最大値をとる．$f(0) = f\left(\dfrac{\pi}{2}\right) = 0$ より，この区間上で $f(x) \geqq 0$. $y = \sin x$ が $\left[0, \dfrac{\pi}{2}\right]$ 上で上に凸であることを用いると速い．

3.13 (1) 数学的帰納法によって示す．$n = 1$ のときは自明であり，$n = 2$ のときは関数の凹性の定義そのものである．n まで正しいと仮定する．正の数 $c_1, \ldots, c_n, c_{n+1}$ が $c_1 + \cdots + c_n + c_{n+1} = 1$ を満たし，$x_1, \ldots, x_n, x_{n+1} \in I$ とする．$s = c_1 + \cdots + c_n, t = c_{n+1} = 1 - s$ とおき，

$$c_1x_1+\cdots+c_cx_n+c_{n+1}x_{n+1}=s\left(\frac{c_1}{s}x_1+\cdots+\frac{c_n}{s}x_n\right)+tx_{n+1}$$

と書くと，凹性の定義と帰納法の仮定より

$$\begin{aligned}f(c_1x_1+\cdots+c_cx_n+c_{n+1}x_{n+1}) &\geqq sf\left(\frac{c_1}{s}x_1+\cdots+\frac{c_n}{s}x_n\right)+tf(x_{n+1})\\ &\geqq s\left(\frac{c_1}{s}f(x_1)+\cdots+\frac{c_n}{s}f(x_n)\right)+c_{n+1}f(x_{n+1})\end{aligned}$$

となり，右辺を整理して結論を得る．

3.14 (3) $f(1)=-2<0, f(2)=7>0$ であり，$f''(x)=12x^2-4>0$ $(1\leqq x\leqq 2)$ である．したがって，ニュートン法により $a_1=2$，$a_{n+1}=a_n-\dfrac{f(a_n)}{f'(a_n)}=\dfrac{3a_n^4-2a_n^2+1}{4a_n(a_n^2-1)}$ によって数列 $\{a_n\}$ を定めれば，$n\to\infty$ のときの極限が $x^4-2x^2-1=0$ の根である．

3.15 (1) $P_1(x)=x$，$P_2(x)=\dfrac{3}{2}x^2-\dfrac{1}{2}$，$P_3(x)=\dfrac{5}{2}x^3-\dfrac{3}{2}x$.

(2) 与式の両辺を $(n+1)$ 回微分すると，$(x^2-1)p_n^{(n+2)}(x)+{}_{n+1}\mathrm{C}_1\cdot 2xp_n^{(n+1)}(x)+{}_{n+1}\mathrm{C}_2 2p_n^{(n)}(x)=2nxp_n^{(n+1)}(x)+2n\,{}_{n+1}\mathrm{C}_1p_n^{(n)}(x)$ となるので，整理すると

$$(x^2-1)p_n^{(n+2)}(x)+2xp_n^{(n+1)}(x)-n(n+1)p_n^{(n)}(x)=0$$

となる．これから結論が従う．

3.16 (1) $H_1(x)=x$，$H_2(x)=x^2-1$，$H_3(x)=x^3-3x$

(3) $g(x)=e^{-\frac{x^2}{2}}$ とおくと，$f(t)=g(x-t)$ である．両辺を t について n 回微分すると，$f^{(n)}(0)=(-1)^ng^{(n)}(x)=e^{-\frac{x^2}{2}}H_n(x)$ となるので

$$f(t)=e^{tx-\frac{t^2}{2}-\frac{x^2}{2}}=\sum_{n=0}^{\infty}\frac{f^{(n)}(0)}{n!}t^n=\sum_{n=0}^{\infty}\frac{H_n(x)}{n!}t^ne^{-\frac{x^2}{2}}.$$

(4) (3) から得られる等式

$$(x-t)\sum_{n=0}^{\infty}\frac{H_n(x)}{n!}t^n=\sum_{n=1}^{\infty}\frac{H_n(x)}{(n-1)!}t^{n-1}=\sum_{n=0}^{\infty}\frac{H_{n+1}(x)}{n!}t^n$$

の t^n の係数を比較する．

第4章 (不定積分の積分定数は省略する)

問 1. 例 1.5 を用いればよい．

問 2. (1) $\dfrac{1}{4}x^4$ (2) $\dfrac{1}{3}(x+2)^3$ (3) $2\sqrt{x}$ (4) $\dfrac{1}{3}\sin(3x)$ (5) $\dfrac{1}{2}e^{2x}$
(6) $\dfrac{1}{a}\sinh(ax)$ (7) $\log|x+5|$ (8) $-\cos(x+b)$

問 3. (1) $\dfrac{1}{10p}(px+q)^{10}$ (2) $\dfrac{1}{2}\sin(2x+3)$ (3) $\dfrac{1}{4}\sin(2x)+\dfrac{1}{2}x$ (4) $\dfrac{1}{\log 2}2^x$

問 4. (1) $-\dfrac{1}{x}-\log|x|$ (2) $\dfrac{1}{3}x^3+2x-\dfrac{1}{x}$ (3) $\dfrac{1}{7}x^7+\dfrac{1}{2}x^4+x$ (4) $\log\left|\dfrac{x+1}{x+2}\right|$

(5) $x-\dfrac{1}{2}\cos(2x)$ (6) $\displaystyle\int \frac{1}{2}(\sin(3x)-\sin(x))\,dx=-\frac{1}{6}\cos(3x)+\frac{1}{2}\cos x$

問 5. (1) $-x\cos x+\sin x$ (2) $-\dfrac{1}{2}xe^{-2x}-\dfrac{1}{4}e^{-2x}$ (3) $-\dfrac{1}{x}\log x-\dfrac{1}{x}$

(4) $x^2\sin x+2x\cos x-2\sin x$ (5) $x(\log x)^2-2x\log x+2x$

(6) $\dfrac{1}{2}e^x(\sin x+\cos x)$

問 6. (1) $\dfrac{43}{10}$ (2) $\dfrac{2e^3+1}{9}$ (3) π (4) $e-2$

(5) $\displaystyle\left[x\left(-\frac{1}{2(x+1)^2}\right)\right]_{x=0}^{1}+\int_0^1\frac{1}{2(x+1)^2}\,dx=\frac{1}{8}$

(6) $\displaystyle\int_0^1\sqrt{1-x^2}\,dx=\left[x\sqrt{1-x^2}\right]_{x=0}^{1}+\int_0^1\frac{x^2}{\sqrt{1-x^2}}\,dx=\int_0^1\frac{-(1-x^2)+1}{\sqrt{1-x^2}}\,dx$

$\displaystyle=-\int_0^1\sqrt{1-x^2}\,dx+\left[\arcsin x\right]_{x=0}^{1}$ となるので $\displaystyle\int_0^1\sqrt{1-x^2}\,dx=\frac{\pi}{4}$.

問 7. (1) $\sin(2t)-2t$ $(x=2\cos t)$ (2) t $(x=\sqrt{3}\sin t)$ (3) $\dfrac{1}{8}t-\dfrac{1}{32}\sin(4t)$

$(x=\sin t)$ (4) $\dfrac{1}{4}\sinh(2t)+\dfrac{1}{2}t$ $(x=\sinh t)$ (5) $\dfrac{1}{2}t$ $\left(x=\dfrac{1}{2}\cosh t\right)$

(6) $\dfrac{1}{4\sqrt{3}}\sinh(2t)-\dfrac{1}{2\sqrt{3}}t$ $\left(x=\dfrac{1}{\sqrt{3}}\cosh t\right)$

問 8. (1) $\dfrac{1}{10}(2x-5)^5$ (2) $\dfrac{1}{15}(x^3+1)^5$ (3) $-\dfrac{1}{2}e^{-x^2}$ (4) $\dfrac{1}{2}\log(x^2+9)$

(5) $\dfrac{1}{5}\sin^5 x$ (6) $-\dfrac{1}{3}\cos^3 x$ (7) $\log|\log x|$ (8) $\sqrt{x}=u$ とおいて置換積分すると，$\displaystyle\int\frac{2u}{1+u}\,du=\int\left(2-\frac{2}{u+1}\right)du$ となり，$2\sqrt{x}-2\log(1+\sqrt{x})$ となる．

(9) $\sqrt{e^x-1}=u$ とおいて置換積分すると，$\displaystyle\int\frac{2u^2}{u^2+1}\,du=\int\left(2-\frac{2}{u^2+1}\right)du$ となり，$2\sqrt{e^x-1}-2\arctan(\sqrt{e^x-1})$ となる．

問 9. (1) $\dfrac{122}{5}$ (2) $\dfrac{31}{15}$ (3) $\dfrac{e-1}{2e}$ (4) $\log\dfrac{5}{3}$ (5) $\dfrac{1}{5}$ (6) $\dfrac{2}{3}$ (7) $\log(1+\log 2)$

(8) $2(1-\log 3+\log 2)$ (9) $\dfrac{4-\pi}{2}$

問 10. (1) $2\log 2-\log 3$ (2) 被積分関数が $\dfrac{p}{x+1}+\dfrac{qx+r}{x^2+1}$ と一致するような定数 p,q,r を求める．$\dfrac{1}{2}\log 2+\dfrac{\pi}{4}$. (3) $\dfrac{x^2+x}{x^2+4}=1+\dfrac{x-4}{x^2+4}$ と書き直す．$2-\dfrac{\pi}{2}+\dfrac{1}{2}\log 2$

問 11. (1) $\dfrac{1}{2}\log\left|\dfrac{x-1}{x+1}\right|$ (2) $\dfrac{1}{x^3-1}=\dfrac{p}{x-1}+\dfrac{qx+r}{x^2+x+1}$ を満たす定数 p,q,r を求めて，$(x^2+x+1)'=2x+1$ と $x^2+x+1=\left(x+\dfrac{1}{2}\right)^2+\dfrac{3}{4}$ を用いて計算する．$\dfrac{1}{3}\log|x-1|-\dfrac{1}{6}\log(x^2+x+1)-\dfrac{1}{\sqrt{3}}\arctan\left(\dfrac{2}{\sqrt{3}}\left(x+\dfrac{1}{2}\right)\right)$

(3) $\dfrac{1}{x^4-1}=\dfrac{p}{x-1}+\dfrac{q}{x+1}+\dfrac{rx+s}{x^2+1}$ を満たす定数 p,q,r,s を求める．

$\dfrac{1}{4}\log\left|\dfrac{x-1}{x+1}\right| - \dfrac{1}{2}\arctan x$

問 12. (1) $\dfrac{1}{4}\tan^2\dfrac{x}{2} + \tan\dfrac{x}{2} + \dfrac{1}{2}\log\left|\tan\dfrac{x}{2}\right|$ (2) $\dfrac{2}{1-a^2}\arctan\left(\dfrac{1+a}{1-a}\tan\dfrac{x}{2}\right)$

問 13. (1) $\tan x - \dfrac{1}{\tan x}$ (2) $t = \tan x$ とおくと $\displaystyle\int \frac{5}{2+\tan x}dx =$ $\displaystyle\int\left(\frac{1}{t+2} - \frac{t}{t^2+1} + \frac{2}{t^2+1}\right)dt$ となる．右辺を計算して整理すると，$\log(\sin x + 2\cos x) + 2x$.

問 15. (1) $\dfrac{1}{1-p}$ (2) 2 (3) 2 (4) $x = \sin^2 t$ とおいて置換積分．$\dfrac{\pi}{2}$

問 16. (1) $\dfrac{1}{p-1}$ (2) $\dfrac{1}{p-1}$ (3) $\dfrac{1}{2}$ (4) π (5) $\dfrac{2}{3}\log 2$ (6) $\dfrac{\sqrt{3}\pi}{6} - \dfrac{1}{6}\log 3$

問 17. (1), (2) $\displaystyle\int_1^\infty \frac{1}{x^2}\,dx$ が収束することと，$x \geqq 1$ に対して被積分関数が $\dfrac{1}{x^2}$ 以下であることから収束がわかる．

(3) $\displaystyle\int_0^\infty e^{-x}dx$ が収束し，$|e^{-x}\sin x| \leqq e^{-x}$ より収束がわかる．

問 19. (1) $\displaystyle\int_1^2 \sqrt{1+\left(\frac{1}{x}\right)^2}dx = \int_1^2 \frac{\sqrt{1+x^2}}{x}\,dx = \int_{\sqrt{2}}^{\sqrt{5}} \frac{t^2}{t^2-1}\,dt =$ $\sqrt{5} - \sqrt{2} + \log\dfrac{(\sqrt{5}-1)(\sqrt{2}+1)}{2}$ ($\sqrt{1+x^2} = t$ とおいて置換積分)

(2) $\alpha > 0$ を $\sinh\alpha = 1$ なる実数とすると，$\displaystyle a\int_0^1 \sqrt{1+t^2}\,dt = a\int_0^\alpha \cosh^2 u\,du =$ $a\left(\dfrac{1}{2}\alpha + \dfrac{1}{4}\sinh(2\alpha)\right) = \dfrac{\alpha}{2}(\log(1+\sqrt{2}) + \sqrt{2})$. (3) $\dfrac{a\sqrt{b^2+1}\,(e^{2\pi b}-1)}{b}$

(4) $\displaystyle\int_0^{2\pi} a\sqrt{(1-\cos t)^2 + \sin^2 t}\,dt = a\int_0^{2\pi}\sqrt{2(1-\cos t)}\,dt = 8a$

問 21. (1) 直線 $y = \dfrac{r}{h}x$ の $0 \leqq x \leqq h$ の部分を x 軸のまわりに回転してできる円錐の体積は $\displaystyle\int_0^h \pi\left(\frac{r}{h}x\right)^2 dx = \frac{1}{3}\pi r^2 h$, 側面積は $\displaystyle\int_0^h 2\pi\frac{r}{h}x\sqrt{1+\left(\frac{r}{h}\right)^2}dx = \pi r\sqrt{h^2+r^2}$.

(2) 体積 $\displaystyle\int_{-1}^1 \pi\left(\frac{1}{a}\cosh(ax)\right)^2 dx = \frac{\pi}{a^2}\left(1+\frac{\sinh(2a)}{2a}\right)$,

側面積 $\displaystyle\int_{-1}^1 2\pi\frac{1}{a}\cosh(ax)\sqrt{1+\sinh^2(ax)}\,dx = \frac{2\pi}{a}\left(1+\frac{\sinh(2a)}{2a}\right)$.

(3) 体積 $\displaystyle\int_{-1}^1 \pi(1-x^2)^2\,dx = \frac{16\pi}{15}$，表面積は $\displaystyle 2\pi\int_{-1}^1 (1-x^2)\sqrt{1+(-2x)^2}\,dx =$ $\displaystyle 4\pi\int_0^1 (1-x^2)\sqrt{1+4x^2}\,dx$. $x = \dfrac{1}{2}\sinh t$ によって置換積分をすると，$\beta > 0$ を $\sinh\beta = 2$ なる実数として $\displaystyle 4\pi\int_0^c \left(1-\frac{1}{4}\sinh^2 t\right)\cosh t\,dt = \frac{16\pi}{3}$.

(4) $\dfrac{\pi e}{3} - \displaystyle\int_1^e \pi(\log x)^2\,dx = \Bigl(2-\dfrac{2}{3}e\Bigr)\pi$

問 22. (1) $\pi\displaystyle\int_{-2}^{6}\Bigl(\dfrac{y-4}{2}\Bigr)^2 dy = \dfrac{56}{3}\pi$ (2) $\pi\displaystyle\int_{-b}^{b} a^2\Bigl(1-\dfrac{y^2}{b^2}\Bigr)dy = \dfrac{4\pi a^2 b}{3}$, $\dfrac{4\pi ab^2}{3}$

問 23. (1) $x(t) = Ce^{-2t}$, $x(t) = 2e^{-2t}$ (2) $x(t) = Ce^{t^2+t}$, $x(t) = -e^{t^2+t}$

(3) $x(t) = Ce^{-3t} + \dfrac{1}{10}(3\sin t - \cos t)$, $x(t) = \dfrac{1}{10}(11e^{-3t} + 3\sin t - \cos t)$

問 24. (1) $x(t) = Ce^{\frac{1}{3}t^2}$, $x(t) = e^{\frac{1}{3}t^3}$ (2) $x(t) = \dfrac{-2}{t^2+C}$, $x(t) = \dfrac{-2}{t^2-2}$

(3) $x(t) = \log(t+C)$, $x(t) = \log(t+e)$

問 25. $\dfrac{x'(t)}{(x(t)-2)(x(t)+1)} = 1$ と変形すると，部分分数展開を用いると左辺が置換積分できる．$x(t) = \dfrac{2+Ce^{3t}}{1-Ce^{3t}}$

章末問題

4.1 (1) $\dfrac{1}{4}\sin^4 x$ (2) $\dfrac{1}{12}\sin(3x) + \dfrac{3}{4}\sin x$ または $\sin x - \dfrac{1}{3}\sin^3 x$ ($\cos(3x) = 4\cos^3 x - 3\cos x$ を用いるか $\cos^3 x = (1-\sin^2 x)\cos x$ と変形して置換積分)
(3) $\dfrac{2}{3}x^{\frac{3}{2}}\log x - \dfrac{4}{9}x^{\frac{3}{2}}$ (部分積分) (4) $\dfrac{1}{4}x^2 - \dfrac{1}{4}x\sin(2x) - \dfrac{1}{8}\cos(2x)$ ($\cos(2x) = 1 - 2\sin^2 x$ を用いて変形後，部分積分) (5) $-\log|1-x| - \dfrac{2}{1-x} + \dfrac{1}{2(1-x)^2}$ ($1-x=t$ によって置換積分) (6) $\dfrac{1}{9}\Bigl(\log|3x-1| - \dfrac{4}{3x-1}\Bigr)$ ($3x-1=t$ によって置換積分) (7) $\dfrac{1}{2}\log(x^2+1) + \dfrac{1}{2(x^2+1)}$ (分子を $(x^2+1)x - x$ と変形する．または $t = x^2+1$ によって置換積分) (8) $\dfrac{1}{2}x^2 - \dfrac{1}{2}\log(x^2+1)$ $\Bigl(\dfrac{x^3}{x^2+1} = x - \dfrac{x}{x^2+1}\Bigr)$
[(5), (6) は部分積分を用いても計算できるが，最終形が定数分異なる．]

4.2 (1) $\dfrac{n}{(n+1)^2}e^{n+1} + \dfrac{1}{(n+1)^2}$ (部分積分) (2) $\dfrac{\pi^2}{4}$ ($\cos(2x) = 2\cos^2 x - 1$ を用いて変形後，部分積分) (3) e (部分積分) (4) $\dfrac{2^{n+1}-1}{2(n+1)}$ ($x^2+1=t$ によって置換積分) (5) $\dfrac{2}{3}$ ($\sin(3x) = 3\sin x - 4\sin^3 x$ を用いるか $\sin^3 x = (1-\cos^2 x)\sin x$ と変形して置換積分) (6) $\log 2$ (7) $\dfrac{\pi}{3}$ (8) $-\dfrac{1}{5}(3\log 2 - \log 3)$ (部分分数展開)
(9) $\dfrac{\pi}{4}$ (分母を $(x+1)^2+1$ と変形後，$x+1=t$ によって置換積分) (10) $\dfrac{1}{2}\log 2$ (部分分数展開) (11) $\dfrac{\pi}{3\sqrt{3}}$ (12) $\dfrac{\pi}{3\sqrt{3}}$

4.3 (1) $\displaystyle\int_0^1 \sqrt{x}\,dx = \dfrac{2}{3}$ (2) $\displaystyle\int_0^1 \dfrac{1}{\sqrt{x}}\,dx = 2$ (3) $\displaystyle\int_0^1 \dfrac{1}{1+x}\,dx = \log 2$

(4) $\displaystyle\int_0^1 \frac{1}{\sqrt{x^2+1}}\,dx = \log(1+\sqrt{2})$ (4) は $x = \sinh t$ とおいて置換積分する．$\sinh\alpha = 1$ となる $\alpha > 0$ が $\log(1+\sqrt{2})$.

4.4 (1) $m \neq n$ かつ $m \neq -n$ のとき 0, $m = n \neq 0$ のとき π, $m = n = 0$ のとき 0, $m = -n \neq 0$ のとき $-\pi$. (2) $m \neq n$ かつ $m \neq -n$ のとき 0, $m = n \neq 0$ のとき π, $m = n = 0$ のとき 2π, $m = -n \neq 0$ のとき π. (3) すべての m, n に対して 0.

4.5 $0 < p \leqq 1$ のとき f は $[1,\infty)$ 上で積分可能ではない．また，$p \geqq 1$ のとき f は $(0,1]$ 上で積分可能でない．

4.6 ここでは，$0 < p, q < 1$ のときのみ示す．$0 < x \leqq \frac{1}{2}$ に対して $0 \leqq f(x) \leqq \left(\frac{1}{2}\right)^{q-1} x^{p-1}$ であり，$g_1(x) = \left(\frac{1}{2}\right)^{q-1} x^{p-1}$ は $(0, \frac{1}{2}]$ 上積分可能であるから，問題前半より $f(x)$ も $(0, \frac{1}{2}]$ 上積分可能である．

$\frac{1}{2} \leqq x \leqq 1$ に対して $0 \leqq f(x) \leqq \left(\frac{1}{2}\right)^{p-1}(1-x)^{q-1}$ であり，$g_2(x) = \left(\frac{1}{2}\right)^{p-1}(1-x)^{q-1}$ は $[\frac{1}{2}, 1)$ 上積分可能である．したがって，問題前半の主張を $[\frac{1}{2}, 1)$ 上の広義積分に対して書き換えれば，$f(x)$ が $[\frac{1}{2}, 1)$ 上積分可能であることがわかる．

4.7 (1) 部分積分を 2 回繰り返す (例題 4.11(3) 参照)．(2) $I = \dfrac{b}{a^2+b^2}$，$J = \dfrac{a}{a^2+b^2}$ (3) $-\dfrac{a}{a^2+b^2}e^{-ax}\sin(bx) - \dfrac{b}{a^2+b^2}e^{-ax}\cos(bx)$, $\dfrac{b}{a^2+b^2}e^{-ax}\sin(bx) - \dfrac{a}{a^2+b^2}e^{-ax}\cos(bx)$

4.8 積分を計算すると $\dfrac{2^{n+1}-1}{n+1}$．$(1+x)^n$ を展開して積分の計算をすると $\displaystyle\sum_{k=0}^{n} {}_n\mathrm{C}_k \int_0^1 x^k\,dx = \sum_{k=0}^{n} {}_n\mathrm{C}_k \frac{1}{k+1}$ となる．

4.9 (1) $I_1 = 1, I_2 = \dfrac{\pi}{4}$ (2) $\sin^n x = \sin^{n-1} x(-\cos x)'$ と考えて部分積分．

(3) $t = \cos x$ によって置換積分すると，$\displaystyle\int_0^{\frac{\pi}{2}} \sin^{2n+1} x\,dx = \frac{2n(2n-2)\cdots 4\cdot 2}{(2n+1)(2n-1)\cdots 3\cdot 1}$.

4.11 (1) (i) $m = 1$ または $n = 1$ のときは容易に確かめられる．$m, n \geqq 2$ のときは，部分積分により，$B(m,n) = \dfrac{n-1}{m}B(m+1, n-1)$ がわかる．これを繰り返すと，$B(m,n) = \dfrac{(n-1)\cdots 2\cdot 1}{m\cdots(m+n-2)}\displaystyle\int_0^1 x^{m+n-2}dx = \frac{(n-1)!(m-1)!}{(m+n-1)!}$ となる．(ii) $x = \dfrac{1}{t+1}$ による置換積分．(2) $(b-a)^{m+n+1}B(m+1, n+1) = \dfrac{m!n!(b-a)^{m+n+1}}{(m+n+1)!}$ $(b - x = (b-a)t$ による置換積分$)$.

4.12 (1) $t=\tan\dfrac{x}{2}$ によって置換積分をし，次に $t=\sqrt{\dfrac{a-1}{a+1}}\tan\theta$ による置換積分をする． (2) $\dfrac{2\pi}{3\sqrt{3}}$ [(1) の結果の両辺を a で微分して $a=2$ を代入する．]

4.13 $\dfrac{(-1)^m m!}{(p+1)^{m+1}}$

4.14 (1) $a\neq 1$ であれば，$\tan x=at$ によって置換積分をすると

$$J(a)=2\int_0^\infty \frac{1}{(t^2+1)(a^2t^2+1)}\,dt=\frac{2}{1-a^2}\int_0^\infty\left(\frac{1}{t^2+1}-\frac{a^2}{a^2t^2+1}\right)dt=\frac{\pi}{a+1}$$

となる．$t=\tan x$ による置換積分でも同様である．$a=1$ のときは，$J(1)=\displaystyle\int_0^{\frac{\pi}{2}}2\cos^2 x\,dx=\frac{\pi}{2}$ となり，すべての $a>0$ に対して $J(a)=\dfrac{\pi}{a+1}$.

(2) $I(1)=0$ より $I(a)=\pi\log\dfrac{a+1}{2}$.

第5章

問 1. (1) $f_x=5+y$，$f_y=-4+x$ (2) $f_x=12x^2+4xy$，$f_y=2x^2-9y^2$

(3) $f_x=-\dfrac{1}{x}$，$f_y=\dfrac{1}{y}$ (4) $f_x=\dfrac{3y}{(x+y)^2}$，$f_y=\dfrac{-3x}{(x+y)^2}$

(5) $\tan(f(x,y))=\dfrac{y}{x}$ の両辺を x で微分すると $\dfrac{f_x(x,y)}{\cos^2(f(x,y))}=-\dfrac{y}{x^2}$ となるから，

$1+\tan^2 f=\dfrac{1}{\cos^2 f}$ より $f_x=\dfrac{-y}{x^2+y^2}$. 同様に，$f_y=\dfrac{x}{x^2+y^2}$.

(6) $f_x=e^{3y}$，$f_y=(3x+3y+1)e^{3y}$

問 2. (1) $f_{xx}=24x+4y$，$f_{xy}=4x$，$f_{yy}=-18y$

(2) $f_{xx}=0$，$f_{xy}=3e^{3y}$，$f_{yy}=3(3x+3y+2)e^{3y}$

問 3. (1) $f_x=2x-2y$，$f_y=-2x+6y$ より

$(2(2t+3)-2t^2)\times 2+(-2(2t+3)+6t^2)\times 2t=12t^3-12t^2-4t+12.$

問 4. (1) $f_x(a+ht,b+kt)h+f_y(a+ht,b+kt)k$

(2) $f_x(\sin t,\cos t)\cos t-f_y(\sin t,\cos t)\sin t$

問 6. (1) $\dfrac{\partial^2}{\partial r^2}f(r\cos\theta,r\sin\theta)=f_{xx}(r\cos\theta,r\sin\theta)\cos^2\theta+$

$2f_{xy}(r\cos\theta,r\sin\theta)\sin\theta\cos\theta+f_{yy}(r\cos\theta,r\sin\theta)\sin^2\theta,$

$\dfrac{\partial^2}{\partial\theta^2}f(r\cos\theta,r\sin\theta)=f_{xx}(r\cos\theta,r\sin\theta)r^2\sin^2\theta-$

$2f_{xy}(r\cos\theta,r\sin\theta)r^2\sin\theta\cos\theta+f_{yy}(r\cos\theta,r\sin\theta)r^2\cos^2\theta-$

$f_x(r\cos\theta,r\sin\theta)r\cos\theta-f_y(r\cos\theta,r\sin\theta)r\sin\theta$

問 8. (1) $1+x+\dfrac{1}{2}(x^2-y^2)+R_3$ (2) $y+\left(xy+\dfrac{1}{2}y^2\right)+R_3$

(3) $1+3x+9y+3(x^2+6xy+9y^2)+R_3$

問 9. (1) $x+y+\sqrt{2}z=2$ (2) $z=2x+2y$

問 10. (1) $dx + 2\log 2\ dy$　(2) 2.062

問 11. (1) $(0,0)$ が鞍点, $(1,1)$ で極小値 -1 をとる．　(2) $(0,0)$ が鞍点, $(2,0), (-2,0)$ で極小値 -16 をとる．　(3) $\left(\frac{1}{2}, \frac{1}{2}\right)$ で極大値 $e^{-\frac{1}{2}}$, $\left(-\frac{1}{2}, -\frac{1}{2}\right)$ で極小値 $-e^{-\frac{1}{2}}$ をとる．　(4) $(2,1)$ で極小値 6.

問 12. 辺の長さの和を $3c$, 底面のたて，横の長さを x, y とすると，体積は $f(x,y) = xy(3c - x - y)$ である．$f_x = f_y = 0$ となるのは $x = y = c$ のとき，つまり立方体のときである．さらに $f_{xx}(c,c) = -2c$, $f_{xy}(c,c) = -c$, $f_{yy}(c,c) = -2c$ より，このとき極大であることがわかる．$0 \leqq x \leqq 3c$, $0 \leqq y \leqq 3c$, $x + y \leqq 3c$ で定まる有界な領域で考えているので，このときが最大である．

問 13. (1) $y' = -\dfrac{x^2 - y}{x - y^2}$ より $y = x^2$ を与式に代入すると $x^6 - 2x^3 = 0$ となり，$x = \sqrt[3]{2}$ において $y' = 0$. なお，$x = 0$ の近くでは陰関数を定めることができない．
(2) $y''(\sqrt[3]{2}) = -2$　(3) $x = \sqrt[3]{2}$ のとき，極大値 $\sqrt[3]{4}$ をとる．

問 14. (1) $f_1(x,y) = xy$ は，$\left(\pm 1, \pm\frac{1}{\sqrt{2}}\right)$ において最大値 $\frac{1}{\sqrt{2}}$, $\left(\pm 1, \mp\frac{1}{\sqrt{2}}\right)$ において最小値 $-\frac{1}{\sqrt{2}}$ をとる．$f_2(x,y) = x + y$ は，$\left(\frac{2}{\sqrt{3}}, \frac{1}{\sqrt{3}}\right)$ において最大値 $\sqrt{3}$, $\left(-\frac{2}{\sqrt{3}}, -\frac{1}{\sqrt{3}}\right)$ において最小値 $-\sqrt{3}$ をとる．　(2) $f_1(x,y) = xy$ は，$(x,y) = (\pm 2, \mp 1)$ で最小値 -2, $\left(\pm\frac{2}{\sqrt{3}}, \pm\frac{1}{\sqrt{3}}\right)$ で最大値 $\frac{2}{3}$ をとる．$f_2(x,y) = x + y$ は，$(2,0)$ で最大値 2, $(-2,0)$ で最小値 -2 をとる．ただし，複号はすべて同順である．

問 15. $g(x,y) = x^2 + y^2 - 4 = 0$ のもとでの $f(x,y) = (x-4)^2 + (y-2)^2$ の最大値，最小値を求める．$\left(\frac{4}{\sqrt{5}}, \frac{2}{\sqrt{5}}\right)$ がもっとも近くて距離 $2(\sqrt{5} - 1)$, $\left(-\frac{4}{\sqrt{5}}, -\frac{2}{\sqrt{5}}\right)$ がもっとも遠くて距離 $2(\sqrt{5} + 1)$.

章末問題

5.1 $z = -\dfrac{k}{a^2 b}x - \dfrac{k}{ab^2}y + \dfrac{3k}{ab}$. この平面の通る $(3a,0,0), (0,3b,0), \left(0,0,\frac{3k}{ab}\right)$ および原点が三角錐の頂点で，体積は $\frac{9}{2}k$.

5.3 $z = z(r,\theta) = f(r\cos\theta, r\sin\theta)$ とするとき，(1) は $\dfrac{\partial z}{\partial \theta} = 0$, (2) は $\dfrac{\partial z}{\partial r} = 0$ を連鎖律を用いて示す．

5.4 (1) $(a^2 - b^2)e^{ax}\sin(by)$　(2) 0　(3) 0

5.5 $\Delta g = 2\Delta f + x(f_{xxx} + f_{xyy}) + y(f_{xxy} + f_{yyy}) = x(f_{xx} + f_{yy})_x + y(f_{xx} + f_{yy})_y = x(\Delta f)_x + y(\Delta f)_y = 0.$

5.8 (1) $f(x,y) = 9 + 9\log 3(x-2) + 6(y-3) + R_2$　(2) 9.258

5.9 (1) $1 - 4x + (6x^2 + 8y^2) + R_3$　(2) $-x + 2y + \left(-\frac{1}{2}x^2 + 2xy - 2y^2\right) + R_3$

5.10 (1) $(2,12)$ で極小値 -24 をとる． (2) $(\pm1,\pm1)$ で極大値 2 をとる．$(0,0)$ は停留点だが鞍点である． (3) $(0,0)$ で極小値 0, $(\pm1,0)$ で極大値 $\dfrac{2}{e}$ をとる．$(0,\pm1)$ も停留点だが鞍点である． (4) $\left(\dfrac{1}{3},\dfrac{1}{3}\right)$ で極大値 $-3\log 3$ をとる． (5) $f_x=\cos x-\sin(x+y)=0, f_y=\cos y-\sin(x+y)=0$ より $\cos x=\cos y$．$\cos x$ は $[0,\pi]$ で単調減少だから $x=y$．よって，停留点の x 座標は $f_x(x,x)=\cos x-\sin(2x)=0$ より $\dfrac{\pi}{6},\dfrac{\pi}{2},\dfrac{5\pi}{6}$ となる．$\left(\dfrac{\pi}{6},\dfrac{\pi}{6}\right),\left(\dfrac{5\pi}{6},\dfrac{5\pi}{6}\right)$ で極大値 $\dfrac{3}{2}$ をとり，$\left(\dfrac{\pi}{2},\dfrac{\pi}{2}\right)$ は鞍点.

5.11 $f(x,y)=(s-x)(s-y)(s-(2s-x-y))$ を最大にする (x,y) を $0<x,y<s$ の範囲で求める．$(x,y)=\left(\dfrac{2s}{3},\dfrac{2s}{3}\right)$ のときただ一つの極値をとり，ここで極大かつ最大であることを示す.

5.12 底面のたて, 横の長さを x,y とする．$f(x,y)=xy+x\dfrac{a^3}{xy}+y\dfrac{a^3}{xy}=xy+\dfrac{a^3}{x}+\dfrac{a^3}{y}$ とおくと，f は $(x,y)=(a,a)$ でただ一つの極値をもち，ここで極小かつ最小値をとる.

5.13 三角形の各頂点と中心を結ぶ線分のなす角を $x,y,2\pi-x-y$ とすると，三角形の面積は $\dfrac{a^2}{2}\big(\sin x+\sin y+\sin(2\pi-x-y)\big)$ となる．これを (x,y) の関数と考えて，(x,y) が $x,y>0,\ \pi<x+y<2\pi$ を満たすときの最大値を求める．$x=y=\dfrac{2\pi}{3}$ のとき，つまり正三角形のとき最大となる.

5.14 $f(x,y)=\sum\limits_{k=1}^{n}\left\{(x-a_k)^2+(y-b_k)^2\right\}$ を最小にする (x,y) を求める．$(x,y)=\left(\dfrac{1}{n}\sum\limits_{k=1}^{n}a_k,\dfrac{1}{n}\sum\limits_{k=1}^{n}b_k\right)$ のとき極小かつ最小となる．なお，平方完成することによっても示すことができる.

5.15 $S_{\xi\xi}=\dfrac{1}{n}\sum\limits_{k=1}^{n}\xi^2-\bar{\xi}^2,\ S_{\xi\eta}=\dfrac{1}{n}\sum\limits_{k=1}^{n}\xi_k\eta_k-\bar{\xi}\bar{\eta}$ に注意して, $f_a(a,b)=f_b(a,b)=0$ を満たす (a,b) を求める.

5.16 (1) $(0,\pm1)$ で最大値 3, $(\pm1,0)$ で最小値 1 をとる.
(2) $\left(\pm\dfrac{2}{\sqrt{5}},\pm\dfrac{1}{\sqrt{5}}\right)$ で最大値 2, $\left(\pm\dfrac{1}{\sqrt{5}},\mp\dfrac{2}{\sqrt{5}}\right)$ で最小値 -3 をとる.
(3) $(1,0),(0,1)$ で最大値 1, $(-1,0),(0,-1)$ で最小値 -1 をとる.

5.17 (1) 直線上の点 $(x,5-x)$ と (p,q) の距離の 2 乗 $(x-p)^2+(5-x-q)^2$ を平方完成すればよい． (2) 条件 $x^2+4y^2-4=0$ のもとでの, $f(x,y)=(x+y-5)^2$ の最大値, 最小値を求めればよい．$\left(-\dfrac{4}{\sqrt{5}},-\dfrac{1}{\sqrt{5}}\right)$ のとき距離は最大で $\dfrac{5+\sqrt{5}}{\sqrt{2}}$, $\left(\dfrac{4}{\sqrt{5}},\dfrac{1}{\sqrt{5}}\right)$ のとき最小で $\dfrac{5-\sqrt{5}}{\sqrt{2}}$ となる.

第 6 章

問 1.

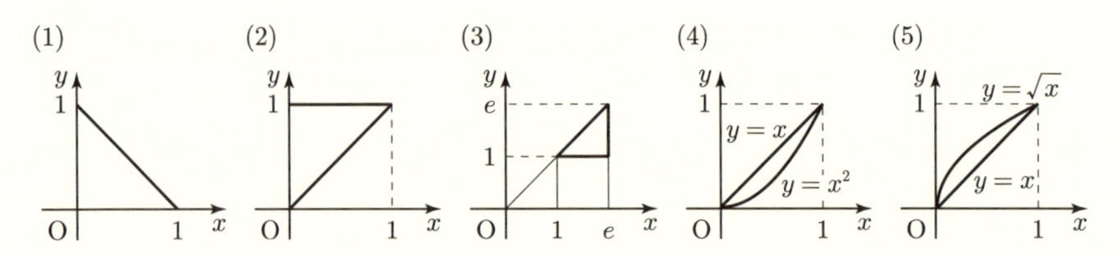

(1) $\{(x,y)\mid 0\leqq x\leqq 1,\ 0\leqq y\leqq 1-x\}=\{(x,y)\mid 0\leqq y\leqq 1,\ 0\leqq x\leqq 1-y\}$

(2) $\{(x,y)\mid 0\leqq x\leqq 1,\ x\leqq y\leqq 1\}=\{(x,y)\mid 0\leqq y\leqq 1,\ 0\leqq x\leqq y\}$

(3) $\{(x,y)\mid 1\leqq x\leqq e,\ 1\leqq y\leqq x\}=\{(x,y)\mid 1\leqq y\leqq e,\ y\leqq x\leqq e\}$

(4) $\{(x,y)\mid 0\leqq x\leqq 1,\ x^2\leqq y\leqq x\}=\{(x,y)\mid 0\leqq y\leqq 1,\ y\leqq x\leqq \sqrt{y}\}$

(5) $\{(x,y)\mid 0\leqq x\leqq 1,\ x\leqq y\leqq \sqrt{x}\}=\{(x,y)\mid 0\leqq y\leqq 1,\ y^2\leqq x\leqq y\}$

問 2. (1) 2　(2) 9　(3) 2

問 3. (1) $\displaystyle\int_0^1\left\{\int_0^{1-x}(x+y)\,dy\right\}dx=\int_0^1\left\{\int_0^{1-y}(x+y)\,dx\right\}dy=\frac{1}{3}.$

(2) $\displaystyle\int_0^1\left\{\int_0^{3-3x}(x+y)\,dy\right\}dx=\int_0^3\left\{\int_0^{1-\frac{y}{3}}(x+y)\,dx\right\}dy=2.$

(3) $\displaystyle\int_0^{\frac{\pi}{2}}\left\{\int_0^{\frac{\pi}{2}-x}\cos(x+y)\,dy\right\}dx=\int_0^{\frac{\pi}{2}}\left\{\int_0^{\frac{\pi}{2}-y}\cos(x+y)\,dx\right\}dy=\frac{\pi}{2}-1.$

問 4. (1) $\displaystyle\int_{-1}^1\left\{\int_{x^2-1}^0 x^2y\,dy\right\}dx$ または $\displaystyle\int_{-1}^0\left\{\int_{-\sqrt{y+1}}^{\sqrt{y+1}} x^2y\,dx\right\}dy$ より $\displaystyle -\frac{8}{105}.$

(2) $\displaystyle\int_1^e\left\{\int_0^{\log x} xe^y dy\right\}dx$ または $\displaystyle\int_0^1\left\{\int_{e^y}^e xe^y dx\right\}dy$ より $\displaystyle\frac{e^3}{3}-\frac{e^2}{2}+\frac{1}{6}.$

(3) $\displaystyle\int_0^1\left\{\int_{-x}^x y^2dy\right\}dx=\frac{1}{6}.$ たて線集合として計算するほうがやさしい.

(4) $\displaystyle\int_0^1\left\{\int_y^{2-y} xy\,dx\right\}dy=\frac{1}{3}.$ 横線集合として計算するほうがやさしい.

(5) $\displaystyle\int_0^1\left\{\int_0^{\sqrt{1-x^2}} x\,dy\right\}dx=\int_0^1\sqrt{1-x^2}x\,dx$ または $\displaystyle\int_0^1\left\{\int_0^{\sqrt{1-y^2}} x\,dx\right\}dy=$ $\displaystyle\int_0^1\frac{1}{2}(1-y^2)\,dy$ より $\displaystyle\frac{1}{3}.$

問 5. (1) $\displaystyle\int_0^1\left\{\int_0^x e^{x^2}dy\right\}dx=\int_0^1 e^{x^2}x\,dx=\frac{1}{2}(e-1)$

(2) $\displaystyle\int_0^{\sqrt{\pi}}\left\{\int_0^y \sin(y^2)\,dx\right\}dy=\int_0^{\sqrt{\pi}}\sin(y^2)y\,dy=\left[-\frac{1}{2}\cos(y^2)\right]_{y=0}^{\sqrt{\pi}}=1$

問 6. (1) $\displaystyle\int_0^2\left\{\int_0^y f(x,y)\,dx\right\}dy$　(2) $\displaystyle\int_0^1\left\{\int_y^{\sqrt{y}} f(x,y)\,dx\right\}dy$

(3) $\displaystyle\int_0^{\frac{\pi}{2}}\left\{\int_0^{\cos y} f(x,y)\,dx\right\}dy$ (4) $\displaystyle\int_0^1\left\{\int_0^x f(x,y)\,dy\right\}dx$

(5) $\displaystyle\int_0^1\left\{\int_{x^2}^1 f(x,y)\,dy\right\}dx$ (6) $\displaystyle\int_0^1\left\{\int_{\sqrt{x}}^1 f(x,y)\,dy\right\}dx$

(7) $\displaystyle\int_0^1\left\{\int_{-y}^y f(x,y)\,dx\right\}dy$

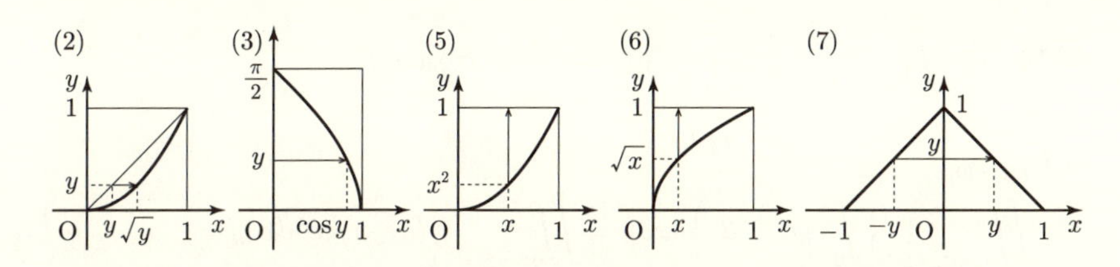

問 7. (1) $\displaystyle\int_0^2\left\{\int_0^y \sqrt{4-y^2}\,dx\right\}dy = \int_0^2 y\sqrt{4-y^2}\,dy = \frac{8}{3}$

(2) $\displaystyle\int_0^1\left\{\int_0^y e^{-y^2}\,dx\right\}dy = \int_0^1 ye^{-y^2}\,dy = \frac{1}{2}\left(1-\frac{1}{e}\right)$

問 8. (1) $\displaystyle 2\pi\int_1^{\sqrt{2}} \log(r^2)r\,dr = \pi(2\log 2 - 1)$

(2) $\displaystyle\int_0^a\left\{\int_0^{2\pi}\left(r^2\cos^2\theta + \frac{1}{2}r^2\sin^2\theta\right)d\theta\right\}r\,dr = \frac{3}{8}\pi a^4$

問 9. (1) $\displaystyle\iint_{[0,1]\times[0,1]} u\frac{1}{2}\,dudv = \frac{1}{4}$ (2) $\displaystyle\iint_{[0,\pi]\times[0,\pi]} v\sin(u)\frac{1}{2}\,dudv = \frac{\pi^2}{2}$

問 10. (1) 2π (2) $\displaystyle 2\pi\int_0^1 \frac{1}{\sqrt{1-r^2}}r\,dr = 2\pi$

問 11. 極座標を用いると，積分は $\displaystyle\frac{\pi}{2}\int_0^\infty (1+r^2)^{-a}r\,dr$ に等しい．この広義積分が収束するための条件は $a>1$ であり，このとき重積分の値は $\displaystyle\frac{\pi}{4(a-1)}$．

問 12. (1) $\displaystyle 2\iint_{x^2+y^2\leqq 1}\sqrt{2-(x^2+y^2)}\,dxdy = 4\pi\int_0^1\sqrt{2-r^2}r\,dr$
$\displaystyle = \frac{4\pi}{3}(2\sqrt{2}-1)$ (2) $\displaystyle\iint_{x^2+y^2\leqq 1}\{\sqrt{2-(x^2+y^2)}-(x^2+y^2)\}\,dxdy =$
$\displaystyle 2\pi\int_0^1(\sqrt{2-r^2}-r^2)r\,dr = \frac{(8\sqrt{2}-7)\pi}{6}$

問 13. (1) $\displaystyle 2\iint_{x^2+y^2\leqq 2}\sqrt{1+\left(\frac{-x}{\sqrt{4-x^2-y^2}}\right)^2+\left(\frac{-y}{\sqrt{4-x^2-y^2}}\right)^2}\,dxdy$
$\displaystyle = 8\pi\int_0^{\sqrt{2}}\frac{1}{\sqrt{4-r^2}}r\,dr = 8\pi(2-\sqrt{2})$

(2) $\displaystyle\iint_{x^2+y^2\leqq 3}\sqrt{1+\Big(\frac{-x}{\sqrt{4-x^2-y^2}}\Big)^2+\Big(\frac{-y}{\sqrt{4-x^2-y^2}}\Big)^2}dxdy=$

$\displaystyle 4\pi\int_0^{\sqrt{3}}\frac{1}{\sqrt{4-r^2}}r\,dr=4\pi$

問 14. D を例題 6.20 の解答と同じ領域として $\displaystyle\iint_D 4\Big(1-\frac{x}{2}-\frac{y}{3}\Big)dxdy$ を計算すると 4.

問 15. (1) $\displaystyle\iint_{[0,\pi]\times[0,\pi]}\Big\{\int_0^{\pi}(x-y)\sin(x+z)\,dz\Big\}dxdy=$

$\displaystyle\iint_{[0,\pi]\times[0,\pi]}2(x-y)\cos x\,dxdy=-4\pi$

(2) $\displaystyle\iint_{0\leqq y\leqq x\leqq 1}\Big\{\int_0^1 ye^{x+z}dz\Big\}dxdy=\iint_{0\leqq y\leqq x\leqq 1}(e-1)ye^x\,dxdy=$

$\displaystyle\frac{(e-1)(e-2)}{2}$

問 16. (1) $\displaystyle\iint_{x^2+y^2\leqq 1}\Big\{\int_0^1(x^2+yz)\,dz\Big\}dxdy=\iint_{x^2+y^2\leqq 1}\Big(x^2+\frac{1}{2}y\Big)dxdy=\frac{\pi}{4}$

(2) $\displaystyle\int_0^3\Big\{\int_0^{\pi/2}\Big\{\int_0^{2\pi}r\cos\theta\cdot r^2\sin\theta\,d\varphi\Big\}d\theta\Big\}dr=2\pi\int_0^3 r^3dr\int_0^{\pi/2}\sin\theta\cos\theta\,d\theta$

$\displaystyle=\frac{81}{4}\pi$

章末問題

6.1 (1) $\displaystyle\frac{1}{2e}(e-1)^2(e+1)$　(2) -4　(3) $\displaystyle\int_0^1\Big\{\int_{-x}^{x}y^2\,dy\Big\}dx=\frac{1}{6}$

(4) $\displaystyle\int_0^1\Big\{\int_{x^2}^{\sqrt{x}}(x+y)\,dy\Big\}dx=\frac{3}{10}$　(5) $\displaystyle\int_0^{\pi}\Big\{\int_{-y}^{y}\cos x\,dx\Big\}dy=4$

(6) $\displaystyle\int_0^{1/\sqrt{2}}\Big\{\int_y^{\sqrt{1-y^2}}x\,dx\Big\}dy=\frac{1}{3\sqrt{2}}$　(7) $\displaystyle\int_0^1\Big\{\int_0^{(1-\sqrt{x})^2}dy\Big\}dx=\frac{1}{6}$

(8) たて線集合と考えて積分すると $\displaystyle\int_0^1\frac{1}{2}(1-\sqrt{x})^4\,dx$ を計算することになるが，横線集合と考えると $\displaystyle\int_0^1 y(1-\sqrt{y})^2\,dy$ を計算すればよい. $\displaystyle\frac{1}{30}$

(9) $\displaystyle\int_0^1\Big\{\int_0^x e^{2y^2}dy\Big\}dx=\frac{e^2-1}{4}$　(10) $\displaystyle\int_0^{\sqrt{\pi/2}}\Big\{\int_0^y\sin(y^2)\,dx\Big\}dx=\frac{1}{2}$

6.2 (1) $\displaystyle\int_0^1\Big\{\int_{y^2}^{\sqrt{y}}f(x,y)\,dx\Big\}dy$　(2) $\displaystyle\int_{-2}^{2}\Big\{\int_0^{\sqrt{4-x^2}}f(x,y)\,dy\Big\}dx$

(3) $\displaystyle\int_{-1}^1\Big\{\int_{-(1-y)}^{1-y}f(x,y)\,dx\Big\}dy$

6.3 (1) $2\pi\int_1^{\sqrt{R}} r^{2n} r\,dr = \dfrac{\pi(R^{n+1}-1)}{n+1}$ (2) $\int_0^{\sqrt{R}}\left\{\int_0^{2\pi}(r\cos\theta)^2 d\theta\right\} r\,dr = \dfrac{\pi R^2}{4}$ (3) $2\pi\int_0^1 \sqrt{4-r^2}\,r\,dr = \dfrac{2\pi(8-3\sqrt{3})}{3}$ (4) $\pi\int_0^1 e^{-2r^2} r\,dr = \dfrac{\pi}{4}\left(1-\dfrac{1}{e^2}\right)$

6.4 (1) $(0,0), (1,1), (1,-1)$ を 3 頂点とする直角二等辺三角形.
(2) $\int_0^1\left\{\int_{-u}^{u} u^2 e^{uv}\dfrac{1}{2}\,dv\right\}du = \dfrac{1}{4}\left(e+\dfrac{1}{e}-2\right)$

6.5 (1) $\dfrac{1}{2(n+1)}$ (2) 2π (3) $\dfrac{1}{2}$ (4) $n \geqq 2$ のとき $\dfrac{\pi}{4(n-1)}$, $n=1$ のときは収束しない. (5) $\dfrac{e}{2}-1$ (問題 6.4 参照) (6) $\dfrac{1}{4}\left(e-\dfrac{1}{e}\right)$

6.6 極座標変換で，積分領域は $\{(r,\theta) \mid -\frac{\pi}{2} \leqq \theta \leqq \frac{\pi}{2},\ r \leqq 2\cos\theta\}$ となり，
$2\int_{-\frac{\pi}{2}}^{\frac{\pi}{2}}\left\{\int_0^{2\cos\theta}\sqrt{4-r^2}\,r\,dr\right\}d\theta = 4\int_0^{\frac{\pi}{2}}\dfrac{1}{3}(8-8\sin^3\theta)\,d\theta = \dfrac{16\pi}{3}-\dfrac{64}{9}.$

6.7 (1) $x^2+y^2 \leqq 9-a^2$ の上にある部分の体積だから，
$\iint_{x^2+y^2\leqq 9-a^2}\sqrt{9-x^2-y^2}\,dxdy - a(9-a^2)\pi =$
$2\pi\int_0^{\sqrt{9-a^2}}\sqrt{9-r^2}\,r\,dr - a(9-a^2)\pi = \pi\left(\dfrac{1}{3}a^3-9a+18\right)$
(2) $z=\sqrt{9-x^2-y^2}$ とすると $\dfrac{\partial z}{\partial x}=\dfrac{-x}{z}$, $\dfrac{\partial z}{\partial y}=\dfrac{-y}{z}$ より，求める曲面積は
$\iint_{x^2+y^2\leqq 9-a^2}\sqrt{1+\dfrac{x^2}{9-x^2-y^2}+\dfrac{y^2}{9-x^2-y^2}}\,dxdy =$
$2\pi\int_0^{\sqrt{9-a^2}}\dfrac{3}{\sqrt{9-r^2}}\,r\,dr = 6\pi(3-a).$

6.8 (1) $z=\pm\sqrt{1-x^2}$ ではさまれた立体の $x^2+y^2 \leqq 1$ の部分の体積だから
$\iint_{x^2+y^2\leqq 1} 2\sqrt{1-x^2}\,dxdy = \int_{-1}^{1}\left\{\int_{-\sqrt{1-x^2}}^{\sqrt{1-x^2}} 2\sqrt{1-x^2}\,dy\right\}dx =$
$\int_{-1}^{1} 4(1-x^2)\,dx = \dfrac{16}{3}.$ (2) $2\iint_{x^2+y^2\leqq 1}\sqrt{1+\left(\dfrac{-x}{\sqrt{1-x^2}}\right)^2}\,dxdy = 8$

6.9 (1) $V=\iint_{x^2+y^2\leqq 4}(4-x^2-y^2)\,dxdy = 2\pi\int_0^2(4-r^2)r\,dr = 8\pi$
(2) $S=\iint_{x^2+y^2\leqq 4}\sqrt{1+(-2x)^2+(-2y)^2}\,dxdy = 2\pi\int_0^2\sqrt{1+4r^2}\,r\,dr = \dfrac{\pi}{6}(\sqrt{17}^3-1).$

付　録

問 1. $K \geqq \log(1/\varepsilon)$ とすればよい.

問 2. $\sup A = 1$, $\inf A = 0$, $\max A = 1$, $\min A$ は存在しない. $\sup B = \dfrac{1}{2}$, $\inf B = -1$, $\max B = \dfrac{1}{2}$, $\min B = -1$, $\sup C = \dfrac{3}{2}$, $\inf C = -1$, $\max C = \dfrac{3}{2}$, $\min C$ は存在しない.

問 6. (1) $\liminf_{n\to\infty} a_n = 0$, $\limsup_{n\to\infty} a_n = 0$ (2) $\liminf_{n\to\infty} a_n = -1$, $\limsup_{n\to\infty} a_n = 1$ (3) $\liminf_{n\to\infty} a_n = -1$, $\limsup_{n\to\infty} a_n = 1$ (4) $\liminf_{n\to\infty} a_n = -\infty$, $\limsup_{n\to\infty} a_n = \infty$

問 7. (1) $r < 1$ のとき, $\varepsilon > 0$ が $r + \varepsilon < 1$ を満たすとすると, $n \geqq N$ ならば $a_{n+1} < (r+\varepsilon)a_n$ となる自然数 N が存在する. このとき, $a_n < (r+\varepsilon)^{n-N} a_N$ $(n \geqq N)$ だから $\sum a_n$ は収束する. $r > 1$ のとき, $r - \delta > 1$ を満たす $\delta > 0$ に対して $n \geqq N'$ ならば $a_{n+1} > (r-\delta)a_n$ となる自然数 N' が存在する. このとき, $a_n > (r+\delta)^{n-N'} a_{N'}$ $(n \geqq N')$ だから $\sum a_n = \infty$.
(2) $r < 1$ のときは (1) とまったく同様である. $r > 1$ のとき, $r - \delta > 1$ を満たす $\delta > 0$ に対して $(a_{n_k})^{1/n_k} > r - \delta$ を満たす部分列 $\{n_k\}$ が存在する. このとき, $a_{n_k} > (r-\delta)^{n_k} \to \infty$ $(k \to \infty)$ であり $\sum a_n = \infty$ が成り立つ.

問 8. (1) $\dfrac{1}{5}$ (2) 1 (3) $\dfrac{1}{5}$ (4) 1 (5) 1 (6) ∞

問 9. $\limsup_{n\to\infty} \dfrac{|c_{n+1}|}{|c_n|}$ が有限の値 α であるとして, 上極限についての不等式を示す. このとき, 任意の $\varepsilon > 0$ に対してある自然数 N が存在して, $|c_{n+1}| < (\alpha+\varepsilon)|c_n|$ $(n \geqq N)$ が成り立つ. よって, $|c_n| < |c_N|(\alpha+\varepsilon)^{n-N}$ $(n \geqq N)$ となるので, $|c_n|^{\frac{1}{n}} < \left(\dfrac{|c_N|}{(\alpha+\varepsilon)^N}\right)^{\frac{1}{n}}(\alpha+\varepsilon)$ が成り立ち, $\limsup_{n\to\infty} |c_n|^{\frac{1}{n}} \leqq \alpha + \varepsilon$ となる. ε は任意だから, これは $\limsup_{n\to\infty} |c_n|^{\frac{1}{n}} \leqq \alpha$ を意味する.

問 10. $|f'(x)| = |2\cos(2x)| \leqq 2$

問 12. (1) は $\dfrac{1}{x^2+n^2} \leqq \dfrac{1}{n^2}$, (2) は $\dfrac{1}{n^2x^2+1} \leqq \dfrac{1}{a^2n^2+1} \leqq \dfrac{1}{a^2n^2}$ より, 定理 A.34 を用いればよい.

章末問題

A.1 (1) $\limsup_{n\to\infty} a_n = 1$, $\liminf_{n\to\infty} a_n = 0$
(2) $0 < a_{n_i} < 1$ で 1 に収束する有理数列 $\left\{a_{n_i}\right\}_{i=1}^{\infty}$ を考えればよい.

A.2 (2) (1) の右側の不等式を用いると $a_n > \log\left(\dfrac{n+1}{n}\right)$ がわかる. $\dfrac{n+1}{n} > 1$ より $a_n > 0$ である. (3) (1) より $a_n - a_{n+1} = \log(n+1) - \log n - \dfrac{1}{n+1} = \displaystyle\int_n^{n+1} \frac{1}{x}\,dx - \frac{1}{n+1} > 0$.

A.3 (1) のみ示す．$\limsup_{n\to\infty} a_n = A$, $\limsup_{n\to\infty} b_n = B$ とおく．任意の $\varepsilon > 0$ に対して，$n > N$ ならば $a_n < A + \varepsilon$, $b_n < B + \varepsilon$ となるような $N \in \mathbf{N}$ が存在する．したがって，$n > N$ ならば $a_n + b_n < A + B + 2\varepsilon$ であり，$\limsup_{n\to\infty}(a_n + b_n) \leqq A + B + 2\varepsilon$ が成り立つ．ε は任意だから，求める不等式を得る．

A.4 対称性から $[0, \infty)$ 上で一様連続であることを示せばよい．これは $|f'(x)| = e^{-x} \leqq 1$ $(x \geqq 0)$ からわかる．

A.5 (1)–(3) の収束はダランベールの判定法よりわかる．(4) は $\left\{\left(\dfrac{n}{n+1}\right)^{n^2}\right\}^{\frac{1}{n}} = \left(\dfrac{n}{n+1}\right)^n \to \dfrac{1}{e}$ だから，コーシーの判定法から収束がわかる．

A.6 コーシーの判定法を用いる．$2 < e < 3$ より，前者は収束，後者は発散．

A.7 ダランベールの定理 (定理 A.16) を用いる．(1) 1　(2) 4　(3) $\dfrac{1}{e}$

A.8 (1) $\sum\limits_{n=0}^{n} x^n = \dfrac{1}{1-x}$ $(|x| < 1)$ の両辺を微分して x を掛けると，$\sum\limits_{n=1}^{\infty} nx^n = \dfrac{x}{(1-x)^2}$．同じ操作をもう一回行うと，$\sum\limits_{n=1}^{\infty} n^2 x^n = \dfrac{x(1+x)}{(1-x)^3}$．

(2) $\sum\limits_{n=0}^{\infty} \dfrac{x^n}{n!} = e^x (x \in \mathbf{R})$ の両辺を微分して x を掛けると，$\sum\limits_{n=1}^{\infty} \dfrac{n}{n!} x^n = xe^x$．同じ操作をもう一回行うと，$\sum\limits_{n=1}^{\infty} \dfrac{n^2}{n!} x^n = x(x+1)e^x$．

(3) $\sum\limits_{n=0}^{\infty} \dfrac{x^{2n}}{(2n)!} = \dfrac{1}{2}\left\{\sum\limits_{n=0}^{\infty} \dfrac{x^n}{n!} + \sum\limits_{n=0}^{\infty} \dfrac{(-x)^n}{n!}\right\} = \dfrac{1}{2}(e^x + e^{-x}) = \cosh x$ $(x \in \mathbf{R})$.

A.9 指数関数のマクローリン展開を用いると，$(1+x)e^{-x} - (1-x)e^x = 4\sum\limits_{n=0}^{\infty} \dfrac{n}{(2n+1)!} x^{2n+1}$ $(x \in \mathbf{R})$．$x = 1$ として $\sum\limits_{n=1}^{\infty} \dfrac{n}{(2n+1)!} = \dfrac{1}{2e}$.

A.10 (1) $\log(1+x) = \sum\limits_{n=1}^{\infty} \dfrac{(-1)^{n-1}}{n} x^n$ $(|x| < 1)$

(2) アーベルの定理 (定理 A.30) による．

A.11 (1) $\arctan x = \sum\limits_{n=1}^{\infty} \dfrac{(-1)^{n-1}}{2n-1} x^{2n-1}$ $(|x| < 1)$

(2) $S_n = \sum\limits_{k=1}^{n} \dfrac{(-1)^{k-1}}{2k-1}$ とおくと，$\{S_{2n}\}_{n=1}^{\infty}$ が単調増加かつ上に有界，$\{S_{2n-1}\}_{n=1}^{\infty}$ が単調減少かつ下に有界であることを示し，極限の一致を示す．

(3) アーベルの定理より，(1) で $x \to 1-0$ として $\arctan(1) = \dfrac{\pi}{4}$ への収束をみる．

索　引

さ 行

た 行

な　行

は　行

ま 行

や 行

ら 行

わ

著者紹介

市原直幸（いちはら なおゆき）

現　在　青山学院大学理工学部准教授
博士(数理科学)

増田　哲（ますだ てつ）

現　在　青山学院大学理工学部教授
博士(理学)

松本裕行（まつもと ひろゆき）

現　在　青山学院大学理工学部教授
理学博士

2016年12月9日　初版発行
2022年3月18日　初版第3刷発行

解析学入門

著　者　市原直幸
　　　　増田　哲
　　　　松本裕行
発行者　山本　格

発行所　株式会社　培風館
東京都千代田区九段南4-3-12・郵便番号 102-8260
電話(03)3262-5256(代表)・振替 00140-7-44725

中央印刷・牧 製本

PRINTED IN JAPAN

ISBN 978-4-563-01201-4　C 3041